普通高等教育能源动力类系列教材

流体力学

（少学时）

主　编　何　川
参　编　潘良明　李海霞　阴继翔
　　　　刘宏丽　宁　智

机械工业出版社

本书是大学工科本科层次的流体力学少学时教材。

全书共有四章：第一章绪论，介绍流体的基本特征及流体力学的发展、应用情况；第二章流体静力学，介绍流体平衡的基本特点、压强的度量以及流体静止时对固体壁面作用力的分析方法；第三章流体动力学基础，介绍描述流体运动的方法、流体运动的基本概念、基本原理、基本控制方程以及运动流体与固体壁面间的相互作用；第四章管内流动与水力计算，介绍流体力学基本知识的应用。

本书在基本概念及基本理论的叙述中力求简明，从基本理论到应用关系式的推导注重详尽、清晰，应用关系式的具体应用采用以说明、讨论、举例及思考题、习题的方式展开。在静压强分析、静止及运动流体与固体壁面间的作用力分析等基本及疑难点问题上，给出了心得式的提示和讨论。

本书适合机械工程、动力工程、土木工程、化学工程、采矿工程、环境工程及相关专业本科层次的大学生作为教材使用，也可供相关专业的工程技术人员参考。在学校使用的教学时数可安排 32~40 学时。

图书在版编目（CIP）数据

流体力学：少学时/何川主编．—北京：机械工业出版社，2010.6（2025.1 重印）
普通高等教育能源动力类系列教材
ISBN 978-7-111-30838-6

Ⅰ.①流… Ⅱ.①何… Ⅲ.①流体力学-高等学校-教材 Ⅳ.①O35

中国版本图书馆 CIP 数据核字（2010）第 103140 号

机械工业出版社（北京市百万庄大街 22 号 邮政编码 100037）
策划编辑：蔡开颖 尹法欣　　责任编辑：章承林
版式设计：霍永明　　责任校对：吴美英
封面设计：张　静　　责任印制：郜　敏
北京富资园科技发展有限公司印刷
2025 年 1 月第 1 版第 14 次印刷
184mm×260mm · 9.5 印张 · 232 千字
标准书号：ISBN 978-7-111-30838-6
定价：29.80 元

电话服务　　网络服务
客服电话：010-88361066　　机 工 官 网：www.cmpbook.com
010-88379833　　机 工 官 博：weibo.com/cmp1952
010-68326294　　金 书 网：www.golden-book.com
封底无防伪标均为盗版　　机工教育服务网：www.cmpedu.com

前　言

本书是为希望用较少学时学习和掌握流体力学基本理论与基本方法的工科大学生编写的教材。

我们生活的地球是一个地表被水和空气覆盖的星球。可以毫不夸张地说，人们的生活和各种工程几乎都自觉或不自觉地要和流体打交道。流体的特点以及分析方法在力学中极有特色，掌握有关流体力学的基本知识，对于希望在地球上生活幸福、工作顺利的人们有着或多或少的助益，对促进人与自然和谐共生有所助力。为了帮助人们用较少的时间获得基本的流体力学概念，学习应用流体力学知识分析常见工程问题的方法，来自全国不同高校的长期从事流体力学教学的一线教师共同编写了这本少学时的流体力学教材。

全书共有四章：第一章绪论，介绍流体的基本特征及流体力学的发展、应用情况；第二章流体静力学，介绍流体平衡的基本特点、压强的度量以及流体静止时对固体壁面作用力的分析方法；第三章流体动力学基础，介绍描述流体运动的方法、流体运动的基本概念、基本原理、基本控制方程以及运动流体与固体壁面间的相互作用；第四章管内流动与水力计算，介绍流体力学基本知识的应用。

本书在基本概念及基本理论的叙述中力求简明，从基本理论到应用关系式的推导注重详尽、清晰，应用关系式的具体应用采用说明、讨论、举例及思考题、习题的方式展开，注重对学生科学思维方法的训练和严谨治学态度的培养。

作为本书的一个特点，作者在静压强分析、静止及运动流体与固体壁面间的作用力分析等基本及疑难点问题上专门给出了心得式的提示和讨论，希望能对初学者有所帮助。

本书适合机械工程、动力工程、土木工程、化学工程、采矿工程、环境工程及相关专业本科层次的大学生作为教材使用，也可供相关专业的工程技术人员参考。在学校使用的教学时数可安排 32 ~40 学时。

本书由潘良明编写第一章，李海霞、何川编写第二章，阴继翔、何川编写第三章，刘宏丽、宁智、何川编写第四章。何川担任主编。潘良明、李海霞、阴继翔、刘宏丽还分别制作了各章节相关的电子教学材料。

介于编者的学识及水平所限，虽经多次修改，仍难免有不尽如人意的地方，欢迎并恳请广大读者批评指正、提出宝贵意见（主编邮箱：hechuan@ cqu. edu. cn）。

编　者

目　录

第一章　绪　　论

第一节　流体与流动现象及其在工程中的应用

流体是液体和气体的总称。人们无时无刻不在与流体打交道，在人们的生活和生产活动中，可以说难于找到一个生产部门与流体没有或多或少的联系。

流体力学是研究流体平衡和运动规律及其应用的学科。由于研究内容和方法上的差异，通常又将其分为理论流体力学和应用流体力学（即工程流体力学）两门学科。理论流体力学偏重数理分析，主要用严密的数学逻辑推理方法去研究流体运动的相关问题。工程流体力学则着眼于工程应用，以理论分析与实验研究相结合的方法研究流体宏观的平衡和运动的规律及其在工程技术上的应用。现在，两者正逐渐接近起来。

流体力学非常广泛地应用于各种技术领域，在水利电力、航空航海、宇航技术、热能动力、机械工程、冶金采矿、天文气象、土建环保、石油化工、军工核能、农业技术等部门，都有许多流体力学问题。因此，对于许多工程技术专业来说，“工程流体力学”作为一门重要的技术基础课是理所当然的，是必需的。

流体力学的研究方法有理论分析、实验研究和数值计算三种。理论分析方法一般是指运用基本的物理概念和力学定律去分析某一具体流动问题，提出适当的假定，抽象出理论模型，运用数学工具得出问题的普遍解。实验研究方法是指将实际流动问题按相似原理建立实验模型，通过实验观察现象，并用各种测试技术，测定有关数据。在测定出大量数据的基础上，进行整理分析，按照一定的方法推测实际结果。近代电子计算机的使用，使流体力学研究中的数值计算方法获得了新的活力。在流体力学基本原理的基础上，对研究对象建立起较精确的数学模型，通过电子计算机，求得解答。这就形成了流体力学的一个新的分支——计算流体力学。用数值计算的方法来研究流体力学问题，常需要采用一定程度的近似和简化，这种近似和简化是否正确往往需要用实验加以检验，而实验的进行又需要分析所得的理论来指导。所以，上述三种研究方法是相辅相成、相互补充的。它们各有自己的理论，也各有优缺点。随着科学技术的进步，先进的流场显示和测试技术的发展，高速大容量电子计算机的使用，为流体力学的研究和发展开辟了广阔的前景。

流体力学还与其他学科结合产生了一些边缘学科，如生物流体力学、化学流体力学、电磁流体力学等。

近代，随着很多科学及技术部门如航空、火箭技术、宇航技术、动力、造船以及大型水利枢纽工程等的飞速发展，随着生产实践和科学实验不断对流体力学提出新的要求，流体力学的研究及应用范围将不断扩大，其基本定律及研究方法也将向其他学科和更广泛的技术领域渗透，从而使流体力学这门学科不断发展。

第二节 流体力学的发展简史

流体力学是在人类同自然界作斗争和在生产实践中逐步发展起来的。古时中国有大禹治水疏通江河的传说；秦朝李冰父子带领劳动人民修建的都江堰，至今还在发挥着作用；大约与此同时，古罗马人建成了大规模的供水管道系统等。

对流体力学学科的形成作出第一个贡献的是古希腊的阿基米德，他建立了包括物理浮力定律和浮体稳定性在内的液体平衡理论，奠定了流体静力学的基础。15 世纪，意大利达·芬奇的著作谈到水波、管流、水力机械、鸟的飞翔原理等问题；16 世纪，帕斯卡阐明了静止流体中压力的概念。

17 世纪，力学奠基人牛顿研究了在流体中运动的物体所受到的阻力，得到阻力与流体密度、物体迎流截面积以及运动速度的平方成正比的关系。他针对粘性流体运动时的内摩擦力提出了牛顿粘性定律。之后，法国皮托发明了测量流速的皮托管；达朗贝尔对运河中船只的阻力进行了许多实验工作，证实了阻力同物体运动速度之间的平方关系；瑞士的欧拉采用了连续介质的概念，把静力学中压力的概念推广到运动流体中，建立了欧拉方程，用微分方程组描述了无粘流体的运动；伯努利从经典力学的能量守恒出发，研究供水管道中水的流动，精心地安排了实验并加以分析，得到了流体定常运动下的流速、压力、管道高程之间的关系，即伯努利方程。欧拉方程和伯努利方程的建立，是流体动力学作为一个分支学科建立的标志，从此开始了用微分方程和实验测量进行流体运动定量研究的阶段。

从 18 世纪起，位势流理论有了很大进展，在水波、潮汐、涡旋运动、声学等方面都阐明了很多规律。法国拉格朗日对于无旋运动，德国亥姆霍兹对于涡旋运动作了不少研究。在上述的研究中，流体的粘性并不起重要作用，即所考虑的是无粘流体。这种理论当然阐明不了流体中粘性的效应。

19 世纪，工程师们为了解决许多工程问题，尤其是要解决带有粘性影响的问题。于是他们部分地运用流体力学、部分地采用归纳实验结果的半经验公式进行研究，这就形成了水力学，至今它仍与流体力学并行地发展。1822 年，纳维建立了粘性流体的基本运动方程；1845 年，斯托克斯又以更合理的基础导出了这个方程，并将其所涉及的宏观力学基本概念论证得令人信服。这组方程就是沿用至今的纳维-斯托克斯方程（简称 N-S 方程），它是流体动力学的理论基础。欧拉方程正是 N-S 方程在粘度为零时的特例。普朗特学派从 1904 年到 1921 年逐步将 N-S 方程作了简化，从推理、数学论证和实验测量等各个角度，建立了边界层理论，能实际计算简单情形下，边界层内流动状态和流体同固体间的粘性力。同时，普朗克又提出了许多新概念，并广泛地应用到飞机和汽轮机的设计中去。这一理论既明确了理想流体的适用范围，又能计算物体运动时遇到的摩擦阻力，使上述两种情况得到了统一。

20 世纪初，飞机的出现极大地促进了空气动力学的发展。航空事业的发展，期望能够揭示飞行器周围的压力分布、飞行器的受力状况和阻力等问题，这就促进了流体力学在实验和理论分析方面的发展。以茹科夫斯基、恰普雷金、普朗克等为代表的科学家，开创了以无粘不可压缩流体位势流理论为基础的机翼理论，阐明了机翼怎样受到举力，从而使空气把很重的飞机托上天空。机翼理论的正确性，使人们重新认识无粘流体的理论，肯定了它指导工程设计的重大意义。

机翼理论和边界层理论的建立和发展是流体力学的一次重大进展，它使无粘流体理论同粘性流体的边界层理论很好地结合起来。随着汽轮机的完善和飞机飞行速度提高到 50m/s 以上，又迅速扩展了从 19 世纪就开始的、对空气密度变化效应的实验和理论研究，为高速飞行提供了理论指导。20 世纪 40 年代以后，由于喷气推进和火箭技术的应用，飞行器速度超过声速，进而实现了航天飞行，使气体高速流动的研究进展迅速，形成了气体动力学等分支学科。

以这些理论为基础，20 世纪 40 年代，关于炸药或天然气等介质中发生的爆轰波又形成了新的理论，为研究原子弹、炸药等起爆后，激波在空气或水中的传播，发展了爆炸波理论。

从流体力学的发展过程可以看出，它的产生和发展，始终是与社会生产实践紧密地联系在一起的。在现代科学技术高度发展的情况下，随着电子计算机的出现，计算技术被引入到流体力学领域，使以前因计算过于繁杂而影响进一步探讨的流体力学问题逐步得以解决，计算流体力学在今天已成为研究流体力学的重要方法。近年来，流体力学开始了和其他学科的互相交叉渗透，形成新的交叉学科或边缘学科，如物理-化学流体动力学、磁流体力学、生物流变学、两相（气液或气固）流体力学等。这些新型学科的出现和发展，使流体力学这一古老学科更富有活力。

鉴于篇幅和学时数所限，本书将主要介绍流体力学的基本理论，应用方面则侧重于工业中最常见的管内流动问题。

第三节　流体的定义及连续介质的概念

一、流体的概念

从力学的观点看，流体是一种在任何微小的剪切力作用下即会发生连续变形的物质。只要剪切力仍在继续作用，变形量就会继续增加。流体具有的这种容易变形（流动）的特性，就是流体的流动性。流动性既是流体命名的由来，也是流体区别于固体的根本标志。当固体受到剪切力作用时，仅产生一定程度的变形，只要作用力保持不变，固体的变形也就不再变化。作用力与变形之间存在确定的对应关系。另外，固体有固定的形状，流体则没有。静止固体内可以存在切应力，而静止液体内不可能存在切应力。固体能承受拉力，流体则不能承受拉力。

流体按照集态的不同又可分为液体和气体。

液体分子之间距离较小（分子间距大约等于其分子的平均直径），分子间的吸引力较大。液体中的每一个分子，常常在其邻近分子的凝聚力场中，它能够作没有一定方向和没有固定周期的无规则振动，同时也能在其他分子间作移动，但不能像气体分子那样自由运动。故液体的流动性不如气体大。另外，液体具有一定的体积，其体积与盛装液体的容器大小无关。液体无一定形状，与容器的形状保持一致。当液体和气体接触时会出现液体同气体的交界面，此交界面称为液体的自由表面。

气体的显著特点是分子间距大，因而单位体积内分子数少，表现为密度较低。气体分子的平均间距约为分子平均直径的 10 倍。所以，分子间的吸引力是十分微弱的。分子可以自由运动，分子运动的自由行程大，分子间相互掺混，进行动量交换。实验发现，其自由运动平均行程约为分子平均直径的200倍。这就使气体极易变形和流动，而且总是充满它所能达到的全部空间。

二、流体质点的概念

如上所述，流体是由分子组成的，分子之间有空隙，它们处于混乱的热运动状态，流体力学并不研究个别分子的微观运动，而是研究由大量分子所组成的宏观流体在外力（如重力、压力差等）作用下的机械运动。

宏观流体的物理属性即物理量，如压力、速度、密度、温度等都是大量分子的行为和作用的平均效果——统计平均值。而这些宏观物理量都可以从实验中直接观测到。那么，什么是宏观流体的最小基本单元呢？

流体的一个重要参数是密度，从密度的定义看，所考察的体积应该趋于无穷小，但如果很细致地进行精密的实验，随着考察体积的无限缩小，将出现如图1-1所示的密度测量值。很显然，要得到有意义的密度值，所考察的体积必须大于图1-1中所示的V_c值。

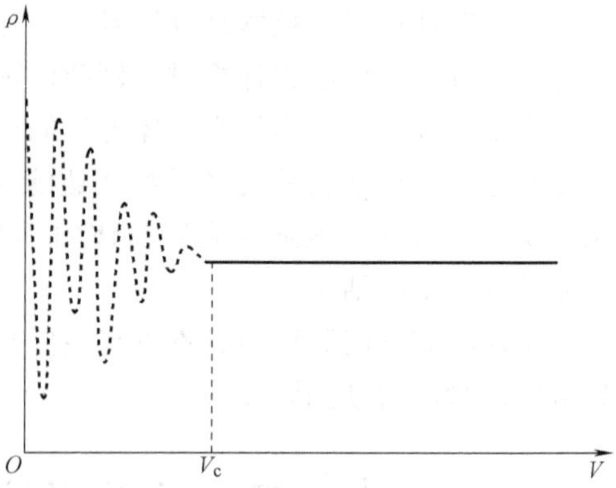

图1-1　随体积趋于无穷小时流体的密度特性

把使流体具有宏观物理特性所允许的最小体积，视为宏观流体的最小单元，称它为流体质点。这是研究流体平衡和运动的宏观规律时必须引用的理论模型。

所谓流体质点，就是由足够多的流体分子组成的微观上充分大、宏观上充分小的且在一定时刻占有确定的空间位置的一个物理实体。其特点有：

1）从体积上，“微观上充分大”是指流体质点相对于分子和分子间距的尺寸来说是足够大的。“宏观上充分小”是指质点对于流动空间和放置在流体中的固体物（如汽车、飞机、管道等）的尺寸来说是充分小的，是微不足道的。即质点所占据的宏观体积为无穷小，并以某一确定的空间坐标点为极限。

2）质点具有一定的宏观物理量，即具有密度、速度、温度等。

3）质点的形状可以任意划定。

三、流体的连续介质模型

在以上对流体最小基本单元——质点的假设基础上，对流体整体进行模型化，用宏观流体模型代替微观有空隙的分子结构，建立一种连续介质模型，这是对流体连续性（稠密性）的基本假设，是流体力学中一个带根本性的假设。

所谓连续介质，就是将流体看成是由无限多流体质点所组成的稠密而无间隙的连续体。

通常将流体中任意小的一个微元部分称作流体微团，当流体微团的体积无限缩小并以某一坐标点为极限时，流体微团就成为处在这个坐标点上的一个流体质点，它在任何瞬时都应具有一定的物理量。因而在连续介质的流体中，质点的一切物理量必然都是坐标和时间变量的单值、连续、可微函数（除个别奇点、奇线、奇面有间断外），从而形成各种物理量的场（包括标量场和矢量场），流体力学中称为流场。这样就可利用连续函数和场论等数学工具去研究流体的平衡和运动规律，并建立各物理量之间的数量关系。

应该指出，将流体作为连续介质来处理，对于大部分工程技术问题都是正确的，但对于某些特殊问题则是不适用的。例如，当航天器在地球外层空间飞行时，由于当地气体异常稀薄，以致分子的自由行程与飞行器的特征尺寸具有相同数量级，这时连续介质概念已失去意义。在微小尺度空间中的气体，其空间尺度与分子的自由行程也处于相同的数量级，连续介质概念同样不适用。对于这类问题，就必须舍弃宏观的连续介质的研究方法，而代之以分子动力论的微观方法。这类问题属于稀薄气体动力学或分子动力学研究的范畴。

第四节 流体的密度、压缩性与膨胀性

一、流体的密度

物质每单位体积中所含的质量称为密度。

根据连续介质模型，流体在空间某点的密度为

$$\rho = \lim_{\Delta V \to 0} \frac{\Delta m}{\Delta V} \tag{1-1}$$

式中 ρ——液体密度（kg/m^3）；

ΔV——以所考虑的点为中心的微小体积（m^3）；

Δm——ΔV 中包含的流体质量（kg）。

空间不同点上的密度随该点的温度、压强状况而改变。

应该指出，正如在流体的连续介质模型中所讨论的那样，这里数学上的 $\Delta V \to 0$，在物理上应理解为体积缩小为无穷小的流体质点，该点的体积同被考察的流体体积相比是完全可以忽略不计的，但它必须包含足够多的流体分子，而不失去将流体作为连续介质来处理的基础。今后遇到的类似情况均应如此理解。

如果流体是均匀流体，那么流体的密度

$$\rho = \frac{m}{V} \tag{1-2}$$

式中 m——流体的质量（kg）；

V——流体的体积（m^3）。

表 1-1 列出了在标准大气压下几种常见流体的密度。

表 1-2 列出了在标准大气压下水、空气和水银的密度随温度而变化的数值。

表 1-1 常用流体的密度（标准大气压下）

流体名称	温度/℃	密度/(kg/m^3)	流体名称	温度/℃	密度/(kg/m^3)
蒸馏水	4	1000	空气	0	1.293
海水	15	1020 ~ 1030	氧	0	1.429
普通汽油	15	700 ~ 750	氮	0	1.251
石油	15	880 ~ 890	氢	0	0.0899
润滑油	15	890 ~ 920	一氧化碳	0	1.25
酒精	15	790 ~ 800	二氧化碳	0	1.976
水银	0	13600	二氧化硫	0	2.927
熔化生铁	1200	7000	水蒸气	0	0.804①

① 为便于计算而推算到0℃。

表 1-2　不同温度下的水、空气和水银的密度　（单位：kg/m^3）

流体名称	温度/℃						
	0	10	20	40	60	80	100
水	999.87	999.73	998.23	992.24	983.24	971.83	958.38
空气	1.29	1.24	1.2	1.12	1.06	0.99	0.94
水银	13600	13570	13550	13500	13450	13400	13350

二、相对密度

某物质的密度 ρ_1 与另一参考物质的密度 ρ_2 之比值，称为该物质的相对密度。

$$d=\frac{\rho_1}{\rho_2} \tag{1-3}$$

式中　d——相对密度。显然，相对密度的量纲为 1。

对于液体，通常所取参考物质为标准大气压下、4℃的蒸馏水。此时 $\rho_2=1000\text{kg/m}^3$。

对于气体，所取参考物质为特定的温度和压强下的氢气或者空气，它没有统一的规定，必须视具体给定条件而定。

三、流体的比体积

流体密度的倒数称为比体积，即单位质量的流体所占的体积。比体积用 v 表示，单位为 m^3/kg。

$$v=\frac{1}{\rho} \tag{1-4}$$

四、混合气体的密度

混合气体的密度可按组成该混合气体的各种气体的体积分数计算，即

$$\rho=\frac{m}{V}=\frac{\rho_1V_1+\rho_2V_2+\cdots+\rho_nV_n}{V}$$

由

$$=\rho_1\frac{V_1}{V}+\rho_2\frac{V_2}{V}+\cdots+\rho_n\frac{V_n}{V}$$

$$=\rho_1\varphi_1+\rho_2\varphi_2+\cdots+\rho_n\varphi_n$$

即

$$\rho=\sum_{i=1}^{n}\rho_i\varphi_i \tag{1-5}$$

式中　ρ_1、ρ_2、…、ρ_n——混合气体中各组分气体的密度；

φ_1、φ_2、…、φ_n——混合气体中各组分气体的体积分数。

五、流体的压缩性

流体在其所受压强增大时体积会缩小的性质，称为压缩性。

在某一温度和压强下，温度保持不变，流体单位压强升高所引起的体积相对减少值，称为该温度和压强下流体的（体积）压缩率 κ（Pa^{-1}）

$$\kappa=-\frac{1}{V}\frac{dV}{dp} \tag{1-6}$$

式中　dp——流体压强的增量（Pa）；

dV——流体体积相应的减小量（m^3）；

V——流体原来的体积（m^3）。

由于压强增大时，体积缩小，dp 与 dV 异号，故等式的右端加一负号，以使 κ 为正。

体积的变化也反映了密度的变化。故流体的（体积）压缩率也可用密度的相对变化率来表示。因为，当流体质量一定时，即

$$\rho V = m$$

由于质量守恒，式中 m 为定值。

对上式两端微分，有

$$\frac{d\rho}{\rho}+\frac{dV}{V}=0$$

$$\frac{d\rho}{\rho}=-\frac{dV}{V}$$

即质量一定时，密度的相对改变量和体积的相对改变量大小相等，符号相反。

所以，流体的（体积）压缩率又可表示为

$$\kappa=\frac{1}{\rho}\frac{d\rho}{dp} \tag{1-7}$$

流体的（体积）压缩率 κ 的数值很小，工程上常用其倒数，称为体积模量，用 K 表示

$$K=\frac{1}{\kappa}=-V\frac{dp}{dV}=\rho\frac{dp}{d\rho} \tag{1-8}$$

K 的单位是 Pa。它的物理意义是：当温度不变时，每产生一个单位体积的体积变化量所需要的压强变化量。

由此可见：

1）K 值越大（κ 值越小）表示流体越不容易压缩。

2）体积模量的量纲和单位与压强相同。

水在不同温度和压强下的 K 值，见表 1-3。

表 1-3　水在不同温度和压强下的 K 值　　（单位：10^8Pa）

温度/℃	压强/atm				
	5	10	20	40	80
0	18.522	18.62	18.816	19.11	19.404
5	18.914	19.11	19.306	19.698	20.302
10	19.11	19.306	19.698	20.09	20.776
15	19.306	19.6	19.849	20.482	21.266
20	19.404	19.796	20.188	20.776	21.727

注：1atm = 101325Pa。

从表中可以看出，水的体积模量受温度和压强的影响而变化的量是很微小的。在工程计算中，通常近似地取水的 $K=2.0\times10^9$Pa。

气体的压缩性比液体显著得多，这是因为气体分子间距较液体大得多的缘故。

从物理学中已经知道，当气体的压强或温度改变时，将引起气体密度、比体积的显著变化。它们之间的关系可由完全气体（流体力学中称理想气体为完全气体）状态方程式表示出来。即

$$pv=RT$$

或 $$p=\rho RT \tag{1-9}$$

式中 p——气体的绝对压强（Pa）；

v——气体的比体积（m^3/kg）；

T——气体的绝对温度（K）；

R——因种类而异的气体常数［$m^2/(s^2 \cdot K)$］。

根据以上完全气体状态方程式，可直接得出气体在等温过程、等压过程以及绝热过程等不同的压缩（或膨胀）条件下相应的体积模量。

六、流体的膨胀性

流体在温度升高时体积会有所增大的性质称为膨胀性。流体膨胀性的大小用体膨胀系数 α_V 来表示。

压强不变时，体膨胀系数 α_V 为

$$\alpha_V=\frac{1}{V}\frac{dV}{dT} \tag{1-10}$$

式中 dT——温度的增量（℃）。

α_V 的单位为 1/℃或 1/K。

体膨胀系数的物理意义是：当压强不变时，每增加单位温度所引起的流体体积的相对变化率。

当温度增加时，体积膨胀。所以 dT 与 dV 符号相同。水在不同温度和压强的情况下的体膨胀系数 α_V，见表 1-4。

表 1-4 水在不同温度和压强下的 α_V 值 （单位：10^{-6}℃$^{-1}$）

压强/atm	温度/℃				
	1～10	10～20	40～50	60～70	60～100
1	14	150	422	556	719
100	43	165	424	548	704
200	72	183	426	539	—
500	149	236	42	523	661
900	229	289	437	514	621

注：1atm = 101325Pa。

七、不可压缩流体的概念

压缩性是流体的基本属性。任何流体都是可以压缩的，只不过可压缩的程度不同而已。液体的压缩性都很小，随着压强和温度的变化，液体的密度仅有微小的变化，在大多数情况下，可以忽略压缩性的影响，认为液体的密度是一个常数。

气体的压缩性较大。从热力学中可知，当温度不变时，完全气体的体积与压强成反比，压强增加一倍，体积减小为原来的一半；当压强不变时，温度升高 1℃，体积就比 0℃时的体积膨胀 1/273。所以，通常把气体看成是可压缩流体，即它的密度不能作为常数，而是随压强和温度的变化而变化的。把密度随温度和压强变化的流体称为可压缩流体。

但大量的实验表明，在气体速度不大时，因气体流动而造成其密度的变化可以忽略不计。在工程上为了研究问题简单方便，又不致引起较大的误差，假定有这么一种流体，它们在受压时体积不减小，受热时体积不增大，即其体积压缩率和体膨胀系数完全为零，这类流

体称为不可压缩流体。液体和低速运动的气体由于其体积变化很小，通常条件下，可忽略其压缩性，假定其体积压缩率为零，同时，利用分段取特征温度的方法代替温度变化对密度的影响，将流体视为不可压缩流体。这样简化的结果，既有利于对问题的分析研究，也能得到有一定准确度的结果，有很好的实用性。例如，在锅炉尾部烟道和通风管道中，气体在整个流动过程中，压强和温度的变化都很小，其密度变化很小，可作为不可压缩流体处理。再如，当气体对物体流动的相对速度比声速要小得多时，气体的密度变化也很小，也可以近似地看成是常数，当做不可压缩流体处理。

不可压缩均质流体的密度、比体积均为常数，即

$$\rho = C \tag{1-11}$$

需要指出，不可压缩流体是人们研究流体时所采用的一种简化模型，其适用的条件是压力和温度的改变所引起的密度变化在一定的工程误差范围内可以忽略。当压力、温度变化剧烈时，流体密度也往往发生较大幅度的变化，不可压缩流体模型不能使用。例如，研究管道中水击和水下爆炸时，水的压强变化较大，而且变化过程非常迅速，这时水的密度变化就不可忽略，必须考虑水的压缩性，把水当做可压缩流体来处理。

第五节 流体的粘性及牛顿内摩擦定律

一、粘性的概念

粘性是流体反抗切向力的物理属性。流体具有流动性，即在受到任意微小的剪切力时，都会发生连续的变形。不同的流体在同样大小剪切力的作用下，变形的快慢是不一样的。流体的粘性就是流体抵抗剪切变形的性质。

为了说明流体的粘性，试观察流体以均匀分布的速度流过水平静止固壁表面的情况。

当流体流经静止固壁时，由于流体与壁面之间存在着附着力，紧靠壁面的流体质点粘附在壁面上，静止不动。而由于流体内部质点间内聚力的作用，紧靠这一静止流体层的另一层流体质点受到阻滞，速度降低，同时这种阻滞作用一层一层向远离固壁表面的方向传递出去，在垂直于固壁的方向上速度从零逐渐增加至与来流同样大小。壁面法线上某流动断面上的速度分布如图 1-2 所示。由内聚力的阻滞使层间产生相对运动从而引起流体内部层间接触面上产生了摩擦剪切力，称为流体内摩擦力。

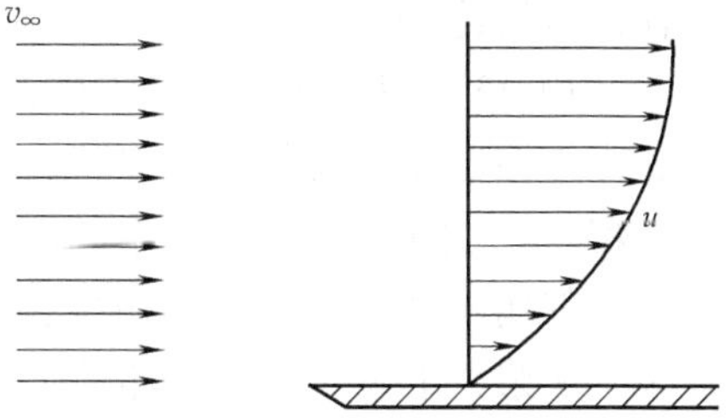

图 1-2 壁面法线上某流动断面上的速度分布

存在于自然界中的所有流体不论是液体还是气体，都具有一定的粘性。粘性使流体得以粘附于它所接触的固体表面，与固壁表面具有相同的速度，流体与固壁表面间无滑移。粘性形成流体的内摩擦，它是流体产生机械能损失的根源。

二、牛顿内摩擦定律

在流体中取一面积为 A（垂直于 y 轴），厚度为 dy 的流体层，其下层速度为 u，上层速度为 $u+du$，由于上下层流速的不同，使这块流体变形，层间表面上产生内摩擦力。牛顿实验发现，摩擦力 F_T 的大小与面积 A 和速度梯度 du/dy 成正比，并与流体的粘度 μ 的大小有

关，与压力的大小无关。这称为牛顿内摩擦定律，用数学式表示为

$$F_{\mathrm{T}}=\mu\frac{\mathrm{d}u}{\mathrm{d}y}A \tag{1-12}$$

单位面积上的内摩擦力称为内摩擦应力或切应力，用 τ 表示，则

$$\tau=\mu\frac{\mathrm{d}u}{\mathrm{d}y} \tag{1-13}$$

上式表明，作用在流层上的切向应力与速度梯度成正比。

同样的流体，其速度梯度大时，切应力大，能量损失也大；速度梯度小时，切应力小，能量损失也小。当流体处于静止状态，或以相同的速度流动（即流层间没有相对运动），则速度梯度为零，切应力也为零，流体的粘性作用表现不出来。

速度梯度 $\mathrm{d}u/\mathrm{d}y$ 表示流速在其法线方向上的变化率，它有明确的物理意义。

在运动流体中取出一个矩形的平面流体微元，如图 1-3 所示，由于流体上下的流速不相等，经过无限小的时间间隔 $\mathrm{d}t$ 之后，原来为矩形的流体微元平面 $abcd$ 变成了平行四边形 $abc'd'$，原来的直角变为 $\angle d'ab$，角度减小了 $\mathrm{d}\phi$，于是角变形速率 $\mathrm{d}\phi/\mathrm{d}t$ 可由几何关系得到

$$\frac{\mathrm{d}\phi}{\mathrm{d}t}=\frac{\mathrm{d}u\mathrm{d}t/\mathrm{d}y}{\mathrm{d}t}=\frac{\mathrm{d}u}{\mathrm{d}y}$$

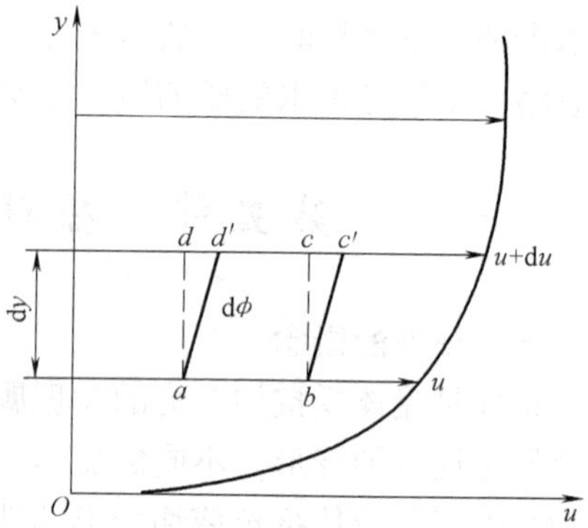

图 1-3　不均匀流动的流体微元变形

可以看出，这里的速度梯度表示流体的微团角变形速率的大小。

应该指出：

1）牛顿内摩擦定律数学表达式（1-13）只适用于流动状态为层流的情况，而不适用于湍流情况（层流和湍流以后讨论）。

2）式（1-13）只适用于牛顿流体，而不适用于非牛顿流体。所谓牛顿流体，是指完全遵循牛顿内摩擦定律的流体。或者说，凡作用在流体上的切应力与它所引起的角变形速率（或速度梯度）之间存在线性关系的流体称为牛顿流体。例如气体、水、汽油、煤油、甲苯、乙醇等都属于这一类。不遵循牛顿内摩擦定律的流体称为非牛顿流体。例如油漆、油墨、血浆、泥浆、纸浆、牙膏等都是非牛顿流体。非牛顿流体已不属于普通流体力学所研究的范畴。

3）若流速 u 与其法向距离 y 呈线性变化关系，即 $\mathrm{d}u/\mathrm{d}y=C$，则式（1-13）可表示为

$$\tau=\mu\frac{\mathrm{d}u}{\mathrm{d}y}=\mu\frac{\Delta u}{\Delta y} \tag{1-14}$$

在工程中，对于小间隙的牛顿流体流动问题，如润滑、液力耦合器等问题，都可以采用式（1-14）来计算切应力。

三、粘度

1. 动力粘度 μ

粘性是流体抵抗变形运动的性质。由式（1-13）可见，当 τ 一定时，μ 越大的流体变形越缓慢，因而 μ 是反映流体粘性大小的特性参数。根据牛顿内摩擦定律，μ 的量纲为

$$[\mu]=\left[\frac{\tau}{\mathrm{d}u/\mathrm{d}y}\right]=ML^{-1}T^{-1}$$

μ 的单位为 Pa · s。它具有动力学的量纲，故常称为动力粘度。

流体动力粘度 μ 的大小取决于流体的种类，所处环境的温度、压强等参数。

温度对流体粘性的影响很大。但由于液体和气体的内摩擦机理并不相同，所以温度对这两类流体动力粘度变化的影响正好相反。

对于液体，分子间的吸引力（内聚力）是构成粘性的主要因素。当温度上升时，分子间空隙增大，吸引力减小。故液体的动力粘度降低。

对于气体，分子间的吸引力非常小，构成气体粘性的主要因素是气体分子作混乱运动时在不同流速的流层间所进行的动量交换。因此，温度越高，气体分子的掺混运动越强烈，动量交换越频繁，气体的动力粘度越大。

在高压作用下，气体和液体的动力粘度均将随压力的升高而增大。例如，水在 1.01×10^{10}Pa 压力作用下的动力粘度可以增大到水在 1.01×10^{5}Pa 压力作用下动力粘度的两倍。普通的压力对流体的动力粘度几乎没有什么影响。因此，在一般情况下，可以认为流体的动力粘度只随温度变化，不考虑压强对动力粘度的影响。

下面介绍两个经验公式。

1）水的动力粘度与温度的关系式。

$$\mu=\frac{\mu_0}{1+0.0337t+0.000221t^2} \tag{1-15}$$

式中 μ_0——水在 0℃时的动力粘度（Pa · s）；

t——水温（℃）；

2）在压强小于 1MPa 时，气体的动力粘度与温度的关系常用苏士兰（Sutherland）公式计算。

$$\mu=\mu_0\left(\frac{T}{273}\right)^{1.5}\frac{273+C}{T+C} \tag{1-16}$$

式中 μ_0——$T=273$K 时气体的动力粘度（Pa · s）；

C——因气体种类而定的 Sutherland 常数（K）；

T——气体的热力学温度（K）。

上式适用于压力不太高的情况（例如 $p\leqslant 1$MPa），因为此时气体的动力粘度可视为与压力无关。式中 μ_0、C 可查表 1-5。

表 1-5 常用气体的动力粘度、相对分子质量 M 和 Sutherland 常数 C

流体名称	$\mu_0\times10^6$/(Pa · s)	M	C/K
空气	17.25	28.96	111
氧	19.20	32.00	125
氮	16.60	28.02	104
氢	8.40	2.016	71
一氧化碳	16.80	28.01	100
二氧化碳	13.80	44.01	254
二氧化硫	11.60	64.06	306
水蒸气①	8.63	18.01	961

① 为便于计算而推算到 0℃。

2. 运动粘度 ν

在研究流体的运动时，往往会用到动力粘度 μ 与流体密度 ρ 的比值，称为运动粘度，用符号 ν 表示，即

$$\nu = \frac{\mu}{\rho} \tag{1-17}$$

式中 ν——流体的运动粘度（m^2/s）；

μ——流体的动力粘度（Pa·s）；

ρ——流体密度（kg/m^3）。

因为 ν 具有运动学的量钢，故名为运动粘度。它本身不具有独立的物理意义。

必须指出，如果研究可压缩流体，动力粘度 μ 因不同的流体及温度而不同，与压力的关系甚微，运动粘度 ν 则不然，因为它是 μ 与 ρ 的比值，而 ρ 与压力密切相关。所以，影响 ν 的因素就比较多，在考虑压缩性时，必须采用动力粘度 μ 而不用运动粘度 ν。

标准大气压下，空气和水的粘度随温度的变化关系见表 1-6 和表 1-7。

表 1-6　水的粘度与温度的关系

温度 t/℃	$\mu\times10^3$/(Pa·s)	$\nu\times10^6$/(m^2/s)	温度 t/℃	$\mu\times10^3$/(Pa·s)	$\nu\times10^6$/(m^2/s)
0	1. 792	1. 792	40	0. 656	0. 661
5	1. 519	1. 519	45	0. 599	0. 605
10	1. 308	1. 308	50	0. 549	0. 556
15	1. 14	1. 141	60	0. 469	0. 477
20	1. 005	1. 007	70	0. 406	0. 415
25	0. 894	0. 897	80	0. 357	0. 367
30	0. 801	0. 804	90	0. 317	0. 328
35	0. 723	0. 727	100	0. 284	0. 296

表 1-7　空气的粘度与温度的关系

温度 t/℃	$\mu\times10^3$/(Pa·s)	$\nu\times10^6$/(m^2/s)	温度 t/℃	$\mu\times10^3$/(Pa·s)	$\nu\times10^6$/(m^2/s)
0	17. 25	13. 33	220	26. 58	37. 1
10	17. 7	14. 21	240	27. 33	39. 7
20	18. 2	15. 12	260	28. 06	42. 4
40	19. 12	16. 98	280	28. 77	45. 1
60	19. 97	18. 8	300	29. 46	46. 1
80	20. 88	20. 9	340	30. 8	53. 5
100	21. 75	23	380	32. 12	59. 5
120	22. 6	25. 2	420	33. 4	65. 6
140	23. 44	27. 4	460	34. 63	72
160	24. 25	29. 8	500	35. 83	78. 5
180	25. 05	32. 2	1000	49	177. 1
200	25. 82	34. 6			

混合气体的动力粘度可用下列公式计算，即

$$\mu = \frac{\sum_{i=1}^{n} \varphi_i M_i^{1/2} \mu_i}{\sum_{i=1}^{n} \varphi_i M_i^{1/2}} \tag{1-18}$$

式中 φ_i——混合气体中 i 组分气体的体积分数；

M_i——混合气体中 i 组分气体的相对分子质量，常用气体的相对分子质量可由表 1-5 查得；

μ_i——混合气体中 i 组分气体的动力粘度（Pa · s）。

四、理想流体

在流体力学的研究中，有时为了方便，引入一种简化的流体模型——理想流体。所谓理想流体是指粘度为零的流体。有了这种模型，人们可以先研究不计粘性的理想流体的流动，然后引入粘性，再研究粘性流体流动更为复杂的情况。

五、牛顿流体与非牛顿流体

牛顿内摩擦定律揭示了内摩擦切应力与速度梯度间的关系，但是，并不是所有的流体都满足这一关系。流体微团间存在相对运动时，若内摩擦切应力与速度梯度间的关系满足牛顿流体内摩擦定律，这样的流体称为牛顿流体。一些分子结构简单的流体，如空气、水等都是牛顿流体。

在日常生活和工业生产中，常遇到的各种高分子溶液、熔体、膏体、凝胶、交联体系、悬浮体系等复杂性质的流体，差不多都是非牛顿流体。有时为了工业生产的目的，在某种牛顿流体中，加入一些聚合物，在改进其性能的同时，也将其变成非牛顿流体，如为提高石油产量使用的压裂液、新型润滑剂等。现在也有人将血液、果浆、蛋清、奶油等这些非常黏稠的液体，以及牙膏、石油、泥浆、油漆、各种聚合物（聚乙烯、尼龙、涤纶、橡胶等）溶液等非牛顿流体，称为软物质。

非牛顿流体的种类很多，流体的内摩擦切应力与速度梯度间的关系也复杂多样。如图 1-4 所示，理想塑性流体的内摩擦切应力与速度梯度间的关系为

$$\tau = \tau_0 + \mu \frac{du}{dy} \tag{1-19}$$

这种流体与牛顿流体的区别在于：其开始流动以前，能承受一定的初始切应力 τ_0，切应力大于 τ_0 后，切应力与速度梯度之间呈线性关系。牙膏就属于比较典型的理想塑性流体。

胀流型流体与拟塑性流体的内摩擦切应力与速度梯度间的关系为

$$\tau = \mu \left(\frac{du}{dy}\right)^n \tag{1-20}$$

式中，μ 与 n 均为常数。对于拟塑性流体，$n<1$，如高分子溶液、纸浆等流体属于拟塑性流体；对于胀流型流体，$n>1$，如油漆、乳化液等属于该类。

非牛顿流体在化工、食品等行业中极其普遍。限于篇幅，本书只讨论牛顿流体。

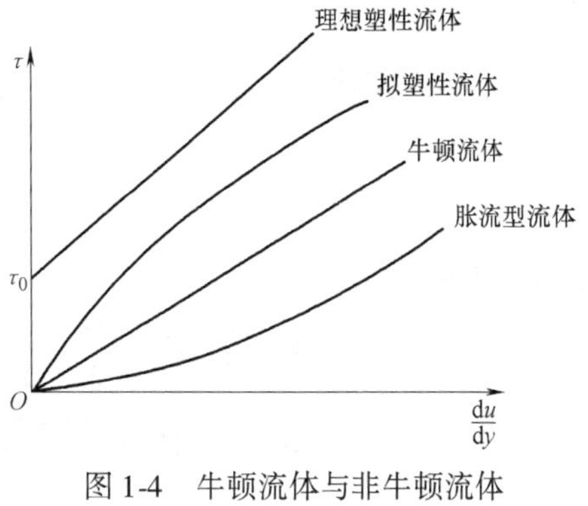

图 1-4 牛顿流体与非牛顿流体

【例 1-1】 某锅炉烟气各组分气体的体积分数分别为：$\varphi_{CO_2}=13.6\%$，$\varphi_{SO_2}=0.4\%$，$\varphi_{O_2}=4.2\%$，$\varphi_{N_2}=75.6\%$，$\varphi_{H_2O}=6.2\%$。试求该烟气在标准状态下的密度、动力粘度 μ 和运动粘度 ν。

解：查表 1-1 得各组分气体在标准状态下的密度分别为 $\rho_{CO_2}=1.976\text{kg/m}^3$，$\rho_{SO_2}=2.927\text{kg/m}^3$，$\rho_{O_2}=1.429\text{kg/m}^3$，$\rho_{N_2}=1.251\text{kg/m}^3$，$\rho_{H_2O}=0.804\text{kg/m}^3$。将上述已知数据代入式（1-5），得标准状态下烟气的密度为

$$\rho=(1.976\times0.136+2.927\times0.004+1.429\times0.042+1.251\times0.756+0.804\times0.062)\text{kg/m}^3=1.336\text{kg/m}^3$$

再由表 1-5 查得各组分气体的 μ_0 和 M，代入式（1-18），得标准状态下烟气的动力粘度为

$$\mu=\left(\frac{0.136\times\sqrt{44.01}\times13.8+0.004\times\sqrt{64.06}\times11.6+0.042\times\sqrt{32}\times19.2+0.756\times\sqrt{28.02}\times16.6+0.062\times\sqrt{18.01}\times8.63}{0.136\times\sqrt{44.01}+0.004\times\sqrt{64.06}+0.042\times\sqrt{32}+0.756\times\sqrt{28.02}+0.062\times\sqrt{18.01}}\right)\times10^{-6}\text{Pa}\cdot\text{s}$$
$$=15.834\times10^{-6}\text{Pa}\cdot\text{s}$$

由式（1-17），得标准状态下烟气的运动粘度为

$$\nu=\frac{\mu}{\rho}=\frac{15.9\times10^{-6}}{1.34}\text{m}^2/\text{s}=11.9\times10^{-6}\text{m}^2/\text{s}$$

【例 1-2】 如图 1-5 所示，轴承长 $L=0.5\text{m}$，轴的直径 $D=0.15\text{m}$，转速 $n=400\text{r/min}$，轴与轴承的间隙 $\Delta=0.25\text{mm}$，其间隙中润滑油的动力粘度 $\mu=0.049\text{Pa}\cdot\text{s}$。求轴定速转动时所需功率。

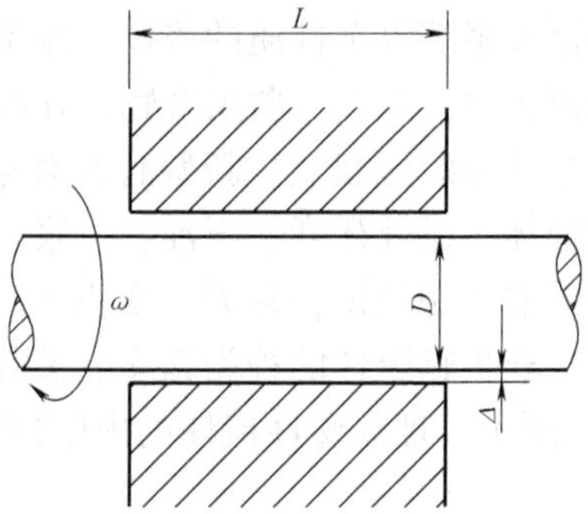

图 1-5 例 1-2 图

解：在转动轴表面上取一微元表面积 $\mathrm{d}A=L\dfrac{D}{2}\mathrm{d}\theta$，$\mathrm{d}A$ 上流速

$$u=\omega\frac{D}{2}=\frac{2\pi n}{60}\frac{D}{2}=\frac{n\pi D}{60}$$

因为 Δ 很小，可将流动视为纯剪切流动，可以直接使用式（1-20），设 $\dfrac{\Delta u}{\Delta y}=\dfrac{u-0}{\Delta}=\dfrac{u}{\Delta}=C$

即
$$\tau=\mu\frac{\mathrm{d}u}{\mathrm{d}y}=\mu\frac{u}{\Delta}$$

所以由牛顿内摩擦定律得

$$\mathrm{d}F_T=\tau\mathrm{d}A=\mu\frac{u}{\Delta}\mathrm{d}A$$

旋转阻力矩

$$\mathrm{d}M=\frac{D}{2}\mathrm{d}F_T=\frac{D}{2}\mu\frac{u}{\Delta}\mathrm{d}A=\frac{D}{2}\mu\frac{n\pi D/60}{\Delta}L\frac{D}{2}\mathrm{d}\theta=\frac{n\pi D^3\mu L}{240\Delta}\mathrm{d}\theta$$

即有
$$M=\int_A\mathrm{d}M=\int_0^{2\pi}\frac{n\pi D^3\mu L}{240\Delta}\mathrm{d}\theta=\frac{n\pi D^3\mu L}{240\Delta}2\pi=\frac{n\pi^2D^3\mu L}{120\Delta}$$

所需功率 $P_e = M\omega = \frac{n\pi^2 D^3 \mu L}{120\Delta} \cdot \frac{2\pi n}{60} = \left(\frac{n}{60}\right)^2 \pi^3 \frac{\mu L D^3}{\Delta}$

$$= \left(\frac{400}{60}\right)^2 \times \pi^3 \times \frac{0.049 \times 0.5 \times (0.15)^3}{0.25 \times 10^{-3}} \mathrm{W} = 455.8\mathrm{W}$$

第六节 作用在流体上的力

在讨论流体静止和运动规律之前，先分析一下作用在流体上的力。所有作用于流体上的力可以分为两类：质量力和表面力。

一、质量力

质量力即某种力场通过非接触的方式作用在某流体微团的全部质点上的力，其大小和该流体微团的质量成正比。例如，在重力场中由地球对流体全部质点的引力作用所产生的重力，磁力场和电力场对磁性物质和带电物质所产生的磁场力和电场力等。如图 1-6 所示，在分离体内的 c 点取一微元体 δV，设微元体的平均密度为 ρ，则重力场作用在它上面的单位质量力可表示为

$$\boldsymbol{f} = -g\boldsymbol{k} \tag{1-21}$$

式中 $\boldsymbol{f}$——单位质量力（$\mathrm{m/s^2}$）；

g——重力加速度（$\mathrm{m/s^2}$）；

$\boldsymbol{k}$——方向矢量。

作用在体积为 δV 上的重力为 $F_\rho = \rho\delta Vg$。

当应用达朗贝尔原理使动力学问题变为静力学问题时，虚加在流体质点上的惯性力也属质量力。这种质量力，在直线加速运动中只有沿直线的惯性力；在一般曲线运动中则有切向惯性力和离心惯性力；在相对运动中，当牵连运动为转动时，还可能有哥氏惯性力。

如果用 $\boldsymbol{f}$ 表示作用在单位质量流体上的质量力，用 f_x、f_y、f_z 表示作用在单位质量流体上的质量力沿直角坐标轴的分量，则

$$\boldsymbol{f} = f_x\boldsymbol{i} + f_y\boldsymbol{j} + f_z\boldsymbol{k} \tag{1-22}$$

式中 $\boldsymbol{f}$——单位质量力矢量（$\mathrm{m/s^2}$）；

f_x、f_y、f_z——x、y、z 方向的单位质量力（$\mathrm{m/s^2}$）；

$\boldsymbol{i}$、$\boldsymbol{j}$、$\boldsymbol{k}$——x、y、z 方向的单位矢量。

单位质量力的物理含义是在数值上等于质点的加速度。

二、表面力

表面力即作用在所取分离体表面的力。这种力通常指的是分离体以外的流体或固体通过接触面作用在分离体上的力，其大小与接触面的面积成正比。

如图 1-6 所示，在流体中任取一体积为 V、表面积为 A 的流体作为分离体，则分离体以外的流体通过接触面必然有力作用在这个体积 V 的表面积 A 上。在表面积 A 上围绕 c 点取一微元面积 δA，作用在其上的表面力为 δF。在一般情况下，δF 的方向同微元面积 δA 的外法线方向 n 不相重合，可

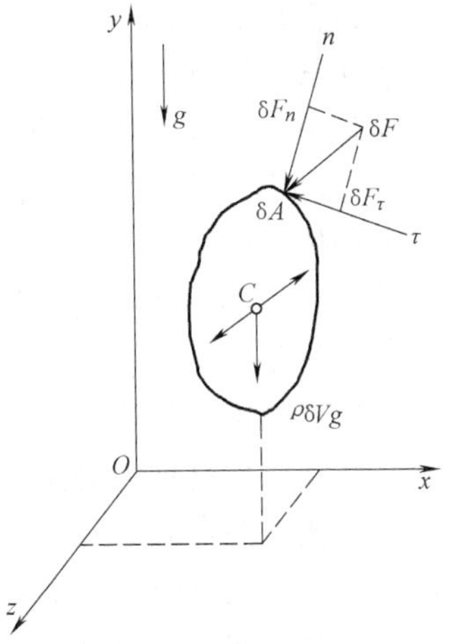

图 1-6 作用在流体微团上的力

以将 δF 分解为沿法线方向的法向力 δF_n 和沿切线方向的切向力 δF_τ。以微元面积 δA 分别除上述两分力并取极限，便可求得作用在 c 点的法向应力 p_n 和切向应力 τ_τ。

$$p_n = \lim_{\delta A \to 0} \frac{\delta F_n}{\delta A} \tag{1-23}$$

$$\tau_\tau = \lim_{\delta A \to 0} \frac{\delta F_\tau}{\delta A} \tag{1-24}$$

必须指出，应力不仅是 x、y、z、t 的函数，而且一般还与作用面 δA 的方位有关，由于其作用面方位不同，一般来说，该点的应力也不相同。

因流体只能承受压力不能承受拉力，故法向应力常称为压强。

第七节　液体的表面性质

一、表面张力

在液体与不同相态物质接触的自由表面上，存在着表面张力。

表面张力的方向和液面相切，并和两部分的分界线垂直，如果液面是平面，表面张力就在这个平面上。如果液面是曲面，表面张力就在这个曲面的切面上。

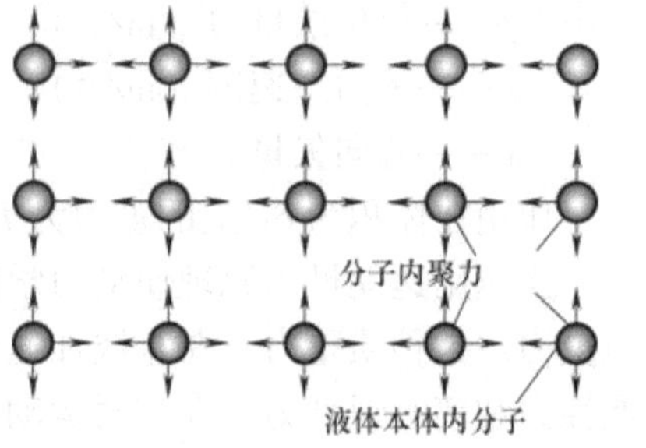

图 1-7　液体表面张力的来源

表面张力是分子力的一种表现。它发生在液体和气体接触时的边界部分，是由于表面层的液体分子处于特殊情况决定的。液体内部的分子和分子间几乎是紧挨着的，分子间经常保持平衡距离，稍远一些就相吸，稍近一些就相斥，这就决定了液体分子不像气体分子那样可以无限扩散，而只能在平衡位置附近振动和旋转。在液体表面附近的分子由于只显著受到液体内侧分子的作用，受力不均，使速度较大的分子很容易冲出液面，成为蒸汽，结果在液体表面层（跟气体接触的液体薄层）的分子分布比内部分子分布来得稀疏。相对于液体内部分子的分布来说，它们处在特殊的情况中。表面层分子间的斥力随它们彼此间的距离增大而减小，在这个特殊层中分子间的引力作用占优势。因此，如果在液体表面上任意假想一条分界线把液面分成两部分，如图 1-7 所示。液体分子对表面层分子的吸引力上下不平衡，从而构成一个从自由液面向下作用的合力。在厚度小于分子半径 r 的液面薄层内，所有液体分子均受向下的吸引力，把表面层紧紧地拉向液体内部。

这种表面层中任何两部分间的相互牵引力，促使了液体表面层具有收缩的趋势，由于表面张力的作用，液体表面总是趋向于尽可能缩小，因此空气中的小液滴往往呈圆球形状。

既然表面层中的液体分子都受到指向液体内部的拉力作用，则任何液体分子在进入表面层时都必须反抗这种力的作用，也即都必须给这些分子以机械功。而这些机械功将以自由表面能的形式被储存起来。因此，自由表面的增加，便意味着自由表面能的增加。相反，自由表面的减少，便意味着自由表面能的减少，即它要向周围释放能量。因此，当自由表面收缩时，在收缩方向上必定有力对自由表面做负功，也即作用力的方向与收缩的方向相反，这种力必定是拉力。单位长度上的拉力值，称为表面张力，用 σ 表示，它的单位为 N/m。在数值上表面张力就等于液体表面相邻两部分间单位长度的相互牵引力。

液体的自由表面处于拉伸状态，如果是液滴，表层就像蒙在液滴上的弹性薄膜一样，紧紧向中心收缩，力图收缩成最小表面积的球形，从而处于自由表面能最小的稳定平衡状态。如果将液滴切开，取下半球台为分离体，如图1-8所示，在球台切面周线上必有张力 F_{st} 连续均匀分布在周线上，与球表面相切。假设周线长度为 L，则张力 $F_{st}=\sigma L$。

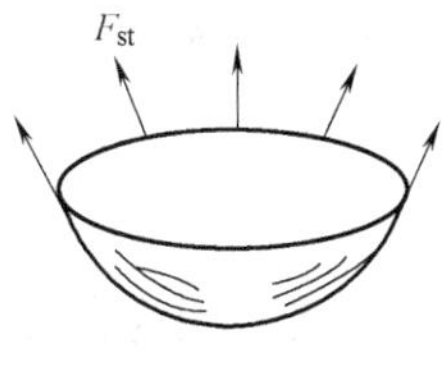

图1-8 球台周线上的表面张力

在293K下，水的表面张力为 72.75×10^{-3}N/m，乙醇为 22.32×10^{-3}N/m，正丁醇为 24.6×10^{-3}N/m，而水-正丁醇（4.1‰）的表面张力为 34×10^{-3}N/m。

所有液体的表面张力都随着温度的上升而下降。在液体中添加某些有机溶剂或盐类，也可以改变它们的表面张力。例如，把少量的肥皂溶液加入水中，可以显著地降低它的表面张力，而把食盐溶液加入水中，却可提高它的表面张力。常见液体的表面张力见表1-8。

表1-8 常见液体的表面张力（20℃，与空气接触）

液体名称	表面张力 σ/(N/m)	液体名称	表面张力 σ/(N/m)
酒精	0.0223	原油	0.0233～0.0379
苯	0.0289	水	0.0731
四氯化碳	0.0267	水银:在空气中	0.5137
煤油	0.0233～0.0321	水银:在水中	0.3926
润滑油	0.0350～0.0379	水银:在真空中	0.4857

相对而言，水的表面张力较高，水银的表面张力最高。水的表面张力随温度 T(K) 变化的经验近似方程为

$$\sigma=0.07275\times[1-0.002\times(T-291)] \tag{1-25}$$

表面张力的影响在大多数工程实际中是被忽略的。但在水滴和气泡的形成、液体的雾化以及气液两相的传热和传质研究中，将是不可忽略的重要因素。

二、毛细现象

液体分子间的吸引力称为内聚力，液体与固体分子间的吸引力称为附着力。当液体与固体壁面接触时，若液体内聚力小于液体与固体间的附着力，液体将湿润、附着壁面，沿壁面向外伸展。例如，把水倒在玻璃板上就是这种情况。若液体内聚力大于液体与固体的附着力，液体将不湿润壁面，而是自身抱成一团。例如把水银倒在玻璃板上将形成椭球形状，而不是湿润玻璃板。水也不湿润石蜡或油腻的壁面，这是因为水的内聚力比石蜡或油腻壁面的附着力大。

液体与固体壁面接触时的这种性质，可以解释毛细管中液面的上升或下降现象。图1-9a是玻璃管插在水中，图1-9b是玻璃管插入水银中的情景。因为水的内聚力小于水与玻璃管壁面的附着力，水湿润玻璃管壁面并沿壁面伸展，致使水面向上弯曲，表面张力把管内液面向上拉高 h。水银内聚力大于水银与玻璃管壁面间的附着力而不湿润管壁面，并沿着壁面收缩，致使水银面向下弯曲，表面张力把管内液面向下拉低 h。这种在细管中液面上升或下降的现象称为毛细现象，能发生毛细现象的细管称为毛细管。

液面为曲面时的表面张力势必造成曲面两侧的压力差。因为液体曲面与固体壁面接触处

的表面张力有一指向凹面的合力，要平衡这一合力，凹面的压力必须高于凸面的压力，这种由表面张力 σ 引起的附加压力称为毛细压力。若管子很细，则管内的液面可以近似看做一个球面，设 R 为球面的曲率半径，则曲面的凹面高于凸面的压强差为

$$\Delta p=\frac{2\sigma}{R} \tag{1-26}$$

对肥皂泡，因为存在两个液体表面，故泡内高于泡外的压强差为 $\Delta p=\frac{4\sigma}{R}$。

毛细管中液面上升或下降的高度显然与表面张力 σ 有关。现以图 1-9a 为例，假设液体密度为 ρ，毛细管直径为 d，液面与固体壁面的接触角为 θ，当表面张力与上升液柱重量相等时，液柱便固定在某一高度 h 下达到力平衡。这时

$$\pi d\sigma\cos\theta=\rho g\frac{\pi d^2}{4}h$$

$$h=\frac{4\sigma\cos\theta}{\rho gd} \tag{1-27}$$

式（1-27）也可用于计算不浸润液体在细管中的下降高度，只是此时 $\theta>\frac{\pi}{2}$，$\cos\theta$ 为负数，所以 h 也为负值，表示液面是下降的，如图 1-9b 所示。

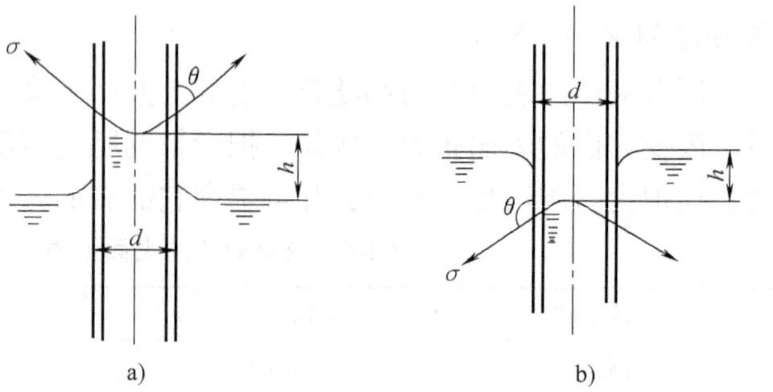

图 1-9 不同液体中的毛细现象

a）玻璃管插在水中 b）玻璃管插在水银中

液柱上升或下降的高度与管径成反比，与液体种类、管子材料、液面上气体的种类及温度有关。一般来说，水的 θ 角在 0°～9°之间，水银的 θ 角在 130°～150°之间。通常对于水，当玻璃管的内径大于 20mm，而对于水银，玻璃管的内径大于 12mm 时，毛细现象的影响可以忽略不计。

毛细现象在自然界、科学技术和日常生活中都起着重要作用。大量多孔性的固体材料在与液体接触时即出现毛细现象。纸张、纺织品、粉笔等物体能够吸水就是由于水能够润湿这些多孔性物质从而产生毛细现象。人们在工程技术中，常常利用毛细现象使润滑油通过孔隙进入机器部件中去润滑机器。植物所以能够通过根和茎把土壤中的水和养分吸收到机体中来，部分原因就是凭借机体中毛细管的毛细作用。在动物的组织中，毛细现象也到处可见，而且对于维持动物的生命有巨大意义。

小 结

本章介绍了流体的定义、流体的基本物理性质及研究流体运动的基本模型，阐述了分析流体受力的方法。

一、流体及其基本物理性质

1. 流体的定义

流体是一种在微小的剪切力作用下会发生连续变形的物体，包含液体和气体两大类。

2. 流体的基本物理性质

（1）惯性　即流体保持原有运动状态的属性。流体的惯性采用密度 ρ 度量，流体的密度一般随温度、压力改变发生变化。

（2）压缩性和膨胀性　温度不变时，流体的体积随压强增加而缩小的属性称为压缩性；压强不变时，流体的体积随温度增加而增大的属性称为膨胀性。

（3）粘性　即流体反抗剪切力的属性。流体的粘性用粘度度量。液体的粘度随温度升高而减小，气体的粘度随温度升高而增大。

二、流体的基本模型

（1）连续介质模型　流体是由在空间上连续分布的流体质点组成的连续性介质。

（2）不可压缩流体模型　密度可作为常数看待的流体，其压缩性和膨胀性均可忽略。

（3）理想流体模型　粘性可以忽略的流体。

（4）牛顿流体模型　动力粘度与速度梯度呈线性关系的流体。

三、作用在流体微团上的力

（1）质量力　通过非接触方式施加给流体微团的作用力。

（2）表面力　在流体微团的表面上通过接触方式施加给流体微团的作用力

四、部分计算公式

（1）混合介质的密度

$$\rho = \sum_{i=1}^{n} \rho_i \varphi_i$$

（2）混合介质的动力粘度

$$\mu = \frac{\sum_{i=1}^{n} \varphi_i M_i^{1/2} \mu_i}{\sum_{i=1}^{n} \varphi_i M_i^{1/2}}$$

（3）牛顿内摩擦定律

$$\tau = \mu \frac{\mathrm{d}u}{\mathrm{d}y}$$

思 考 题

1-1　何为连续介质？何为理想流体？何为不可压缩性流体？

1-2　简述密度、相对密度的定义并指明其单位。

1-3　影响流体密度的主要因素有哪些？写出气体混合物的密度计算式。

1-4　什么是流体的粘性？什么是流体的粘度？粘度的定义和物理意义是什么？粘度的单位是什么？

1-5　“流体的粘度越大，内摩擦力越大”这种说法是否正确？为什么？

1-6　液体和气体的粘度随着温度和压力的变化规律是什么？

1-7　用不可压缩流体的模型分析流动的范围很广泛，但下列情况中哪些不符合不可压缩流体模型：

A. 原油在输油管道中的流动　B. 压缩空气的低速流动　C. 锅炉上升管里的水流动

1-8　流体内摩擦是两层流体之间的摩擦力，流体与固壁之间的摩擦力属于什么力？

习　题

1-1　已知 $0.5m^3$ 水银的质量为 6795kg，求其密度和相对密度。

1-2　若已测得某厂锅炉水平烟道中的烟气组分的体积分数分别为 $\varphi_{CO_2}=13.5\%$，$\varphi_{SO_2}=0.3\%$，$\varphi_{O_2}=5.2\%$，$\varphi_{N_2}=76\%$，$\varphi_{H_2O}=5\%$，试求烟气的密度（按标准状态计）。

1-3　当压强增量为 50000Pa 时，某种液体的密度增长 0.02%，试求该液体的体积模量。

1-4　有一装入 $0.3m^3$ 空气的容器，压强为 1000Pa。若空气体积被压缩到 $0.2m^3$ 时，求：

1）假定为等温变化，此时的压强是多少？等温体积模量是多少？

2）若假定为等熵过程，等熵体积模量是多少？

1-5　两相距 10cm 的固定平行平板间充满运动粘度 $\nu=0.45\times10^{-4}m^2/s$、相对密度为 0.8 的油漆，在油漆中有一平行于两固定平板的面积为 $0.3m^2$ 的薄平板以 0.6m/s 的速度向右运动。求当薄平板位于上板以下 25mm 处运动时，其上所受到的阻力；并求当薄平板位于两固定板间何处时，其上所受阻力为最小？

1-6　充满石油的油槽处于 5at(1at = 98066.5Pa) 下，油槽中排出石油 40kg，使油槽内压强降到 1at。试求油槽的体积。设石油的体积模量 $K=1.32\times10^9$Pa，标准状态下密度为 $897kg/m^3$。

1-7　如图 1-10 所示的液压缸，其直径 $D=12$cm，活塞直径 $d=11.96$cm，活塞长 $L=14$cm，液压缸中油液的动力粘度 $\mu=0.065$Pa·s。当活塞回程的稳定速度为 $v=0.5$m/s 时，不计油液压力，试求拉回活塞所需要的力 F 为多少？

1-8　图 1-11 所示为一压力表校正器示意图，校正器内充满油液，其体积压缩率 $\kappa=47.5\times10^{-6}(atm)^{-1}$（1atm = 101325Pa）。校正器内压力由手轮螺纹和活塞旋进，压缩油液而形成。活塞直径 $D=1$cm，螺距 $P=2$mm，无压时校正器内油液体积 $V=200cm^3$。当校正器造成 200atm 的压强时，求手轮需旋进多少转？

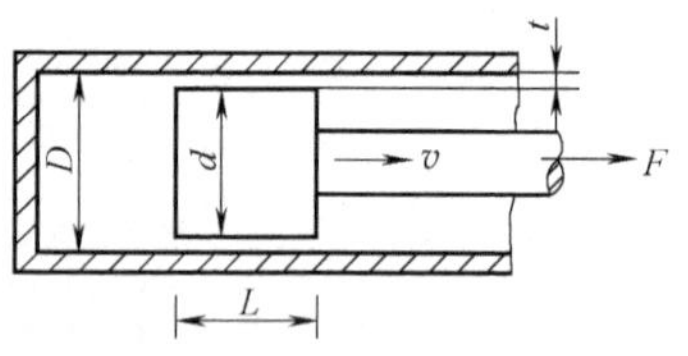

图 1-10　习题 1-7 图

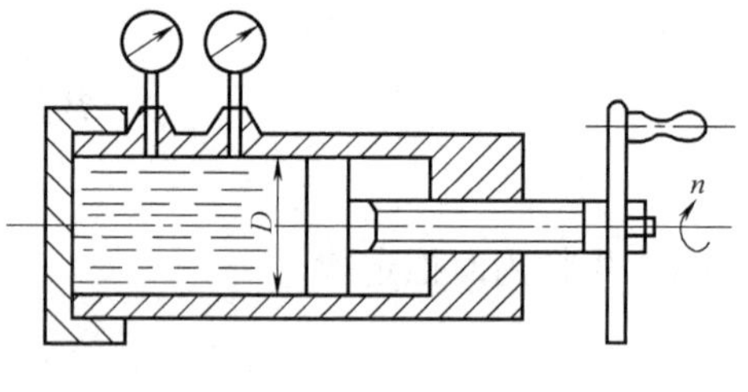

图 1-11　习题 1-8 图

1-9　如图 1-12 所示一装置，套筒固定，轴匀速旋转，其间隙中充满油液，油液密度 $\rho=900kg/m^3$，运动粘度 $\nu=0.2cm^2/s$，套筒内径 $D=100$mm，轴的外径 $d=99.5$mm，套筒长 $L=120$mm，当轴的旋转角速度 $\omega=150$rad/s 时，求需施于轴的转矩有多大？

1-10　如图 1-13 所示，有一金属套筒在自重下沿垂直轴下滑，轴与套筒间充满油液，其密度 $\rho=850kg/m^3$，运动粘度 $\nu=0.3cm^2/s$，轴的外径 $d=100$mm，套的内径 $D=102$mm，套筒长 $L=250$mm，套筒重量为 100N。试求套筒自由下滑时的最大速度。

1-11　如图 1-14 所示，直径 $d=76$mm 的轴在同心缝隙 $t=0.03$mm、长度 $L=150$mm 的轴承中旋转，轴的转速为 226r/min，测得轴颈上的摩擦力矩为 76N·m。试确定缝隙中油液的动力粘度。

1-12　如图 1-15 所示，利用液体摩擦传递转矩 M 的摩擦圆盘直径为 d、间隙为 δ、摩擦盘间液体的动力粘度为 μ，主动轴与从动轴的角速度分别为 ω_1、ω_2。$\omega_1-\omega_2$ 称为摩擦盘的滑移角速度。

1）试求以 M、d、δ、μ 表示的滑移角速度公式。

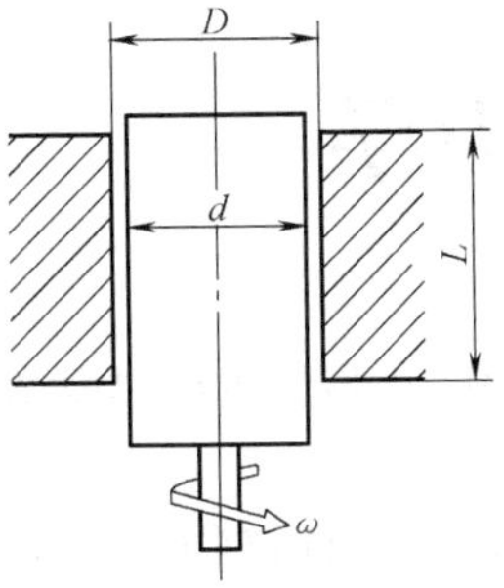

图 1-12 习题 1-9 图

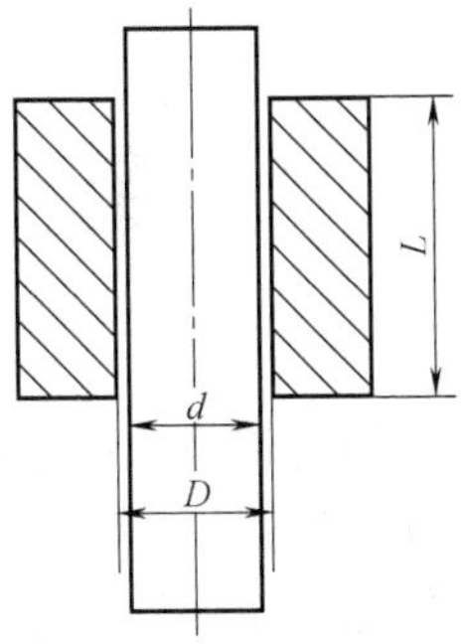

图 1-13 习题 1-10 图

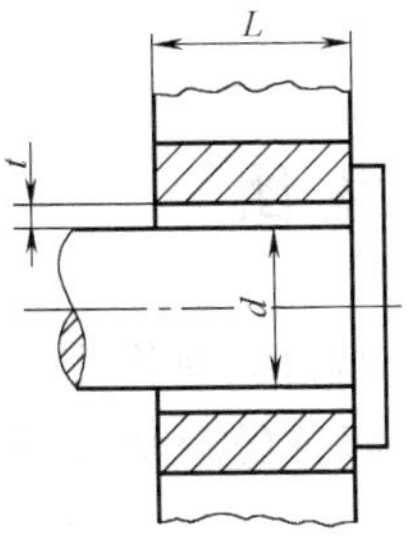

图 1-14 习题 1-11 图

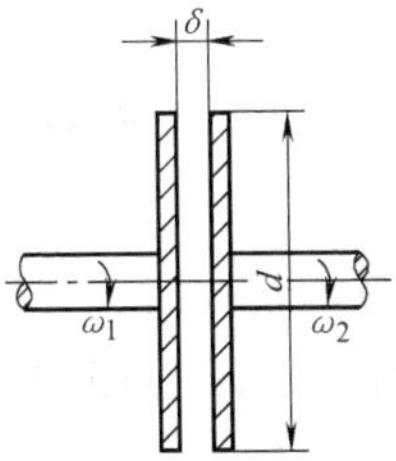

图 1-15 习题 1-12 图

2）若 $\omega_1-\omega_2=44\text{rad/s}$，$d=200\text{mm}$，$\delta=0.13\text{mm}$，$\mu=0.14\text{Pa}\cdot\text{s}$。试求转矩 M 为多少？

1-13 在空气中 20℃时，水的表面张力 $\sigma_1=0.0731\text{N/m}$，水银的表面张力 $\sigma_2=0.5137\text{N/m}$，且水和水银与洁净玻璃的接触角分别为 $\theta_1=0°$，$\theta_2=139°$。假设毛细作用使液柱上升或下降 $h\leqslant 1\text{mm}$ 就可以忽略毛细现象的影响。试问若用水和水银作液柱式压力计的工作液，所选的玻璃管内径应为多少？

第二章　流体静力学

流体静力学研究流体在静止状态下力的平衡、压强的特性及其分布规律以及流体与固体壁面之间的相互作用。

当一个物体相对于惯性参考坐标系（如地球）没有运动时，称该物体处于绝对静止状态。当物体相对于某个非惯性参考坐标系没有运动，而相对于惯性参考坐标系有运动时，称其处于相对静止状态。对于流体，若流体内部相邻微团之间没有相对运动，就称流体处于静止状态。这样的定义与参考系的选取无关。

第一节　流体静压强及其特性

流体处于静止状态时，作用在流体上的切向力等于零，表面力只有作用在内法线方向上的分量，即静压力。单位面积上作用的静压力称为静压强。根据连续介质假设，流体连续地分布在所占据的空间中，不同流体微团之间存在着相互作用。本节探讨流体中任一点的静压强的定义及其特性。

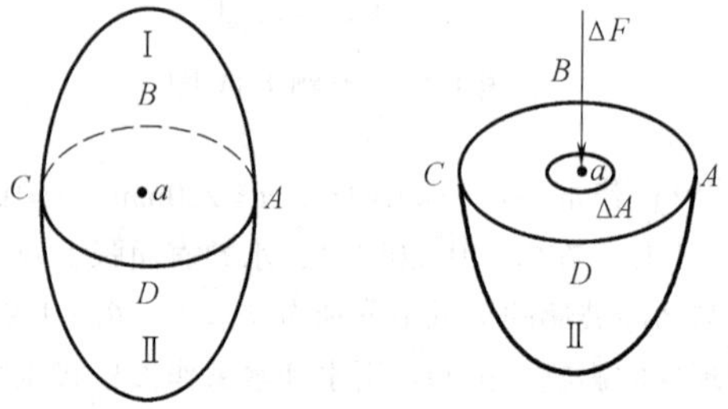

图 2-1　静止流体中的分离体

从静止的均质流体中，任取一分离体，四周流体对该分离体的作用力如图 2-1 所示。设用一平面 $ABCD$ 将此分离体截为Ⅰ、Ⅱ两部分。假定将Ⅰ部分移去，并以等效的力代替它对Ⅱ部分的作用，使Ⅱ部分不失去原有的平衡。

从平面 $ABCD$ 上任取一面积 ΔA，设 ΔF 为移去部分Ⅰ作用在面积 ΔA 上的总作用力，并作用在 ΔA 的中心上。ΔF 和 ΔA 的比值称为 ΔA 的平均压强，以 $\bar{p}$ 表示，即

$$\bar{p}=\frac{\Delta F}{\Delta A} \tag{2-1}$$

当面积 ΔA 无限缩小到一点 a 时，该比值趋近于某一个极限值，此极限值称为 a 点的流体静压强，以 p 表示，即

$$p=\lim_{\Delta A\to a}\frac{\Delta F}{\Delta A} \tag{2-2}$$

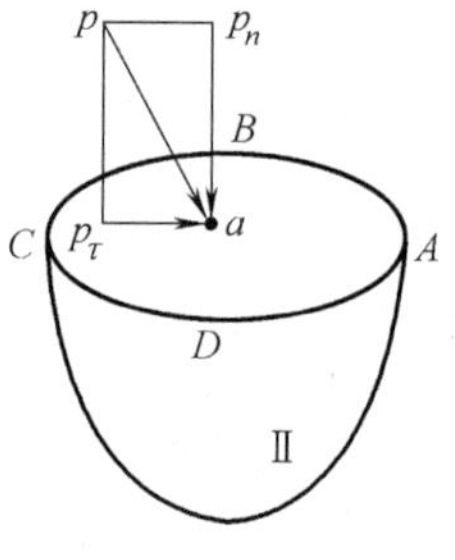

图 2-2　静止流体表面受力分解

可以看出，流体静压力和流体静压强都是压力的一种度量，它们的区别仅在于前者是作用在某一面积上的总压力，而后者是作用在某一面积上的平均压强或某一点的压强。

流体的静压强具有两个重要的特性。

特性一：流体作用在某一个表面的静压强的方向指向作用面的内法线方向。

假定在图 2-1 中Ⅰ部分对Ⅱ部分某点的静压强 p（图 2-2）不是垂

直于作用面，则静压强必然可分解为两个分量，一个与作用面相切，为切向分量 p_τ，也就是切应力；另一个与作用面相垂直，为法向分量 p_n。由流体的定义可知，若 $p_\tau \neq 0$，则流体必然在该剪切力的作用下发生连续变形，其平衡必然会遭到破坏。因此，在静止的流体中切向分量是不存在的，即 $p_\tau = 0$。因此，流体静压强只可能垂直于作用面。

又因为流体不能承受拉应力，所以流体静压强的方向必然是沿着作用面的内法线方向。

流体静力学的根本任务是研究流体静压强的问题。

特性二：静止流体内任意一点处，压强的大小与其作用的方位无关，只是该点位置坐标的连续函数。不同点上的静压强数值可能不相等，在同一点上，各个方向的静压强的数值均相等。

这个特性在中学的物理实验中已经有过证实。这里，从力平衡的角度给予证明。

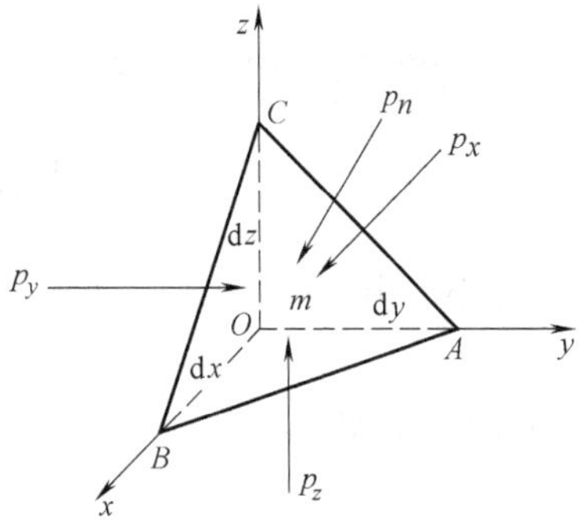

图 2-3　流体微元四面体中的力平衡

在静止的流体中，取出一个包括 O 点在内的微小四面体 $OABC$，如图 2-3 所示，并将 O 点设置为坐标原点。取正交的三个边长分别为 $\mathrm{d}x$、$\mathrm{d}y$、$\mathrm{d}z$，它们分别与坐标轴 x、y、z 重合。与坐标面 yOz、xOz、xOy 及倾斜面 ABC 垂直的面上平均压强分别为 p_x、p_y、p_z 及 p_n，作用在各面上的流体静压力等于各面的平均静压强与该作用面面积的乘积，即

$$P_x = p_x \frac{1}{2}\mathrm{d}y\mathrm{d}z$$

$$P_y = p_y \frac{1}{2}\mathrm{d}x\mathrm{d}z$$

$$P_z = p_z \frac{1}{2}\mathrm{d}x\mathrm{d}y$$

$$P_n = p_n S_{\triangle ABC}$$

式中，$S_{\triangle ABC}$ 为 $\triangle ABC$ 的面积。

作用在微小四面体上的质量力在各轴向的分力等于单位质量力在各轴向的分力与流体质量的乘积。流体的质量等于流体密度与微小四面体体积 $\frac{1}{6}\mathrm{d}x\mathrm{d}y\mathrm{d}z$ 的乘积。设单位质量力在 x、y、z 轴的分力分别是 f_x、f_y、f_z，则质量力在各轴向的分力为

$$F_x = f_x\rho \frac{1}{6}\mathrm{d}x\mathrm{d}y\mathrm{d}z$$

$$F_y = f_y\rho \frac{1}{6}\mathrm{d}x\mathrm{d}y\mathrm{d}z$$

$$F_z = f_z\rho \frac{1}{6}\mathrm{d}x\mathrm{d}y\mathrm{d}z$$

微小四面体在上述表面力和质量力的作用下处于平衡状态，则外力的轴向平衡关系式为

$$P_x - P_n\cos\alpha + F_x = 0 \tag{a}$$

$$P_y - P_n\cos\beta + F_y = 0 \tag{b}$$

$$P_z - P_n\cos\gamma + F_z = 0 \tag{c}$$

式中，α、β、γ 分别表示倾斜面外法线方向 n 与 x、y、z 轴方向之间的夹角。

式（a）可展开写成

$$p_x \frac{1}{2}\mathrm{d}y\mathrm{d}z - p_n S_{\triangle ABC}\cos\alpha + f_x\rho\frac{1}{6}\mathrm{d}x\mathrm{d}y\mathrm{d}z = 0$$

将 $S_{\triangle ABC}\cos\alpha = \frac{1}{2}\mathrm{d}y\mathrm{d}z$ 代入上式，则上式可化简为

$$p_x \frac{1}{2}\mathrm{d}y\mathrm{d}z - p_n \frac{1}{2}\mathrm{d}y\mathrm{d}z + f_x\rho\frac{1}{6}\mathrm{d}x\mathrm{d}y\mathrm{d}z = 0$$

当 $\mathrm{d}x$、$\mathrm{d}y$、$\mathrm{d}z \to 0$ 时，上式第三项是高阶无穷小量，略去该高阶无穷小量，得

$$p_x = p_n$$

同理，由式（b）、式（c）可得

$$p_y = p_n, \quad p_z = p_n$$

由此可得

$$p_x = p_y = p_z = p_n \tag{2-3}$$

上式说明，在静止的流体中，任一点的流体静压强的大小与其作用面的方向无关，只与该点的位置有关，即流体静压强是空间坐标的连续函数。

第二节　静止流体中的力平衡关系

静止流体只受到质量力和由压力产生的法向表面力作用，且在它们的作用下处于静止状态。下面讨论流体在平衡状态下这些力应该满足的关系以及在平衡状态下流体的平衡规律和压强分布规律，建立表示流体平衡的微分方程式。

为了分析平衡状态下流体内部压强与质量力的关系，在流体内部取以任意点 M 为中心的微元六面体，如图 2-4 所示。六面体的各边分别与直角坐标轴平行，边长分别为 $\mathrm{d}x$、$\mathrm{d}y$、$\mathrm{d}z$。作用在该六面体上的质量力为 $\rho \boldsymbol{f}\mathrm{d}x\mathrm{d}y\mathrm{d}z$，其在 y 方向的分量为 $\rho f_y\mathrm{d}x\mathrm{d}y\mathrm{d}z$，在 x、z 方向的分量相应为 $\rho f_x\mathrm{d}x\mathrm{d}y\mathrm{d}z$ 和 $\rho f_z\mathrm{d}x\mathrm{d}y\mathrm{d}z$。

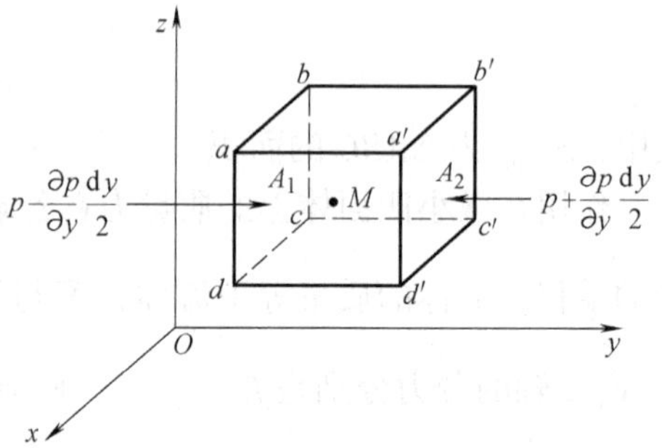

图 2-4　微元六面体沿 y 方向上的表面力

作用在该六面体上的表面力只有周围流体对它的压力。因此，先确定六面体各面上的压强。设点 M 的坐标为 x、y、z，压强为 p。由于压强是坐标的连续函数，则离该点 $\pm\frac{\mathrm{d}y}{2}$ 处的压强为 $p\left(x, y\pm\frac{\mathrm{d}y}{2}, z\right)$，并且可将 $p\left(x, y\pm\frac{\mathrm{d}y}{2}, z\right)$ 在 $p(x, y, z)$ 处用泰勒级数展开，即

$$p\left(x, y\pm\frac{\mathrm{d}y}{2}, z\right) = p(x,y,z) \pm \frac{\partial p(x,y,z)}{\partial y}\frac{\mathrm{d}y}{2} \pm \frac{1}{2!}\frac{\partial p^2(x,y,z)}{\partial y^2}\left(\frac{\mathrm{d}y}{2}\right)^2 \pm \cdots$$

如果 $\mathrm{d}y$ 为无限小量，则在上述级数中二阶及二阶以上的高阶小量均可略去，即等号右边只取前两项已经可以满足精度要求，则上式可以简写为

$$p\left(x,y\pm\frac{\mathrm{d}y}{2},z\right)=p(x,y,z)\pm\frac{\partial p(x,y,z)}{\partial y}\frac{\mathrm{d}y}{2}$$

则沿 y 轴方向的六面体边界面 $abcd$ 和 $a'b'c'd'$ 中心点处的压强分别为 $p-\frac{\partial p}{\partial y}\frac{\mathrm{d}y}{2}$ 和 $p+\frac{\partial p}{\partial y}\frac{\mathrm{d}y}{2}$。作用在这两个面上的法向力为 $\left(p-\frac{\partial p}{\partial y}\frac{\mathrm{d}y}{2}\right)\mathrm{d}x\mathrm{d}z$ 和 $\left(p+\frac{\partial p}{\partial y}\frac{\mathrm{d}y}{2}\right)\mathrm{d}x\mathrm{d}z$。

当微元六面体处于平衡状态时，y 方向的合力为 0，即

$$\left(p-\frac{\partial p}{\partial y}\frac{\mathrm{d}y}{2}\right)\mathrm{d}x\mathrm{d}z-\left(p+\frac{\partial p}{\partial y}\frac{\mathrm{d}y}{2}\right)\mathrm{d}x\mathrm{d}z+f_y\rho\mathrm{d}x\mathrm{d}y\mathrm{d}z=0$$

同理，可以写出 x、z 方向的力平衡方程式，即

$$\left(p-\frac{\partial p}{\partial x}\frac{\mathrm{d}x}{2}\right)\mathrm{d}y\mathrm{d}z-\left(p+\frac{\partial p}{\partial x}\frac{\mathrm{d}x}{2}\right)\mathrm{d}y\mathrm{d}z+f_x\rho\mathrm{d}x\mathrm{d}y\mathrm{d}z=0$$

$$\left(p-\frac{\partial p}{\partial z}\frac{\mathrm{d}z}{2}\right)\mathrm{d}x\mathrm{d}y-\left(p+\frac{\partial p}{\partial z}\frac{\mathrm{d}z}{2}\right)\mathrm{d}x\mathrm{d}y+f_z\rho\mathrm{d}x\mathrm{d}y\mathrm{d}z=0$$

用 $\rho\mathrm{d}x\mathrm{d}y\mathrm{d}z$ 除以上 x、y、z 轴方向的力平衡方程式，并化简得

$$\begin{aligned}f_x&=\frac{1}{\rho}\frac{\partial p}{\partial x}\\f_y&=\frac{1}{\rho}\frac{\partial p}{\partial y}\\f_z&=\frac{1}{\rho}\frac{\partial p}{\partial z}\end{aligned}\tag{2-4}$$

用矢量形式表示为

$$\boldsymbol{f}-\frac{1}{\rho}\nabla p=0\tag{2-5}$$

其中，$\nabla=\frac{\partial}{\partial x}\boldsymbol{i}+\frac{\partial}{\partial y}\boldsymbol{j}+\frac{\partial}{\partial z}\boldsymbol{k}$ 称为哈密顿算子。

上式即为流体的平衡微分方程式，又称欧拉平衡方程。它表明了处于平衡状态的流体中压强的变化率与单位质量力之间的关系，单位质量力在某一轴向的分力与压强沿该轴向的递增率相平衡，符号相同。这说明，质量力作用的方向就是压强递增的方向。

对式（2-4）依次乘以 $\mathrm{d}x$、$\mathrm{d}y$、$\mathrm{d}z$，并将它们相加，有

$$\frac{\partial p}{\partial x}\mathrm{d}x+\frac{\partial p}{\partial y}\mathrm{d}y+\frac{\partial p}{\partial z}\mathrm{d}z=\rho(f_x\mathrm{d}x+f_y\mathrm{d}y+f_z\mathrm{d}z)$$

得

$$\mathrm{d}p=\rho(f_x\mathrm{d}x+f_y\mathrm{d}y+f_z\mathrm{d}z)\tag{2-6}$$

式中，$\mathrm{d}p=\frac{\partial p}{\partial x}\mathrm{d}x+\frac{\partial p}{\partial y}\mathrm{d}y+\frac{\partial p}{\partial z}\mathrm{d}z$，称为 p 的全微分。

第三节　重力场中流体静压强的分布规律

流体所受的质量力只有重力是工程中最常见的情况。本节分析在这种情况下静止流体中的压强分布规律。

一、流体静压强的基本方程式

如图 2-5 所示，设某密闭容器中的液体在重力作用下处于静止状态，液体的密度为 ρ，自由液面上的压强为 p_0。

此时，作用在单位质量流体上的质量力在各坐标轴方向的分量为

$$f_x=0,\ f_y=0,\ f_z=-g$$

代入流体平衡微分方程式（2-6），有

$$dp=-\rho g dz$$

对于均质不可压缩流体，积分上式得

$$p=-\rho gz+C \tag{2-7}$$

式（2-7）即为重力作用下静止流体中的压强分布关系，式中 C 为积分常数。

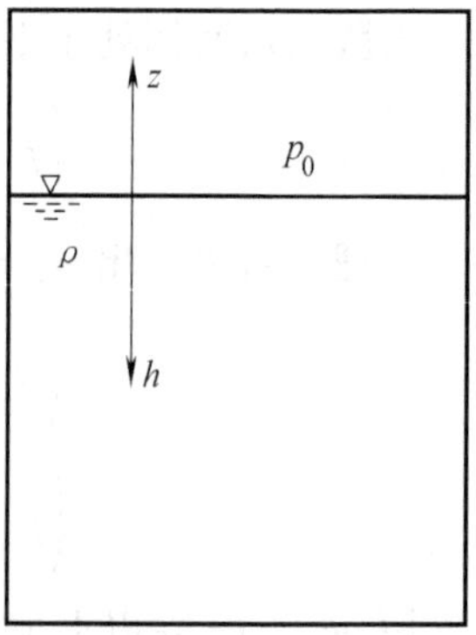

图 2-5　密闭容器中的静止流体

若将直角坐标系的原点选在自由液面上，即在 $z=0$ 的自由表面上，$p=p_0$，代入式（2-7），得 $C=p_0$，则有

$$p=p_0-\rho gz \tag{2-8a}$$

若用自液面向下的浸入深度 h 代替向上的 z 坐标，即令 $z=-h$，则有

$$p=p_0+\rho gh \tag{2-8b}$$

式（2-8a、b）是在重力作用下有自由液面的均质不可压缩静止流体中的压强计算公式，常被称为水静力学基本方程式。

下面，对式（2-8a、b）所表示的水静力学基本方程式进行一些讨论。

（1）液面压强的传递　静止流体中任意点压强等于液面压强 p_0 与从该点到流体自由表面的单位面积上的液柱重量 ρgh 之和。p 由两部分组成：一部分是自由表面上的压强 p_0；另一部分是深度为 h、密度为 ρ 的流体所产生的压强 ρgh。这说明静止流体中任意一点都受到自由表面压强 p_0 的相同作用，自由表面压强 p_0 的任何变化，都会引起流体中所有流体质点压强的同样变化。对于这种压强在流体中的传递现象，法国人帕斯卡（Blaise Pascal）归纳为帕斯卡原理：施加在重力作用下不可压缩流体表面上的压强，将以同一数值沿各个方向传递到流体中所有流体质点。

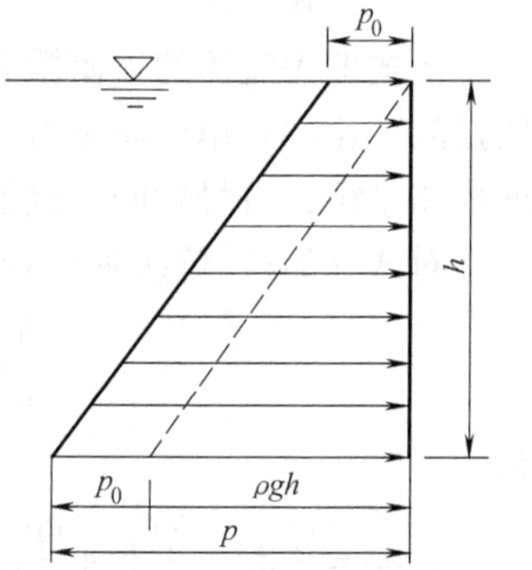

图 2-6　静止液体中压强分布示意图

（2）压强的图示　在静止流体中，压强随着深度呈直线规律变化。从流体静力学基本方程式可以看出，压强是流体深度 h 的一次函数。如果以压强 p 为横坐标，以 h 为纵坐标，可以用图 2-6 形象地表示压强的分布情况。

（3）等压面　压强相等的点所组成的面称为等压面。

在同种、连续的静止流体中，等压面是水平面。

容器中静止的液体与气体分界面（自由表面）上各点受到的气体压强相同，质量力也只有重力，其方向垂直向下，所以自由表面是等压面，也是水平面。

两种密度不同互不混合的液体在同一容器中处于静止状态时，一般是密度大的在下，密度小的在上，两种液体之间形成分界面。这种分界面既是水平面又是等压面。

应当强调的是，上述水静力学基本方程是在同种液体处于静止、连续的条件下推导出来的。因此，液体静压强分布规律只适用于静止、同种、连续液体。如不能同时满足这三个条件，就不能应用上述规律。如图 2-7a 中 a 和 b 两点，虽然静止、同种，但不连续，中间被气体隔开了，所以两点压强不相等。又如图 2-7a 中 b、c 两点，虽然静止、连续，但不同种，所以同在一个水平面上的 b、c 两点压强也不相等。又如图 2-7b 中的 d、e 两点，虽然同种、连续，但不静止，管中是流动的液体，所以同在一个水平面上的 d、e 两点压强也不相等。

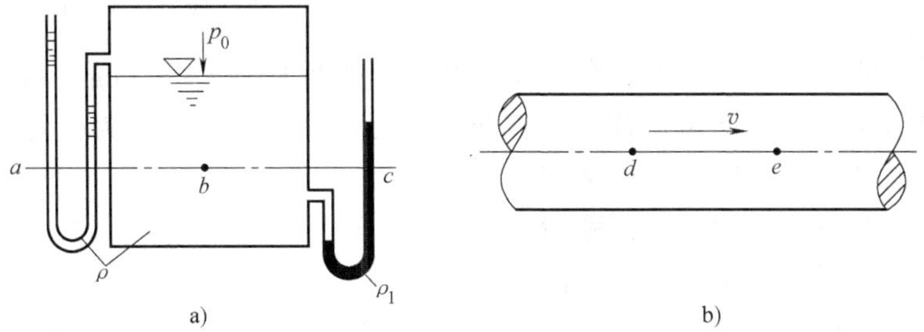

图 2-7　非等压面的水平面示例

（4）测压关系　依据某点的压强及两点间的深度差，可求出另外一点的压强值或两点间的压强差。

由
$$p = p_0 + \rho g h$$
有
$$p_1 = p_0 + \rho g h_1,\ p_2 = p_0 + \rho g h_2$$
消去 p_0，则有
$$p_2 = p_1 + \rho g (h_2 - h_1) = p_1 + \rho g \Delta h$$
即有
$$p_2 = p_1 + \rho g \Delta h \tag{2-9a}$$
及
$$p_1 = p_2 - \rho g \Delta h \tag{2-9b}$$

式（2-9a、b）常被称为静止流体中的测压关系。它表明，在静止流体中，某点的压强若加上 $\rho g \Delta h$，就得到其下方 Δh 处另一点的压强；若减去 $\rho g \Delta h$，则可得到其上方 Δh 处某点的压强。

二、流体静压强基本方程式的意义

（1）物理意义　由式（2-7）可导出

$$zg + \frac{p}{\rho} = C \tag{2-10a}$$

此式表明，在由同一种流体相互连通的静止流体中，任意点上的 $zg + p/\rho$ 都具有相同的数值。式中各项的单位为 J/kg，则第一项 zg 就表示单位质量流体的位势能；第二项 p/ρ 表示单位质量流体的压强势能，代表压强 p 做的功。如图 2-8 所示，容器中点 a 距基准面的距离为 z，压强为 p，在和点 a 等高的容器壁面上开孔，并与被抽成完全真空的闭口测压管相连。容器中的液体在压强 p 和真空形成的压强差作用下，沿玻璃管上升 h_p，在液柱上升的过程中，压差克服液柱的重力做了功，从而增加了液柱的位势能，因此，p/ρ 称为单位质量流体的压强势能，它的大小等于上述方法测得的液柱的高度 h_p 与 g 的乘积，这可用流体静力学基本方程式证明。将式（2-10a）应用于 a 点和 b 点，有

$$zg+\frac{p}{\rho}=zg+h_pg，\ h_pg=\frac{p}{\rho}$$

位势能和压强势能之和称为总势能。

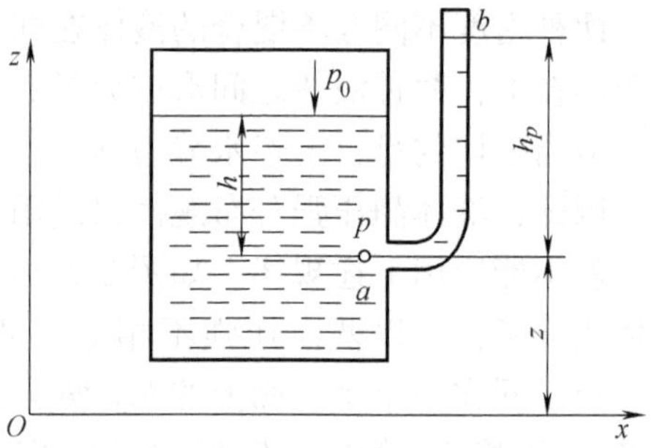

图 2-8　真空管中液面上升的高度

流体静力学基本方程式的物理意义为：在重力作用下，静止的连续均质不可压缩流体中，各点单位质量流体的总势能保持不变。

（2）几何意义　由式（2-7）还可以导出

$$z+\frac{p}{\rho g}=C \tag{2-10b}$$

此式表明，在同一种流体相互连通的静止流体中，任意点上的 $z+p/(\rho g)$ 也具有相同的数值。式中各项的单位为 m，即可以用液柱高度来表示，称为水头。z 为位置水头，$p/(\rho g)$ 为压强水头，两者之和称为静水头，又称作测压管水头，各点静水头的连线，称为静水头线，如图 2-9a 中 A—A 所示。通常测压管上端通大气，它所测的水头比完全真空管中的水头低一个大气压强水头 $p_a/(\rho g)$，这时的水头连线称为计示静水头线，如图 2-9b 中 A'—A' 所示。流体静力学基本方程式的几何意义为：在重力作用下，静止的不可压缩流体中，任意点的静水头保持不变，其静水头线为水平线。

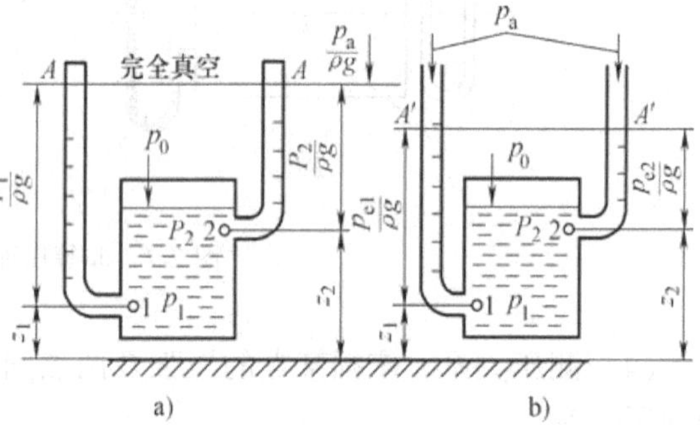

图 2-9　静止流体的静水头线与计示静水头线

第四节　流体压强的度量

在工程上，量度流体压强大小，可以采用绝对压强和相对压强等不同的计量基准，度量压强的单位有国际标准单位、液柱高度和工程单位等多种单位。

一、压强的计量基准

压强的计量基准有两种，绝对压强和相对压强。

1. 绝对压强

以完全没有气体存在的绝对真空为零点算起的压强，称为绝对压强，以 p 表示。液面的绝对压强为 p_0，则流体密度为 ρ，深度为 h 的点流体绝对压强为

$$p=p_0+\rho gh$$

当问题涉及流体本身的性质时，如采用气体状态方程进行计算，必须采用绝对压强。

2. 相对压强

以当地大气压强 p_a 为零点算起的压强，称为相对压强，以 p_e 表示。即

$$p_e=p-p_a \tag{2-11}$$

设当地大气压强为 p_a，液面的绝对压强为 p_0，流体密度为 ρ，在深度为 h 的点上，流体的相对压强为

$$p_e = p_0 + \rho g h - p_a$$

大气的相对压强值为零。

某一点的绝对压强只能是正值，不可能出现负值。但是，相对压强可能为正值也可能为负值。这取决于流体中某点处的绝对压强是大于还是小于当地大气压强。当相对压强为正值时，可用压力表测量，常称该压强为表压强或表压（即压力表读数）。当相对压强为负值时，称该压强为负压或称该点具有真空。负压的绝对值称为真空度（即真空表读数），以 p_v 表示。即当 $p_e<0$ 时

$$p_v = -(p - p_a) = p_a - p \tag{2-12}$$

以上几种压强的基准以及它们之间的关系如图 2-10 所示。

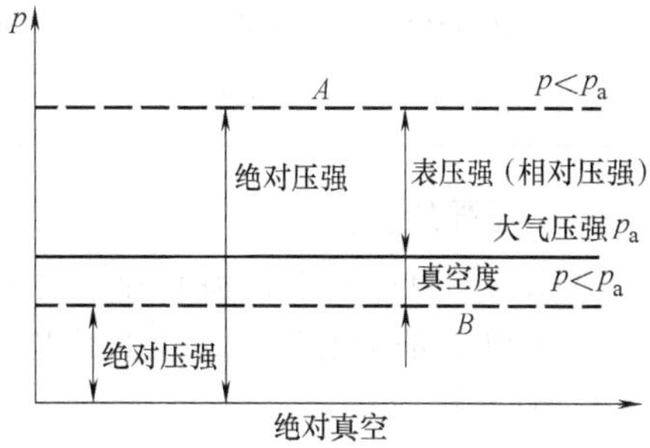

图 2-10　绝对压强、大气压强、相对压强的相互关系

物理学、工程热力学的基本定律中的压力通常是真实压力，应采用绝对压强，而用以测量压强的仪表多是与大气相通的，或是处于大气环境中的，因此实际测量的是绝对压强与大气压强之差，这点在使用时要加以注意。

二、压强的单位

度量压强常用到三种单位：标准单位、液柱单位及工程单位。

1. 标准单位

压强的标准单位为帕［斯卡］，符号为 Pa。$1Pa = 1N/m^2$，表达气体的压强常用 kPa，表达液体的压强常用 MPa。

2. 液柱单位

测量和工程中有时采用液柱高度作为度量压强的单位。常用的有水柱和汞柱，其单位为 mH_2O、mmH_2O 或 mmHg。

压强与液柱高度的关系为

$$h = \frac{p}{\rho g} \tag{2-13}$$

如

$$1mmH_2O = 10^3 \times 9.8 \times 10^{-3}Pa = 9.8Pa$$

$$760mmHg = 13.6 \times 10^3 \times 9.8 \times 760 \times 10^{-3}Pa = 1.01325MPa$$

3. 工程单位

工程中常使用工程大气压的倍数来表示压强。所谓工程大气压，是指海拔高度 200m 处正常气候条件下的大气压强，其数值为每平方厘米上作用 1 公斤力，即 kgf/cm^2，用符号 at 表示。

$$1at = 1kgf/cm^2 = (1 \times 9.8/10^{-4})Pa = 98kPa$$

对应地，国际标准还规定了标准大气压（或物理大气压）。标准大气压是指温度为 0℃ 时，海平面上的压强，其数值为 760mmHg 或 101.325kPa，用符号 atm 表示，即

$$1atm = 760mmHg = 101.325kPa$$

各压强单位之间的换算关系见表 2-1。

表 2-1　压强单位之间的换算关系

压强名称	帕（Pa）	巴（bar）	千克力每平方厘米（kgf/cm^2）	米水柱（mH_2O）	毫米汞柱（mmHg）	工程大气压（at）	标准大气压（atm）
换算关系	9810	9.81×10^{-2}	0.1	1	73.56	0.1	9.682×10^{-2}
	133.332	1.3333×10^{-3}	1.3595×10^{-3}	1.3595×10^{-2}	1	1.3595×10^{-3}	1.316×10^{-3}
	9.81×10^{4}	0.981	1	10	735.6	1	9.682
	101325	1.01325	1.03323	10.3323	760	1.03323	1

三、压强的测量

常用的测量压强的仪器有弹簧金属式、电测式和液柱式三种。由于液柱式测压计具有直观、准确和经济等优点，因而在工程上得到广泛的应用。

1. 测压管

测压管是一根玻璃直管，其一端连接在被测管路或容器侧壁，另一端开口直接与大气相通（图 2-11）。由于相对压强的作用，水在管中上升或下降，与大气相接触的液面相对压强为零。因此，只要根据测压管中液面上升的高度，即可测出管路或容器内流体静压强的大小。

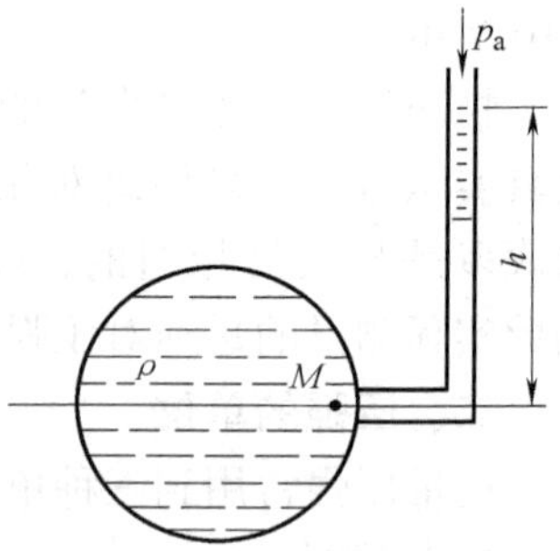

图 2-11　测压管

因 M 点的绝对压强为 $p=p_a+\rho gh$，M 点的相对压强为 $p_e=\rho gh$。于是，用测得的液柱高度 h，可得到容器中液体的相对压强及绝对压强。

测压管的优点是结构简单，测量准确；缺点是只适用于测量较小的压强，一般不超过 9800Pa，相当于 $1mH_2O$。如果被测压强较大，则需加长测压管的长度，使用很不方便。此外，测压管中的工作介质是被测容器中的流体，所以测压管只能用于测量液体的压强。

2. U 形管测压计

这种测压计是一个装在刻度板上两端开口的 U 形玻璃管。测量时，管的一端与被测容器相接，另一端与大气相通，如图 2-12 所示。U 形管内装有密度 ρ_2 大于被测流体密度 ρ_1 的液体工作介质（一般为酒精、水或水银等）。它是根据被测流体的性质、被测压强的大小和测量精度等来选择的。如果被测压强较大时，可用水银，被测压强较小时，可用水或酒精。但一定要注意，工作介质不能与被测流体相互掺混。U 形管测压计可以用来测量液体或气体的压强，可以测量容器中高于大气压强的流体压强，也可以测量容器中低于大气压强的流体压强，即可以作为真空计来测量容器中的真空。

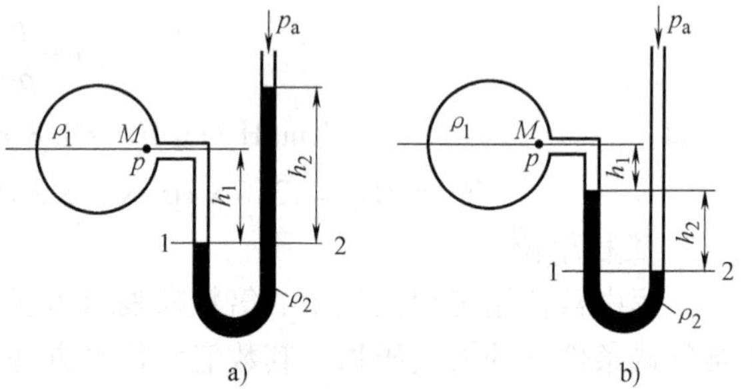

图 2-12　U 形管测压计
a）测量相对压强　b）测量真空

如图 2-12a 所示，为测量高于大气压的相对压强。令被测流体与 U 形管中液体交界面为

1，过 1 引水平线与右支管相交于 2，由于 1、2 两点在连续均质流体的等压面上，所以，$p_1 = p_2$，根据流体静压强的计算公式，有

$$p_1 = p + \rho_1 g h_1,\ p_2 = p_a + \rho_2 g h_2$$

由两式相等得

$$p = p_a + \rho_2 g h_2 - \rho_1 g h_1 \tag{2-14}$$

相对压强为

$$p_e = p - p_a = \rho_2 g h_2 - \rho_1 g h_1$$

图 2-12b 所示为测量小于大气压强的真空，其计算方法与上面相似，求得的绝对压强为

$$p = p_a - \rho_2 g h_2 - \rho_1 g h_1$$

真空度为

$$p_v = p_a - p = \rho_2 g h_2 + \rho_1 g h_1$$

当被测流体是气体时，由于气体密度小，$\rho_1 g h_1$ 这一项可以忽略不计。

提示　细心的读者不难发现，式（2-14）实际上提示了一种分析压强关系的简便途径。即从已知压强点出发，沿着测压路径，用等压面作为衔接，向下用加，向上用减，加减量均为其测压管段中的 $\rho g \Delta h$，到达什么位置，就得到该点的压强。用这样的简便计算途径，可省去建立等压关系的步骤。

U 形管还可作为差压计用来测量两个容器或同一容器（如管道）流体中不同位置两点的压强差。测量时，把 U 形管两端分别与两个测压点 A 和 B 连接，如图 2-13 所示。U 形管中应注入较两个容器中的流体密度大且不相混淆的液体作为工作介质。

图 2-13 所示的流体中，压强关系为

$$p_A + \rho_A g h_1 + \rho_A g h - \rho g h - \rho_B g h_2 = p_B$$

则

$$p_A - p_B = \rho_B g h_2 + \rho g h - \rho_A g (h + h_1)$$

若两个容器内是同一流体，即 $\rho_A = \rho_B = \rho_1$，则上式可写成

$$p_A - p_B = \rho_1 g (h_2 - h_1) + (\rho - \rho_1) g h$$

3. 倾斜微压计

在测量气体的微小压强和压差时，为了提高测量精度，常采用倾斜微压计。倾斜微压计是由一个大截面的容器杯连接一个可调节倾斜角度的细玻璃管构成，其中盛有密度为 ρ 的液体，如图 2-14 所示。

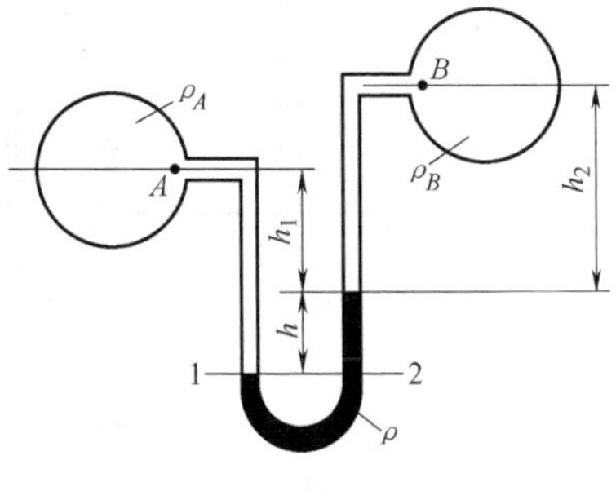

图 2-13　U 形管差压计

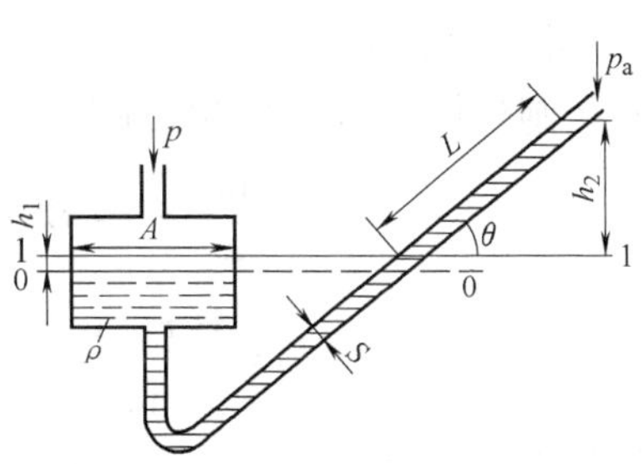

图 2-14　倾斜微压计

在未测压时，倾斜微压计的两端通大气，容器中液面和倾斜管中的液面在同一平面 1-1 上。当测量容器或管道中某处的压强时，微压计杯端入口与被测气体容器或管道的测压点相连接，在被测气体压强 p 的作用下，容器中液面下降 h_1 至 0-0 位置，而倾斜玻璃管中液面

上升了 L 长度，其上升高度 $h_2=L\sin\theta$。

根据流体静力学基本方程式，被测气体的绝对压强为

$$p=p_a+\rho g(h_1+h_2)$$

其计示压强为

$$p_e=\rho g(h_1+h_2)$$

如果用倾斜微压计测量两容器或管道两点的压强差时，将压强大（p_1）的连接杯端测压口，压强小（p_2）的连接倾斜玻璃管出口端，则测得的压强差为

$$p_1-p_2=\rho g(h_1+h_2)$$

由于容器内液体下降量等于倾斜管中液体的上升量，设 A_1 和 A_2 分别为杯子和玻璃管的横截面积，则 $h_1A_1=LA_2$ 或 $h_1=LA_2/A_1$，又因为倾斜管中液面上升的高度为 $h_2=L\sin\theta$，这样，倾斜微压计中两液面的实际高度差为

$$h=h_1+h_2=L(\sin\theta+A_2/A_1)$$

于是相对压强可以写成

$$p_e=\rho g(\sin\theta+A_2/A_1)L=KL \tag{2-15}$$

式中，$K=\rho g(\sin\theta+A_2/A_1)$，是倾斜微压计系数，不同的 θ 角对应着不同 K 值。

当 $\theta=30°$时，$h_2=L\sin30°=L/2$，$L=2h_2$，即把压强差对应的液柱读数放大了 2 倍；当 $\theta=10°$时，$L=5.7h_2$，即把压强差对应的液柱读数放大了 5.7 倍。可见，倾斜微压计可使液柱读数更精确。但若 θ 过小，倾斜玻璃管内的液体将产生较大的波动，位置不易确定。对于每种倾斜微压计，其 K 值一般有 0.2、0.3、0.4、0.6 和 0.8 五个数据供选用。这几个与测量角 θ 相对应的 K 值通常刻在倾斜微压计支架上，在已定 K 值的情况下，根据倾斜管的液体长度 L，就可由式（2-15）求出压强差。

4. 压力传感器与差压传感器

工程中经常有要测量较大量程范围的压强的情况，如压强在几兆帕、几十兆帕或更高的情况。这时候就要用量程更高的压力传感器与差压传感器测量压强或压强差。压力传感器有硅压阻型、膜片式电容型、压电式、金属电阻应变式、干涉光纤非接触式、光纤压力式等。

【例 2-1】 如图 2-15 所示，直径为 d、重量为 G 的圆柱体在力 F 的作用下被推入液体内，推入深度为 h，若液体的密度为 ρ，试确定液体在测压管内上升的高度 x。

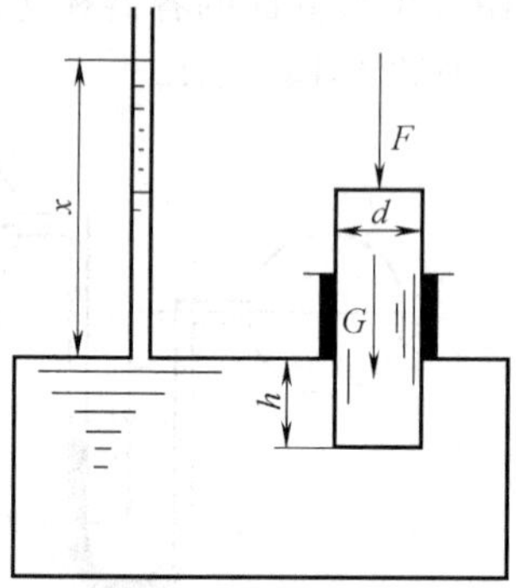

图 2-15　例 2-1 图

解： 记圆柱体底面上液体的压强为 p，由

$$p\frac{\pi d^2}{4}=F+G$$

得

$$p=\frac{4(F+G)}{\pi d^2}$$

列底面压强平衡方程　$p=\rho g\ (h+x)$

所以

$$x=\frac{p}{\rho g}-h=\frac{4(F+G)/\pi d^2}{\rho g}-h$$

【例 2-2】 图 2-16 所示为双杯双液微压计，杯内和 U 形管内分别装有密度 $\rho_1=1000\text{kg/m}^3$ 和 $\rho_2=13600\text{kg/m}^3$ 的两种不同液体，两杯的直径均为 $D=100\text{mm}$，U 形管的直径 $d=10\text{mm}$，测得 $h=30\text{mm}$，计算两杯内的压强差为多少？

解： 列 1-2 截面上的等压面方程为

$$p_1+\rho_1gh_1-\rho_2gh-\rho_1g(h_1-h+h_2)=p_2$$

则

$$p_1-p_2=\rho_2gh-\rho_1g(h-h_2)=\left[\frac{\rho_2}{\rho_1}-\left(1-\frac{h_2}{h_1}\right)\right]\rho_1gh$$

由密度为 ρ_1 的液体在 U 形管内移动的体积关系 $D^2h_2=d^2h$，代入上式得

$$p_1-p_2=\left[\frac{\rho_2}{\rho_1}-\left(1-\frac{d^2}{D^2}\right)\right]\rho_1gh=\left[13.6-\left(1-\frac{0.01^2}{0.1^2}\right)\right]\times10^3\times9.8\times0.03\text{Pa}=3709.6\text{Pa}$$

【例 2-3】 图 2-17 所示为复式测压装置，若容器 A 中水面上测压计读数为 $p_e=0.25\text{atm}$，水银密度 $\rho_{水银}=13600\text{kg/m}^3$，酒精密度 $\rho_{酒精}=800\text{kg/m}^3$，测压计各段液柱高度为 $h=500\text{mm}$、$h_1=250\text{mm}$、$h_2=200\text{mm}$、$h_3=220\text{mm}$，求容器 B 内空气的压强 p。

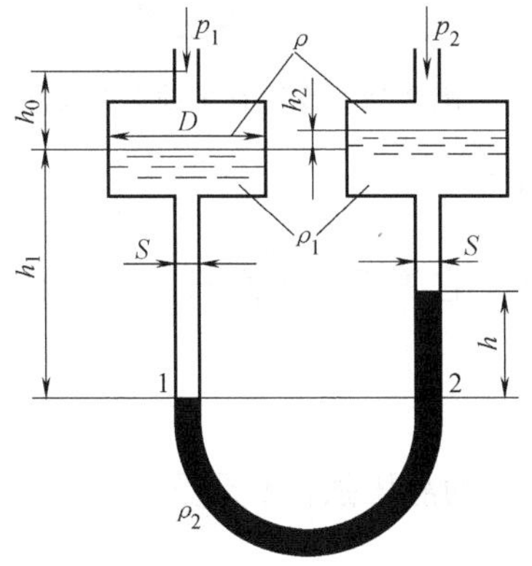

图 2-16　例 2-2 图

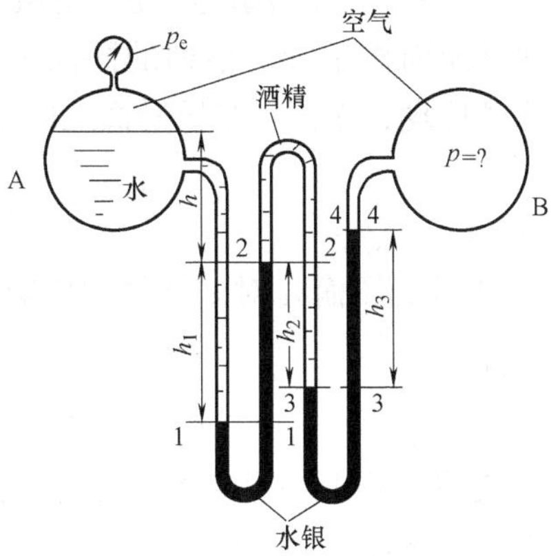

图 2-17　例 2-3 图

解： 由测压关系，有

$$p_e+\rho_{水}gh+\rho_{水}gh_1-\rho_{水银}gh_1+\rho_{酒精}gh_2-\rho_{水银}gh_3=p$$

得

$$p=p_e+\rho_{水}g(h+h_1)+\rho_{酒精}gh_2-\rho_{水银}g(h_1+h_3)$$

代入相关数据,有

$$\begin{aligned}p&=[0.25\times0.76\times13.6+(0.5+0.2)+0.8\times0.2-13.6\times(0.25+0.22)]\times10^3\times9.8\text{Pa}\\&=-28.89\text{kPa}\end{aligned}$$

第五节　静止流体与固体壁面间的作用力

在设计许多工程设备时常需要确定静止液体作用在固体壁面上的总压力的大小、方向和位置。例如，水利工程中的闸门，水对大坝、船体的作用力，液压机械中液体对活塞的总压力等。由于静止液体中不存在切应力，所以全部力都垂直于淹没物体的表面。结构物表面可以是平壁，也可以是曲壁。

一、静止液体作用在平面壁上的总压力

设有一与水平面成夹角 α 的倾斜平面壁，如图 2-18 所示，其左侧受水压力，水面大气压强为 p_a，x、y 轴取在平面上，z 轴垂直于平面，受压面的延长面与液面的交界线是 x 轴。为了看清平面的形状，将平面绕 y 轴旋转 90°转到纸面上，受压平面图形就在 xOy 面上清楚

地表现出来。选 xOy 平面来分析受力问题。由于该平面上各点距水面的垂直高度 h 各不相同，故各点的水静压强也不同。但它们都垂直于作用平面，组成平行力系，于是可以根据力学原理来求流体总压力的大小和作用点。

1. 总压力的大小

为了求总压力大小，先在平面 A 上取一微元面积 dA，其中心点距离液面为 h，液面以上为大气压，壁外也受大气压力，采用大气压强计算，则作用在微元面积 dA 上的压强为 $p=\rho gh$，作用在该微元面积上的静水压力为

$$dF=pdA=\rho ghdA=\rho gy\sin\alpha dA$$

整个受压面作用着一系列的同向平行力，根据平行力系求和原理，作用在受压平面上的水静压力为

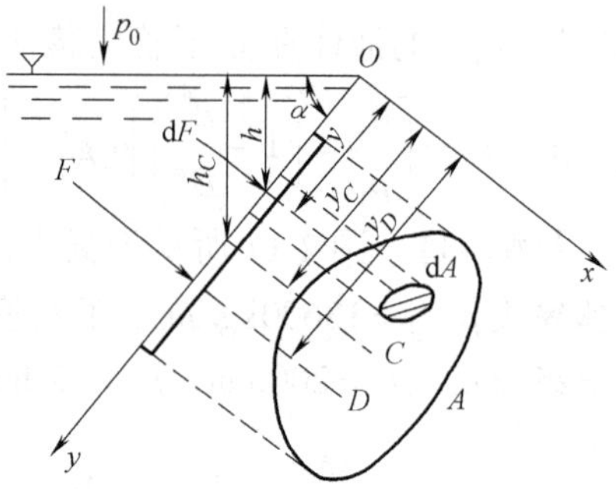

图 2-18 作用在平面上的总压力

$$F=\int_A pdA=\rho g\sin\alpha\int_A ydA$$

式中，$\int_A ydA$ 是受压面 A 对 x 轴的面积矩。由理论力学知，它等于受压面积 A 与其形心坐标的乘积。即

$$F=\rho g\sin\alpha y_C A=\rho g h_C A$$

式中，h_C 是受压面形心距离水面的高度；p_C 是受压面形心的静压强；A 是受压面积。

注意到，$\rho g h_C=p_C$，即有

$$F=p_C A$$

即静止流体作用在任意平面上的总压力等于受压面积与其形心点压强的乘积。

2. 总压力的作用点

总压力的作用点也叫压力中心，是总压力的作用线与平面的交点，如图 2-18 中的 D 点。

根据平行力系的合力矩定理，总压力 F 对 x 轴的力矩等于各微元面积上静压强产生的力对 x 轴的力矩之和。即

$$Fy_D=\int ydF$$

或

$$\rho g\sin\alpha y_C A y_D=\int y\rho g y\sin\alpha dA$$

化简得

$$y_D=\frac{\int y^2 dA}{y_C A}$$

式中，$\int y^2 dA$ 是面积 A 对 x 轴的截面二次矩，可以用 I_x 来表示，故上式写为

$$y_D=\frac{I_x}{y_C A}$$

根据截面二次矩的平行移轴定理 $I_x=I_C+y_C^2A$，可将面积 A 对 x 轴的截面二次矩换算成

对通过面积形心 C 而且平行于 x 轴的轴线的截面二次矩 I_C 代入上式得

$$y_D = \frac{I_C + y_C^2 A}{y_C A} = y_C + \frac{I_C}{y_C A} \tag{2-16}$$

因为$\frac{I_C}{y_C A}$为正值，也就是说，压力中心永远在平面形心 C 的下边，其间的距离为$\frac{I_C}{y_C A}$。几种常见的规则平面图形的面积形心位置和对通过形心的轴的截面二次矩列于表 2-2。

表 2-2　几种常见的规则平面图形的面积、形心位置和通过形心的轴的截面二次矩

图　形		A	y_C	I_C
正方形	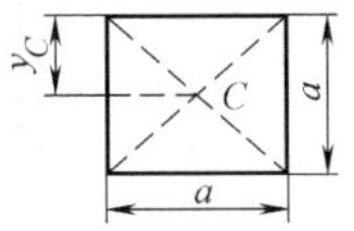	a^2	$\frac{a}{2}$	$\frac{a^4}{12}$
矩形	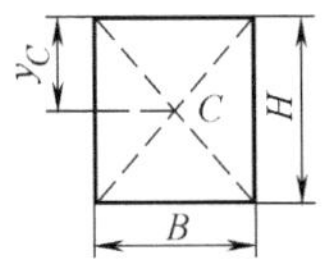	BH	$\frac{H}{2}$	$\frac{BH^3}{12}$
等腰三角形	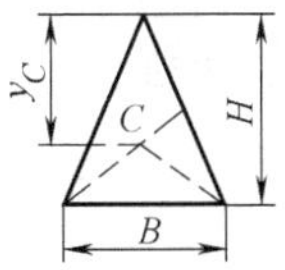	$\frac{BH}{2}$	$\frac{2}{3}H$	$\frac{BH^3}{36}$
正梯形	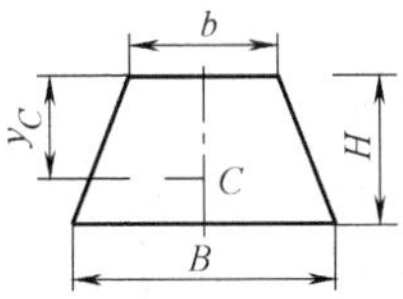	$\frac{H}{2}(B+b)$	$\frac{H(b+2B)}{3(b+B)}$	$\frac{H^3(B^2+4Bb+b^2)}{36(B+b)}$
圆形	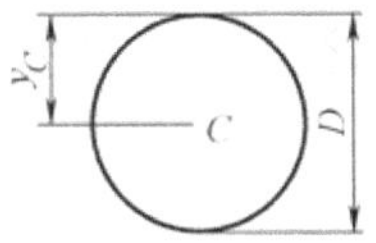	$\frac{\pi D^2}{4}$	$\frac{D}{2}$	$\frac{\pi D^4}{64}$
椭圆形	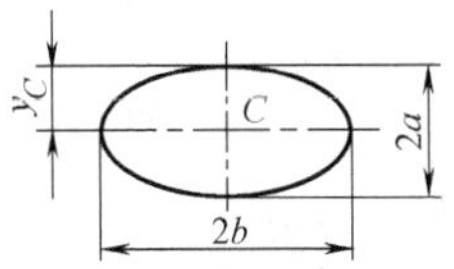	πab	a	$\frac{\pi a^3 b}{4}$

对于矩形等简单图形的平面壁，上述分析还可使用图解法。

设有一受液体作用的水平底边矩形平面 $A'A''B'B''$，该平面垂直于纸面，平面的另一侧

（右侧）为大气，如图 2-19 所示。根据绘制静压强分布图的方法，可以绘出矩形平面对称轴 AB 垂线上的静压强分布图 ABC。沿矩形平面顶宽线 $A''A'$ 上任意点的铅垂线上的静压强分布图和 AB 线上的是一样的，即可得整个矩形平面上静压强分布图的直角三棱柱体图 $A'B'C'A''B''C''$，称为静压强分布图的体积，如图 2-19a 所示。根据合力等于各分力的总和原则，作用在矩形平面上的液体总压力 F 的大小即为静压强分布图的体积，它等于矩形平面对称轴 AB 垂线上静压强分布图 ABC 的面积 A 与矩形平面顶宽 b 乘积，在上述情况下为

$$F = Sb = \frac{1}{2}\rho gH \times H \times b = \frac{1}{2}\rho gH^2 b$$

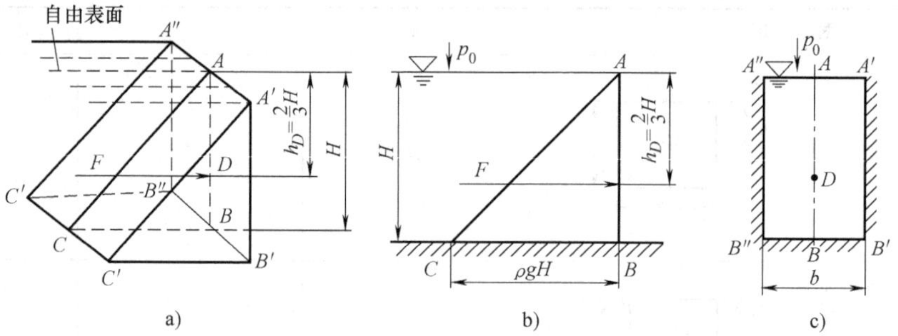

图 2-19　平面压力分布图

液体总压力的方向垂直于矩形平面，并指向平面，液体总压力的作用线经过静压强分布图体积的重心，或者说通过矩形平面对称轴 AB 垂线上的静压强分布图面积的形心。液体总压力作用线与矩形平面相交的作用点 D 称为压力中心。显然，在上述情况下，压力中心 D 距自由表面的位置 $h_D = \frac{2}{3}H$。

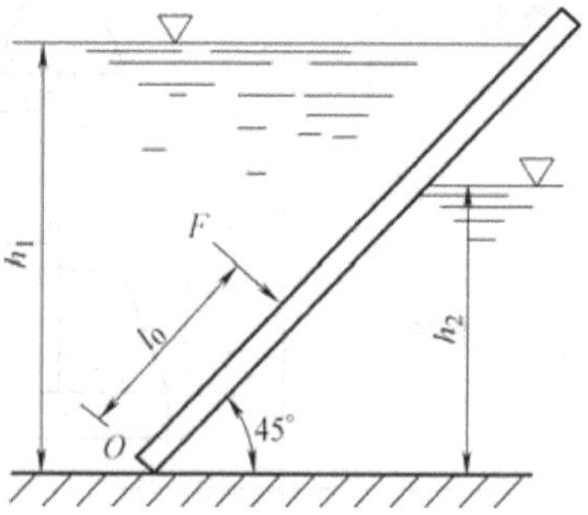

图 2-20　例 2-4 图

【例 2-4】 如图 2-20 所示，一矩形闸门两侧受到水的压力，左边水深 $h_1 = 4.5\text{m}$，右边水深 $h_2 = 2.5\text{m}$，闸门与水平面成 45°，假设闸门的宽度 $b = 1\text{m}$。试求作用在闸门上的总压力及其作用点。

解：作用在闸门上的总压力为左右两边液体总压力之差

$$F = F_1 - F_2$$

因为
$$h_{C1} = \frac{h_1}{2}, A_1 = bl_1 = b\frac{h_1}{\sin\theta}; h_{C2} = \frac{h_2}{2}, A_2 = bl_2 = b\frac{h_2}{\sin\theta}$$

所以
$$F = \rho gh_{C1}A_1 - \rho gh_{C2}A_2 = \frac{\rho gbh_1^2}{2\sin\theta} - \frac{\rho gbh_2^2}{2\sin\theta} = \frac{\rho gb}{2\sin\theta}(h_1^2 - h_2^2)$$

$$= \frac{10^3 \times 9.8 \times 1}{2\sin45°} \times (4.5^2 - 2.5^2)\text{N} = 97085\text{N}$$

沿作用面从自由液面起取 x 坐标，记作用面形心点的坐标值为 x_C，液体沿作用面淹没的闸门长度为 l，则根据式（2-16），闸门左侧液体的作用力 F_1 对应的压力中心的坐标为

$$x_{D1}=x_{C1}+\frac{I_{C1y}}{x_{C1}A_1}=\frac{l_1}{2}+\frac{bl_1^{\ 3}/12}{(l_1/2)bl_1}=\frac{2}{3}l_1$$

与 O 点的距离为
$$l_1-\frac{2}{3}l_1=\frac{l_1}{3}$$

同理，闸门右侧液体的作用力 F_2 对应的压力中心的坐标为

$$x_{D2}=x_{C2}+\frac{I_{C2y}}{x_{C2}A_2}=\frac{l_2}{2}+\frac{bl_2^3/12}{(l_2/2)bl_2}=\frac{2}{3}l_2$$

到 O 点的距离为
$$l_2-\frac{2}{3}l_2=\frac{l_2}{3}$$

记总作用力 F 的作用点到 O 点的距离为 l_0。根据合力矩定理，通过 O 点垂直于图面的轴的力矩为

$$Fl_0=F_1\frac{l_1}{3}-F_2\frac{l_2}{3}=F_1\frac{1}{3}\frac{h_1}{\sin\theta}-F_2\frac{1}{3}\frac{h_2}{\sin\theta}$$

代入相关数据，解得　$l_0=2.542\text{m}$

这是作用在闸门上的总压力的作用点到闸门下端的距离。

二、静止液体作用在曲面上的总压力

如图 2-21 所示，设受大气压作用的自由液面下有一两向曲面（所谓两向曲面，是指该曲面从两个正交的方向上投影可以得到投影面，而从正交的第三个方向投影只能得到一条曲线的平面）受到静止液体的作用。记该曲面的面积为 A，曲面在 y 方向上的投影是曲线 ab，在水平方向的投影面面积为 A_x，在垂直方向的投影面面积为 A_z。

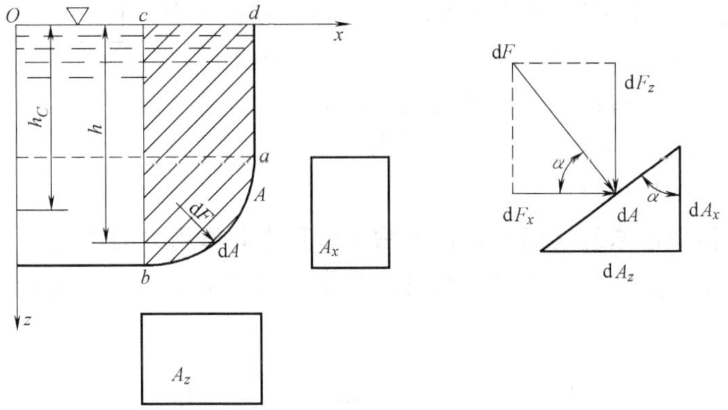

图 2-21　静止液体对曲面的作用力

在曲面上任意点处取一微元面积 dA，它距离液面为 h，则液体对该微元曲面的作用力为

$$\mathrm{d}F=p\mathrm{d}A=\rho gh\mathrm{d}A$$

在曲面壁上，各点的法线方向是不相同的，计算曲面壁上的总压力必须遵循非平行力系的求和原则。

设 α 为微元面积 dA 的法线与 x 轴的夹角，可以将 dF 分解为水平与垂直两个微元分力，并将此两个微元分力在整个面积上进行积分，可求得作用在曲面上的水平分力 F_x 与垂直分力 F_z，进而求出总压力。

水平微元分力 $dF_x = \rho g h dA\cos\alpha$，由图 2-18 可知，$dA\cos\alpha = dA_x$，故总压力的水平分力为

$$F_x = \int_A dF = \rho g \int_A h dA_x$$

式中，$\int_A h dA_x = h_C A_x$ 是曲面 A 在水平方向上的投影面积 A_x 对 y 轴的面积矩，使

$$F_x = \rho g h_C A_x = p_C A_x \tag{2-17}$$

这就是作用在曲面上总压力的水平分力的计算公式。式（2-17）说明，流体作用在曲面上的总压力的水平分力等于液体作用在该曲面在水平方向投影面 A_x 上的总压力。水平分力 F_x 的作用线通过 A_x 的压力中心。

微元垂直分力 $dF_z = \rho g h dA\sin\alpha$，由图 2-21 可知，$dA\sin\alpha = dA_z$，所以，总压力的垂直分力为

$$F_z = \int_A dF = \rho g \int_A h dA_z$$

式中，$\int_A h dA_z = V_p$，相当于从曲面 ab 向上引至液面的若干微小柱体的体积 $abcd$（图 2-21 中阴影部分），这样一个体积称为压力体，故上式变为

$$F_z = \rho g V_p \tag{2-18}$$

综上所述，作用在曲面上总压力的垂直分力等于压力体的液重，它的作用线通过压力体的重心。

总压力可表示为 $F = F_x + F_z$

下面讨论静止流体对曲面作用力的作用点。

总压力的垂直分力作用线通过压力体的重心而指向受压面，水平分力的作用线通过 A_x 平面的压力中心指向受压面，所以，总压力作用线必然通过这两条作用线的交点 D'，且与垂线成 θ 角，如图 2-22 所示。这条总压力的作用线与曲面的交点 D 就是总压力在曲面上的作用点。

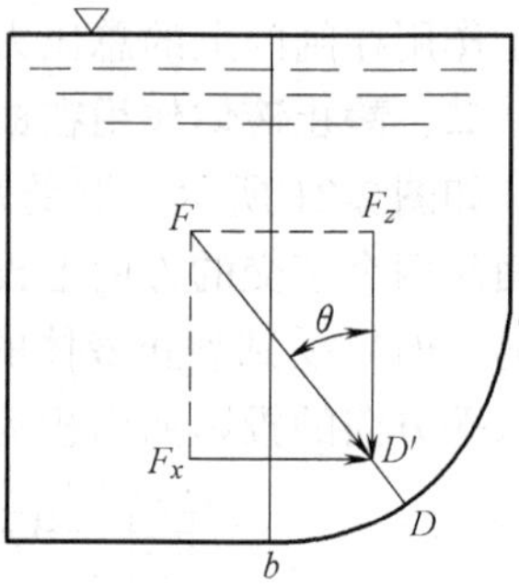

图 2-22 静止流体对曲面作用力的作用点

三、利用压力体概念求静止液体对曲面物体垂直方向作用力的讨论

在前面的分析中，将静止液体对曲面物体的作用力分解为水平方向作用力 F_x 与垂直方向作用力 F_z。而

$$F_x = \rho g \int_A h dA_x = \rho g h_C A_x = p_C A_x$$

$$F_z = \rho g \int_A h dA_z = \rho g V_p$$

从形式上看，压力体 $V_p = \int_A h dA_z$ 是一个纯数学的几何体积的积分式，与这个体内有无液体无关。从压力体积分式可知，压力体是指以曲面本身为底面，以相对压强为零的液面或其延长面为顶面，过曲面边缘所作的垂直线为侧壁所围成的一个空间体积。当压力体和与受压曲面接触的液体在受压面的同侧时，F_z 方向向下，称为实压力体；当压力体和与受压曲

面接触的液体分别在受压曲面的两侧时，F_z 方向向上，称为虚压力体。而实际上，因为压力体的定义式所表达的作用力是静止液体对所考察的曲面物体在垂直方向上的压力，则压力体不仅要表达其体积的数值，还要表达由该曲面与液体的相对位置而产生的压力的方向。有鉴于此，利用压力体分析静止液体对曲面物体的垂直方向作用力应遵循如下的步骤和方法：

1）将曲面分为若干段竖向单值曲面（所谓竖向单值曲面，是指在该段曲面上，h 与 dA 具有一一对应的关系的曲面）。具体作法是：用垂线去穿物体的表面，依据交点数将曲面分段，使每一个单值曲面与同一条垂直线只有一个交点。

2）对各段单值曲面分别作出其对应的分压力体（具体作法是：以所考察的单值曲面为底，以在曲面边缘处向零压强的液面所作的垂线为周界，以零压强的液面为顶而形成体积），并标注该分压力体所对应的垂直作用力的方向（以所考察的单值曲面与液体的相对位置，按曲面受压的方位决定）。

3）将所有单值曲面对应的分压力体按受力方向作代数和，得到整合后的总压力体及其对应的受力方向。

4）计算总压力体的体积，并按受力方向作代数和，乘以液体的 ρg，得到静止液体对该曲面垂直方向作用力的数值及方向。

【例 2-5】 如图 2-23 所示，矩形水箱底部开有直径为 d 的小孔，现用小球封住小孔，小球的半径为 r，水箱内盛水的水位高为 H，试计算小球所受到的水的作用力。

解：用垂线穿球面，将水箱内的球表面分为上半球面 abc 与下半球台面 $adec$ 两段单值曲面，如图 2-24a 所示。

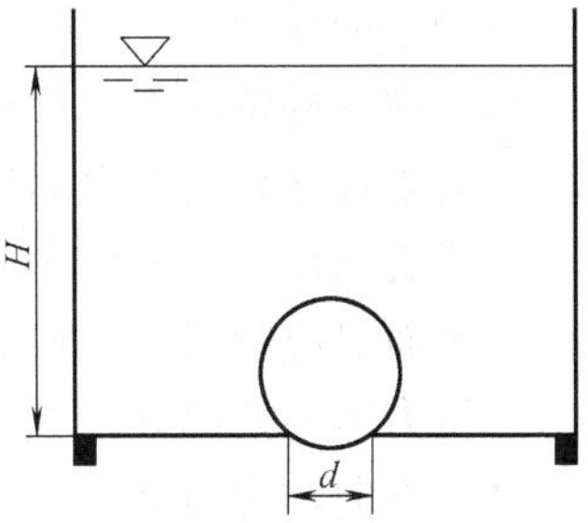

图 2-23　例 2-5 图

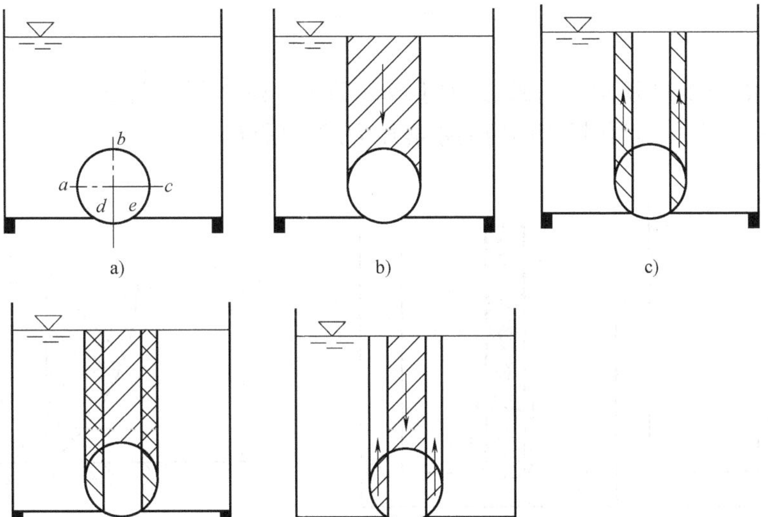

图 2-24　小球部分球面受到静止液体垂直作用力的压力体合成

对于上半球面，作出其分压力体如图 2-24b 所示，因水在球面上方，且压强为正值，故该分压力体对应的作用力向下。

对于下半球台面，作出其分压力体如图 2-24c 所示，因水在球台面下方，且压强为正值，故该分压力体对应的作用力向上。

将两个分压力体合成，如图 2-24d 所示，发现有部分体积重合，且所表示的方向相反，其所表达的作用力相互抵消，将该抵消的部分去掉，得到总压力体如图 2-24e 所示，总压力体各部分所表示的作用力的方向也标于图中。

记总压力体中作用力向下的部分体积（圆柱减去球冠）为 V_{p1}，向上的部分体积（小球中心去掉小孔直径的洞）为 V_{p2}，则小球受到水箱中液体的作用力为

$$F=\rho g(V_{p1}-V_{p2})$$

方向向下。

请读者自行计算该作用力的具体数值。

【例 2-6】 如图 2-25 所示，若例 2-5 的水箱底部连接另一容器，容器中水位与水箱水位的高差为 h，试计算这种情况下小球所受到的水的作用力。

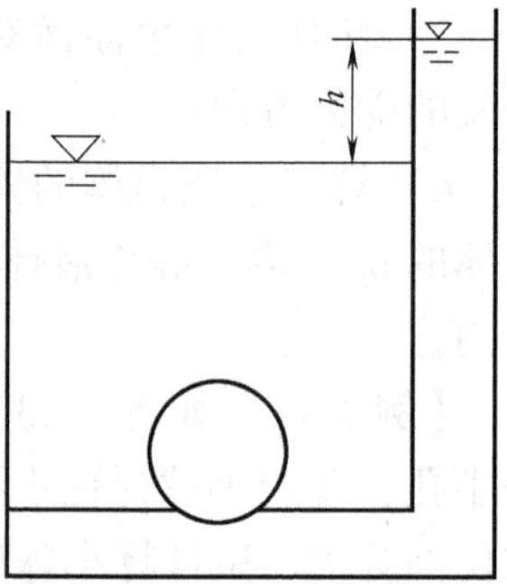

图 2-25　例 2-6 图

解： 在这种情况下，水箱露在与另一容器相连的水中的球缺表面受到来自该容器内水的作用，其对应的压力体如图 2-26a 所示，所代表的作用力方向向上。将这部分压力体与上例中水箱内的球冠表面对应的压力体相加，合成的情况如图 2-26b 所示，得到的总压力体为两部分，直径为 d、高度为 h 的圆柱及半径为 r 的小球，方向均为向上。

这时，小球受到的水的作用力为

$$F=\rho g\left(\frac{\pi}{4}d^2h+\frac{4}{3}\pi r^3\right)$$

方向向上。

【例 2-7】 如图 2-27 所示，一弧形闸门 AB，宽 $b=4\text{m}$，圆心角 $\varphi=45°$，半径 $r=2\text{m}$，闸门转轴恰与水面齐平，求作用于闸门的水静压力及作用点。

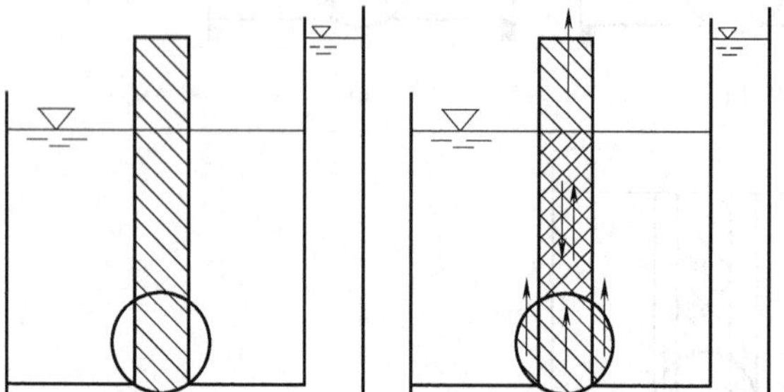

图 2-26　球封小球受力的压力体分析

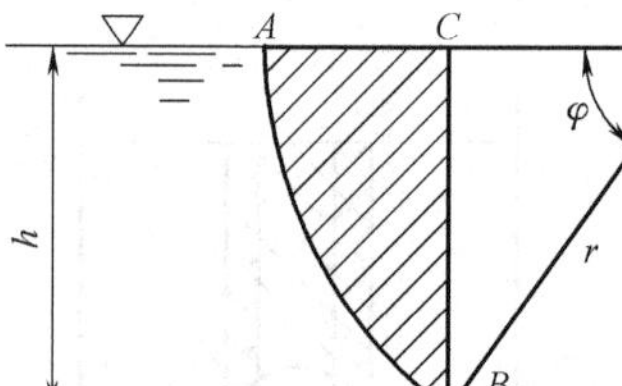

图 2-27　例 2-7 图

解：$h = r\sin\varphi = \sqrt{2}\text{m}$

$$F_x = \rho g h_C A_x = \rho g \frac{h}{2} hb = 4 \times 9.807\text{kN} = 39.2\text{kN}$$

由于曲面 AB 上的压力体 $V = bA_{ABC}$，而

$$A_{ABC} = A_{OAB} - A_{OCB} = \frac{1}{8}\pi r^2 - \frac{1}{2}h^2$$

$$F_z = \rho g V = \rho g b A_{ABC} = \rho g b\left(\frac{1}{8}\pi r^2 - \frac{1}{2}h^2\right) = 22.4\text{kN}$$

所以总压力的大小及方向为

$$F = \sqrt{F_x^2 + F_z^2} = 45.2\text{kN}$$

$$\tan\theta = \frac{F_x}{F_z} = \frac{39.2}{22.4} = 1.75,\quad \theta = 60.25°$$

小　　结

本章以压力为中心，阐述了静止流体中应力的特性、压强的分布规律以及作用面上总压力的分析与计算方法。

1）静止的流体只能承受压应力——压强，静止流体内部任一点的压强各向等值，可表示为空间坐标的连续函数。

2）压强相等的点所组成的面称为等压面。在质量力仅为重力作用的条件下，同种、连续、静止的液体中，等压面是水平面。

3）压强因计算基准不同在工程中有三种表达方式：

绝对压强——以绝对真空为零点表示的压强；

相对压强——以当地大气压为零点表示的压强；

真空度——当绝对压强低于当地大气压时，大气压高出绝对压强的部分称为真空度。

4）工程中可用液柱高度表示——水头；压强水头与位置水头的和称为静水头。

5）静止流体中的压强分布有两种表达式，即

$$p = p_0 + \rho g h$$

$$z + \frac{p}{\rho g} = C$$

6）静止流体对平面壁的作用力

大小为 $F = \rho g h_C A$，方向为垂直指向作用面，作用点为 $y_D = y_C + \dfrac{I_C}{y_C A}$。

7）静止流体对曲面壁的作用力。

水平分力　$F_x = \rho g h_C A_x$

垂直分力　$F_z = \rho g V_p$

8）静止流体对固体壁面的作用力一般要沿作用力方向，将壁面划分为若干单值表面分别进行作用力的分析。

思 考 题

2-1 什么是流体静压强？流体静压强有哪些特征？

2-2 流体平衡微分方程是如何建立的？它的物理意义是什么？

2-3 什么是等压面？等压面有什么特征？等压面与单位质量力有什么关系？

2-4 相对平衡液体的等压面是否为水平面？为什么？

2-5 重力场中液体静压强的分布规律是什么？

2-6 什么是绝对压强、相对压强、真空度？它们之间有什么关系？它们常用的表示方法有哪几种？

2-7 压力表和测压计测得的压强是绝对压强还是相对压强？

2-8 什么是位置水头、压强水头、测压管水头？它们具有什么样的能量含义？

2-9 如何确定作用在曲面上液体总压力的大小和方向及作用位置？

2-10 如果液面上的压强高于或低于当地大气压强，应用压力体方法求解曲面物体所受静止液体的作用力应该作哪些相应变化？

习 题

2-1 如图 2-28 所示，在某栋建筑物的第一层楼处，测得煤气管中煤气的相对压强为 $100\text{mmH}_2\text{O}$。已知第八层比第一层楼高 $H=32\text{m}$。问在第八层楼处煤气管中，煤气的相对压强为多少？空气及煤气的密度可以假定不随高度而变化，煤气的密度 $\rho=0.5\text{kg/m}^3$。

2-2 用 U 形管测压计测一容器内气体的真空和绝对压强，如图 2-29 所示。U 形管内工作液体为四氯化碳，其密度 $\rho=1594\text{kg/m}^3$，液面差 $\Delta h=900\text{mm}$，求容器内气体的真空度和绝对压强。

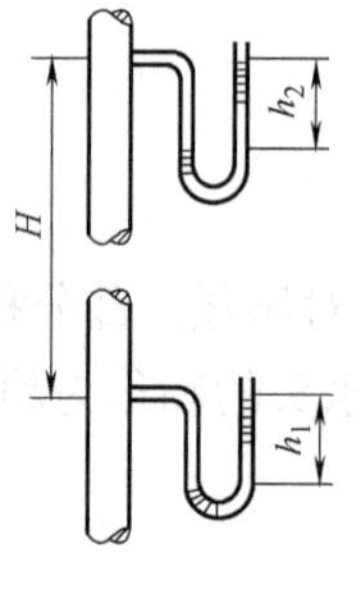

图 2-28 习题 2-1 图

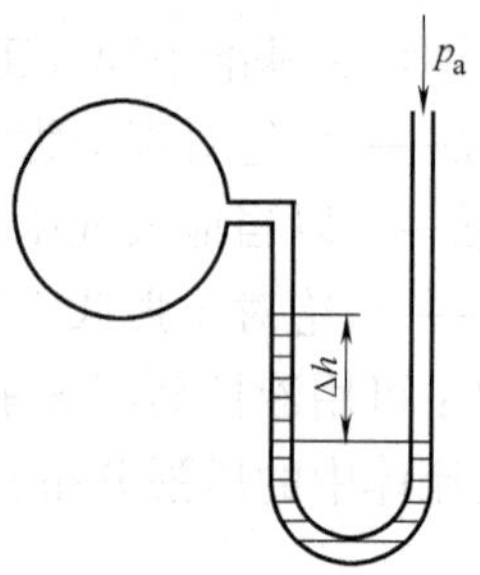

图 2-29 习题 2-2 图

2-3 如图 2-30 所示，一密闭水箱，当 U 形管测压计的读数为 12cm 时，试确定压强表的读数。

2-4 如图 2-31 所示，烟囱高 $H=20\text{m}$，烟气温度 $t_s=300℃$，压强为 p_s，试确定引起火炉中烟气自动流通的压强差。烟气密度可按经验公式：$\rho_s=(1.25-0.0027t_s)$ 计算。t_s 的单位为℃，ρ_s 单位为 kg/m^3，空气的密度 $\rho_a=1.29\text{kg/m}^3$。

2-5 如图 2-32 所示，测定管路压强的 U 形管。已知油柱高 $h=1.22\text{m}$，$\rho_{油}=900\text{kg/m}^3$，水银柱高度差 $\Delta h=203\text{mm}$，求真空表读数及管内气体的压强。

2-6 如图 2-33 所示的测量装置，活塞直径 $d=35\text{mm}$，油的相对密度 0.92，水银的相对密度 13.6，活塞与缸壁无泄漏和摩擦。当活塞重为 15N 时，$h=700\text{mm}$，试计算 U 形管测压计的液面高差 Δh 值。

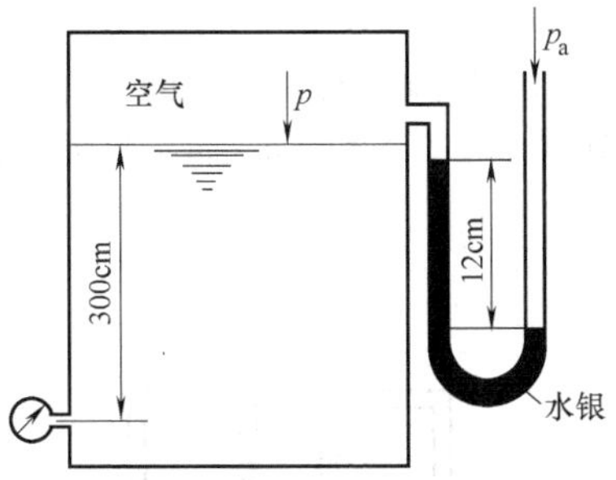

图 2-30　习题 2-3 图

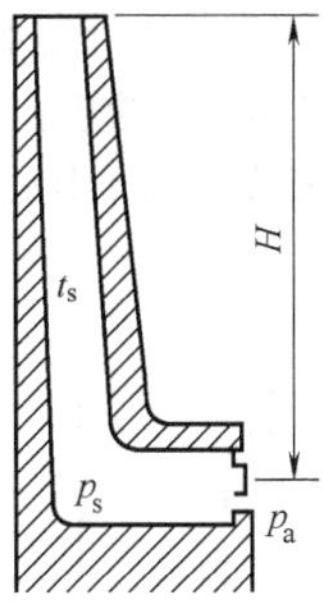

图 2-31　习题 2-4 图

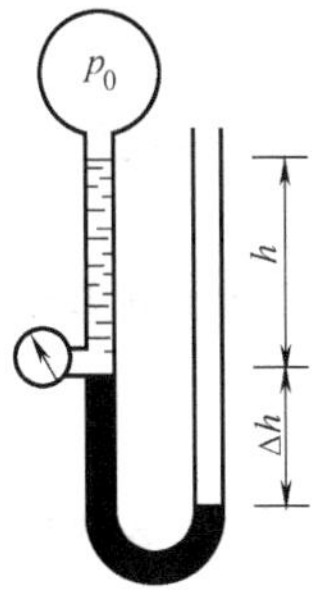

图 2-32　习题 2-5 图

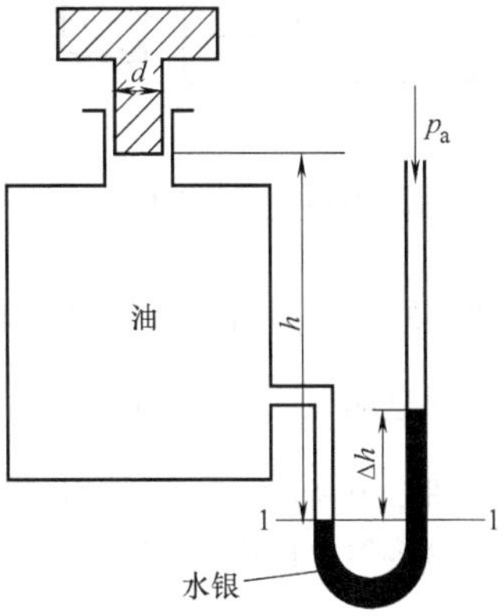

图 2-33　习题 2-6 图

2-7　内装空气的容器与两根水银 U 形测压管相通，水银密度 $\rho_{Hg}=1.36\times10^4 kg/m^3$，今测得下面开口 U 形测压管中水银柱高度差 $h_1=30cm$，如图 2-34 所示。问上面闭口 U 形测压管中的水银柱高度差 h_2 为多少（气体密度的影响可以忽略不计）?

2-8　如图 2-35 所示，已知水箱真空表 M 的读数为 0.98kPa，水箱与油箱的液面差 $H=1.5m$，水银柱高度差 $h_1=0.2m$，$\rho_{油}=785kg/m^3$，求 h_2。

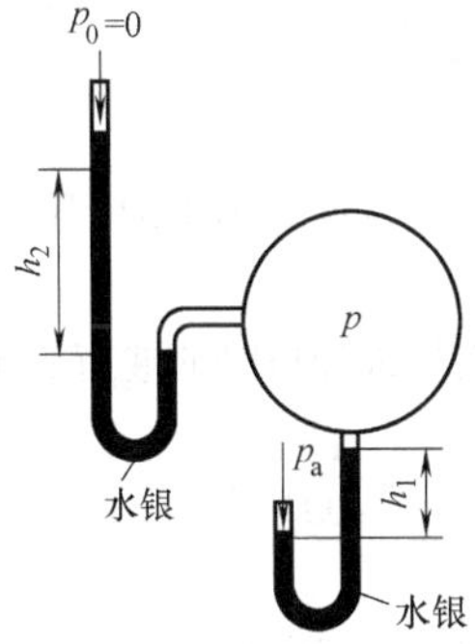

图 2-34　习题 2-7 图

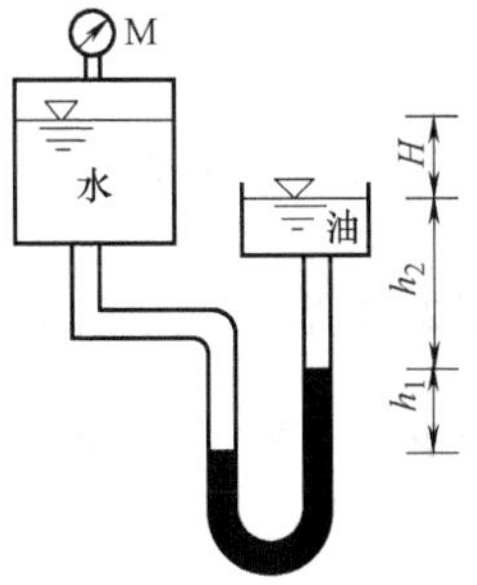

图 2-35　习题 2-8 图

2-9　在一个盛有水的密闭容器上连接两根水银 U 形管测压计，如图 2-36 所示。若上方的 U 形管测压计的水银液面到自由液面的距离 $h_1=50cm$，水银柱高 $h_2=20cm$，下方的 U 形管测压计的水银柱高 $h_3=$

30cm，求下方的U形管测压计的水银面到自由液面的距离 h_4。

2-10　在一水平布置的管道上，取两个横截面 A 和 B，连接一U形管差压计，如图2-37所示。如果管道中水流动时，U形管差压计中水银液面高度差 $h=15\text{cm}$，试计算管道截面 A 和 B 之间的压强差 Δp 是多少？

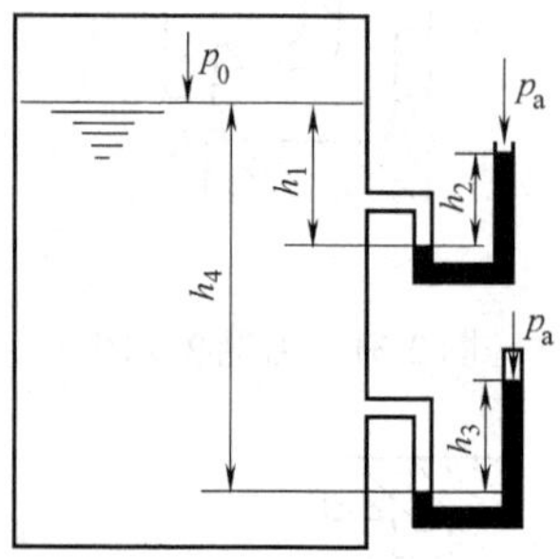

图2-36　习题2-9图

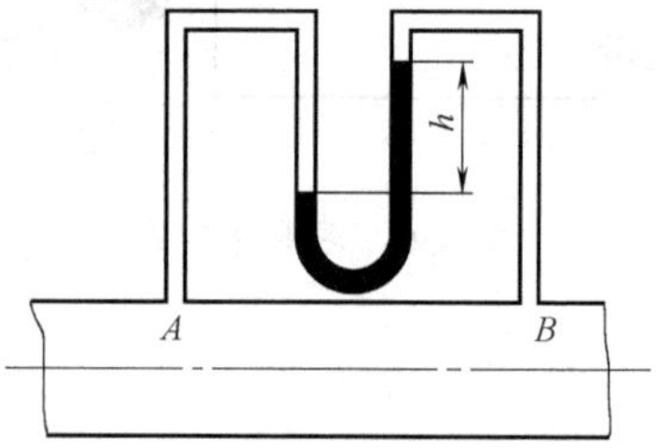

图2-37　习题2-10图

2-11　图2-38所示为测量两点压强差的两种压差计，其中下部为U形管水银压差计，上部为倒U形管空气压差计，试证明 $H=\left(\dfrac{\rho_{水银}}{\rho_{水}}-1\right)h$。

2-12　如图2-39所示，压差计水银面高度差 $h=0.36\text{m}$，其他液体为水，A、B两容器的位置高度差为1m，试求A、B容器中心处压强差 p_A-p_B。

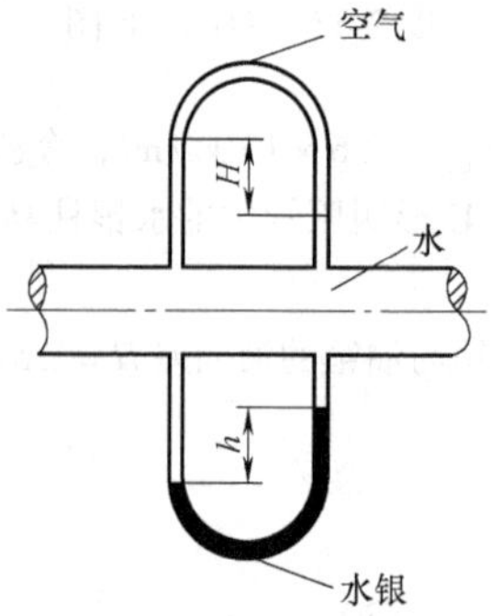

图2-38　习题2-11图

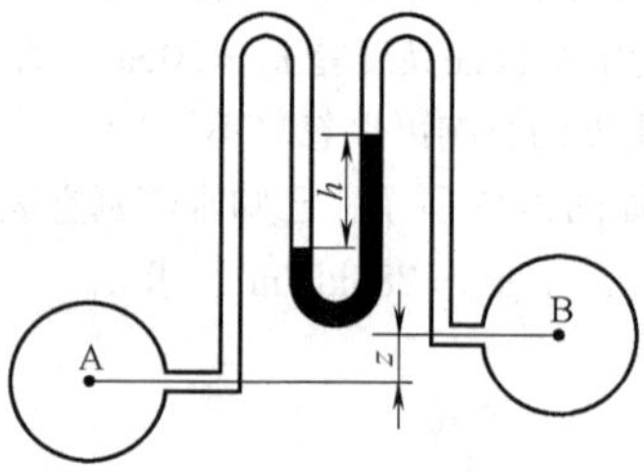

图2-39　习题2-12图

2-13　如图2-40所示，在斜管微压计中，加压后无水酒精的液面较未加压时的液面变化为 $y=12\text{cm}$。试求所加的压强 p 为多大？设容器及斜管的断面面积分别为 A 和 A_1，$\dfrac{A_1}{A}=\dfrac{1}{100}$，$\sin\alpha=\dfrac{1}{8}$，酒精的密度 $\rho=793\text{kg/m}^3$。

2-14　用倾斜微压计来测量两个通风管道截面 A 和 B 的压差，如图2-41所示：

1）若倾斜微压计内的液体为水，倾斜角 $\alpha=45°$，$L=20\text{cm}$，问截面 A 和 B 的压差是多少？

2）若倾斜微压计内的液体为酒精，$\rho=800\text{kg/m}^3$，$\alpha=30°$，截面 A、B 的压差同1）时，L 值应为多少？

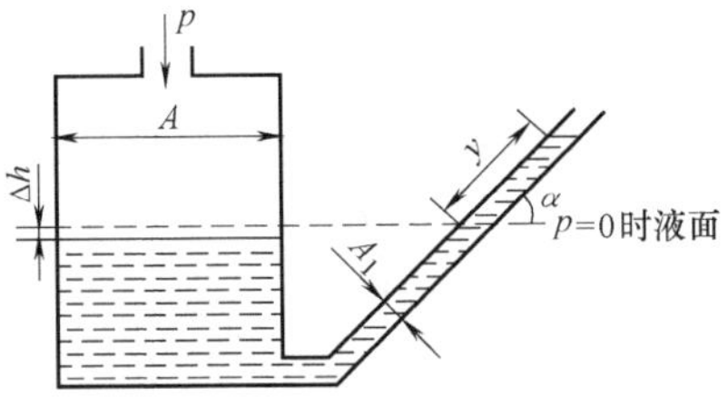

图 2-40　习题 2-13 图

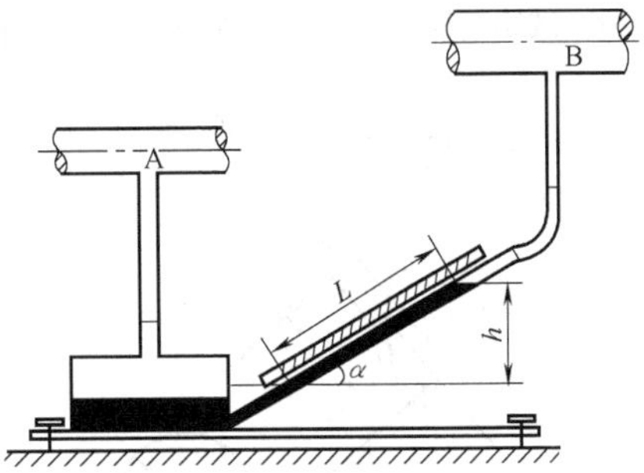

图 2-41　习题 2-14 图

2-15　如图 2-42 所示，容器中有两种密度不同的溶液，且不互溶，两容器液面在同一水平面，两容器尺寸相同，试问：

1）如在两容器底部用管连通，求两容器液面差 Δh。

2）如将右侧液体换成 ρ_1，再求液面差 $\Delta h'$。

2-16　用双 U 形管测压计测量两点的压强差，如图 2-43 所示，已知 $h_1=600\text{mm}$，$h_2=250\text{mm}$，$h_3=200\text{mm}$，$h_4=300\text{mm}$，$h_5=500\text{mm}$，$\rho_1=1000\text{kg/m}^3$，$\rho_2=800\text{kg/m}^3$，$\rho_3=13600\text{kg/m}^3$，试确定 A 和 B 两点的压强差。

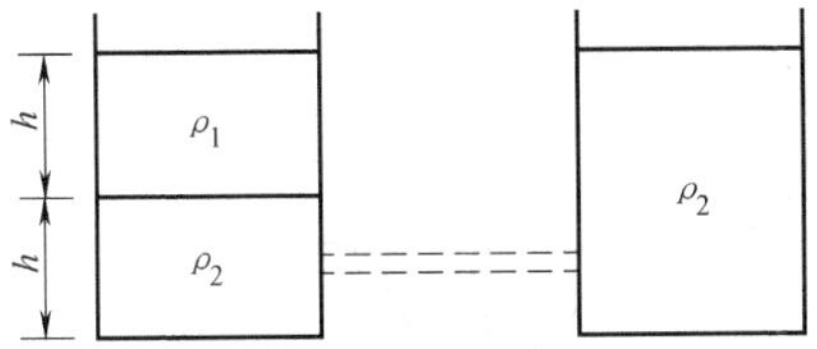

图 2-42　习题 2-15 图

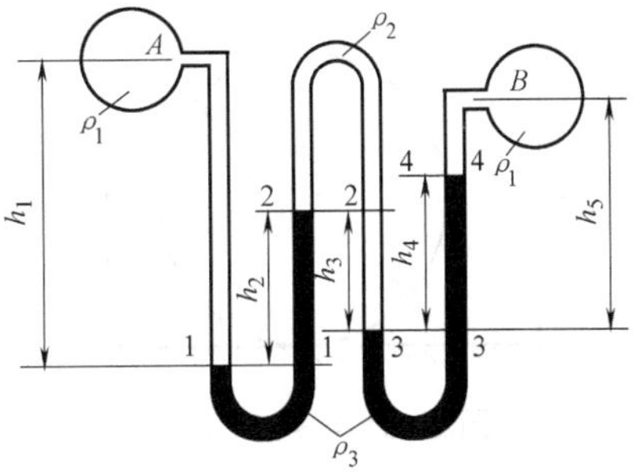

图 2-43　习题 2-16 图

2-17　有一矩形底孔闸门，如图 2-44 所示，高 $h=3\text{m}$，宽 $b=2\text{m}$，上游水深 $h_1=6\text{m}$，下游水深 $h_2=5\text{m}$。试用图解法及解析法求作用于闸门上的水静压力大小及其作用点。

2-18　如图 2-45 所示，有一安全闸门，其宽度 $b=0.6\text{m}$，高 $h_1=1\text{m}$，铰链 C 装在距底板 $h_2=0.4\text{m}$ 的位置上，闸门可绕 C 点转动。试求使闸门自动开启的水的深度 h。

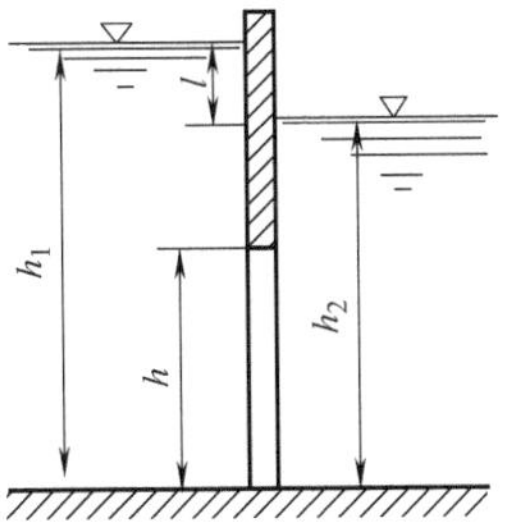

图 2-44　习题 2-17 图

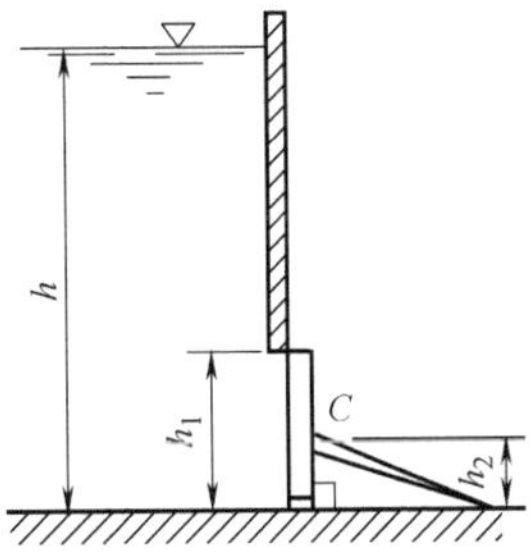

图 2-45　习题 2-18 图

2-19　如图 2-46 所示的圆形平板闸门，已知直径 $d=1\text{m}$，倾角 $\alpha=60°$，形心处水深 $h_C=4.0\text{m}$，闸门自重 $G=1\text{kN}$。试求：欲使闸门绕 a 轴旋开，在 b 点须施加多大的垂直拉力 F_z（不计转轴 a 的摩擦力）？

2-20　试绘制图 2-47 中 *abc* 曲面上的压力体。曲面左右两侧为同种液体。

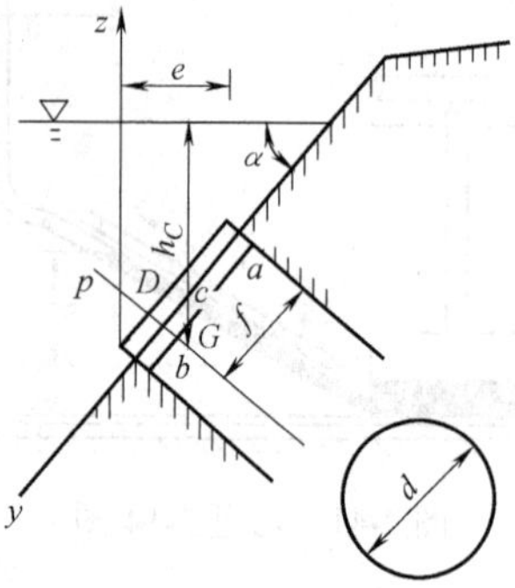

图 2-46　习题 2-19 图

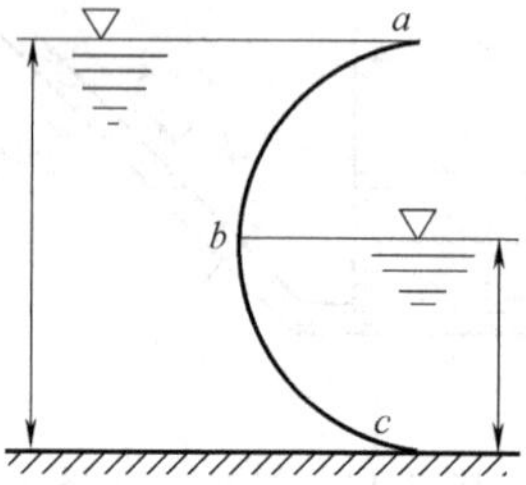

图 2-47　习题 2-20 图

2-21　有一圆滚门，如图 2-48 所示，长度 $l=10\text{m}$，直径 $D=4\text{m}$，上游水深 $H_1=4\text{m}$，下游水深 $H_2=2\text{m}$，求作用于圆滚门上的水平和垂直分压力。

2-22　如图 2-49 所示的贮水器，其壁面上有三个半球形的盖。设 $d=0.5\text{m}$，$h=1.5\text{m}$，$H=2.5\text{m}$。求作用在每个盖上的液体总压力。

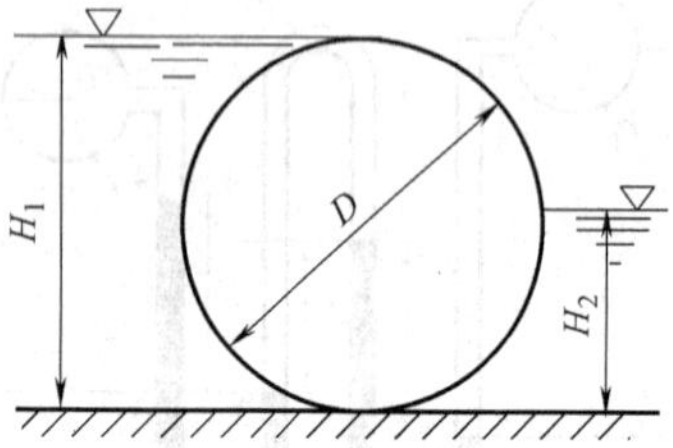

图 2-48　习题 2-21 图

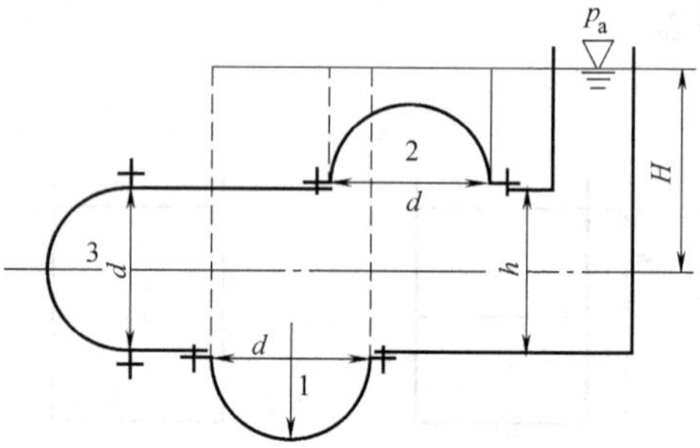

图 2-49　习题 2-22 图

第三章　流体动力学基础

流体动力学研究流体运动中流动参量之间的相互关系、引起流动的原因以及流体与周围物体间的相互作用。由于流体运动的连续性以及对流体质点个体运动的不容易辨识，需要在一般分析固体或刚体运动的分析方法之外，引入新的描述流体运动的方法。

本章将介绍描述流体运动的方法和基本概念，运用质量守恒、动量守恒和能量守恒等物体宏观运动的物理定律导出流体动力学基本方程式，并简要介绍研究湍流流动的时均方法，导出湍流时均运动的基本方程。

第一节　描述流体运动的方法

流体具有易变形、连续及个体不容易辨识的特点，在研究流体运动规律之前，有必要讨论描述流体运动的方法。

描述流体运动的方法有两种，依其着眼点的不同，分为物质体方法和场方法。

一、描述物体运动的物质体方法

物质体方法是物理学中描述一般物体运动的基本方法。其基本做法是，观察某个特定物质体的运动轨迹，用它的空间位置随时间的变化来描述其运动规律。

在物质体方法中，表述物质体运动规律的基本参量是该物质体的位矢 r。对某一个指定的流体质点，其位矢 r 是时间 t 的函数，即

$$r = r(t) \tag{3-1}$$

该流体质点的速度和加速度分别表示为

$$V = \frac{\mathrm{d}r(t)}{\mathrm{d}t} = \lim_{\Delta t \to 0} \frac{r(t + \Delta t) - r(t)}{\Delta t} \tag{3-2}$$

$$a = \frac{\mathrm{d}V(t)}{\mathrm{d}t} = \lim_{\Delta t \to 0} \frac{V(t + \Delta t) - V(t)}{\Delta t} \tag{3-3}$$

物质体方法又称为拉格朗日方法，其特点是可以直接应用牛顿第二定律建立基本运动方程。但物质体方法对所考察物质体的可辨识性提出了明确的要求。

二、描述流体运动的场方法

场方法是一种针对个体不容易辨识（或不便于辨识）的群体运动行为进行描述的方法。其基本做法是，在确定的空间点上，观测不同流体质点连续地流过该空间点时的运动参数，用该运动参数随时间和空间的变化来分析流体的运动规律。

鲨群游动

流体经过的空间称为流场。

在场方法中，表述流体运动的基本参量是由流场中观测得到的流体运动参量，如速度、温度、压强等，常称为流动参量。对流体运动的某一流场，流体的流动参量可以表示成空间

坐标（x，y，z）和时间 t 的函数。如流动速度

$$V=V(x,y,z,t) \tag{3-4}$$

其三个坐标轴方向上的分量也相应表示为

$$u=u(x,y,z,t),\quad v=v(x,y,z,t),\quad w=w(x,y,z,t)$$

描述流体运动状况的其他物理量（流动参量）也有同样的数学表达

$$p=p(x,y,z,t),\quad \rho=\rho(x,y,z,t),\quad T=T(x,y,z,t)$$

必须注意，场方法中，位置坐标 x、y、z 和时间 t 均是独立的变量，位置坐标 x、y、z 不是时间 t 的函数。当参数 x、y、z 固定，而改变时间 t 时，表示空间某固定点上的参数随时间的变化规律；当参数 t 不变，而改变 x、y、z 时，则代表某一时刻，流场空间各点的参数分布。

场方法又称为欧拉法。由于考察角度发生了变化，采用场方法不能直接应用牛顿第二定律建立基本运动方程。

工程实际中往往无需知道每个流体质点在运动过程中的详细历史，多数情况下，关注的是全体流体质点作为一个整体，在运动过程中的状况及对外界的影响，如流体在某个断面的流量，某点的流速，流体对某个物体的作用力等。所以，流体力学中除去个别情况（如研究流体的波动和振荡以及爆炸等）外，广泛采用场方法研究流体的运动特性。

第二节　流场的若干概念

为了便于分析、研究问题，在讨论流体运动的基本规律和基本方程之前，先介绍一些流场的基本概念。

一、定常流动和非定常流动

由前可知，流场中的流动参量是随坐标 x、y、z 和时间 t 而变化的。依据流动参量是否随时间变化，将流体的流动分为定常流动和非定常流动。

一侧面装有渐缩泄水管口的水箱，如果设法使得容器内的液面高度保持不变（连续往容器内注入补充液体，如图 3-1a 所示），则泄水管中 A、B 两点的流速不同，但 A 点及 B 点各自的流速在任何时间保持不变。流动参量不随时间改变的流动称为定常流，也常称为恒定流或稳定流。定常流动的流场内各点的流动参量可以是空间坐标的函数，但与时间变化无关。用 φ 表示 u、v、w、p、ρ、T 等任一流动参量，对于定常流动，$\varphi=\varphi(x,y,z)$，$\frac{\partial\varphi}{\partial t}=0$。

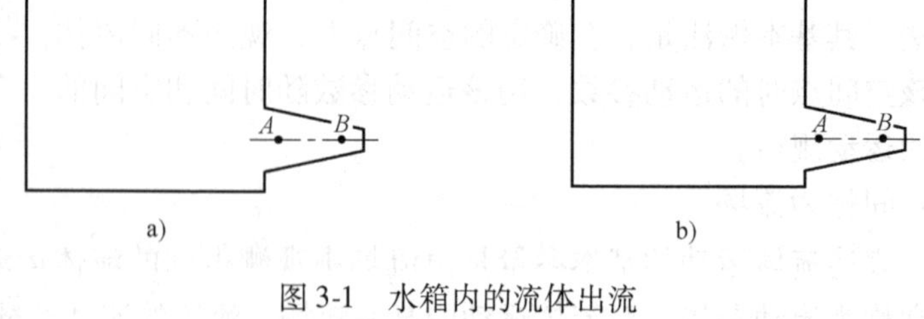

a)　　b)

图 3-1　水箱内的流体出流

如果不往容器中加水，随着液体从管口泄出，液面不断下降，如图 3-1b 所示，则不仅 A、B 两点的流速不同，且 A 点及 B 点各自的流速还随时间的延长而逐渐减小。流动参量随时间变化的流动称为非定常流动（也常称为非稳定流）。非定常流动的流动参量不仅是空间坐标的函数，而且也是时间的函数，$\varphi=\varphi(x,y,z,t)$，$\frac{\partial\varphi}{\partial t}\neq 0$。

二、迹线、流线、流面、流管、流量和平均流速

为了直观和形象地了解流场中的流动状态，可以采用几何方法来描述流场，为此引入迹线、流线、流面、流管、流量和平均流速等概念。

1. 迹线

迹线是某一流体质点在流场中的运动轨迹。它是物质体方法对流体运动的几何表示。质点总是沿着其迹线运动。例如，在流动的水面上撒一片木屑，木屑随水流漂流的途径就是与它粘附在一起的水质点运动的迹线。在直角坐标系中，流体质点的速度为 $u=\frac{\mathrm{d}x}{\mathrm{d}t}$，$v=\frac{\mathrm{d}y}{\mathrm{d}t}$，$w=\frac{\mathrm{d}z}{\mathrm{d}t}$，时间 t 为自变量，迹线可表示为

$$\frac{\mathrm{d}x}{u}=\frac{\mathrm{d}y}{v}=\frac{\mathrm{d}z}{w}=\mathrm{d}t \tag{3-5}$$

2. 流线

流线是某一瞬间在流场中所作的一条曲线，这条线上的各点在该瞬间的速度方向与曲线在该点的切线方向重合，如图 3-2 所示。流线是依据同一时刻不同流体质点的速度特征所形成的曲线。应注意的是，流线为某一瞬时的曲线，若另一瞬时流场中的流动改变了，则流线也随之发生变化。

图 3-2 流线示意图

由流线的定义可导出流线的微分方程。在流线上任一点处，沿切线方向选取微元有向线段 $\mathrm{d}l$，该点处的流速 V 的方向与 $\mathrm{d}l$ 的方向一致，故 $V\times\mathrm{d}l=0$，在直角坐标系中，微分形式的流线方程为

$$\frac{\mathrm{d}x}{u(x,y,z,t)}=\frac{\mathrm{d}y}{v(x,y,z,t)}=\frac{\mathrm{d}z}{w(x,y,z,t)} \tag{3-6}$$

流线具有如下特征：

（1）瞬时性　对于定常流动，流线的形状不随时间改变；而对于非定常流动，不同时刻的流线具有不同的形状。对流线的微分方程积分时，时间 t 可视为参量。

（2）集合性　与迹线由一个流体质点的速度特征决定其形状不同，流线的形状是由若干流体质点在同一时刻的速度共同决定的。

（3）光滑性　一般地讲，流线是光滑的曲线，不能是折线，也不会相交，这是由流线的定义决定的。如果流线在某点出现转折或相交，说明流线在该点有两条切线，使该点的速度势必出现两个方向，这在一般情况下是不可能出现的。流场内，只有在速度为零或为无穷大的点，流线可以相交。速度为零的点称为驻点，如绕流圆柱的前缘点。驻点在流体工程及测量中有着重要的作用。速度呈无穷大的点称为奇点。

（4）有向性　流线用速度的方向来定义，应该标明流向。

（5）可重合性　在定常流动中，流场各点的速度均不随时间改变，即不同时刻的流线是重合的。这种情况下，即在定常流动中，流线与迹线重合，流体质点沿着流线运动。对于非定常流动，这些重合均不复存在。

流线与迹线

【例 3-1】　流体流动的速度场为 $V = xt^2 i - yt^2 j$，试确定在 $t = 1$ 时，通过（2，1）点的流线方程。

解：由流线的微分方程 $\dfrac{dx}{u} = \dfrac{dy}{v} = \dfrac{dz}{w}$

即有

$$\frac{dx}{xt^2} = \frac{dy}{-yt^2} \text{及 } dz = 0$$

由此可知，在 $z = C$ 的水平面上，当 $t = 1$ 时，有流线方程的微分形式

$$\frac{dx}{x} = -\frac{dy}{y}$$

即

$$y dx + x dy = d(xy) = 0$$

积分，得

$$xy = C$$

将特征点的坐标 $x = 2$，$y = 1$ 代入上式，得

$$C = 2$$

故在 $z = C$ 的水平面上，当 $t = 1$ 时，通过（2，1）点的流线方程为

$$xy = 2$$

在实验室里经常采用流场显示技术来显现流场的结构。例如，在液体流场中的固定点处连续不断注入有色液体，则会在流场中形成纤细的色线；在气体流场中，在固定点处加烟，则会形成烟线。这些色线（或烟线）既不是迹线，也不是流线，称其为染色线或脉线。它是在一段时间内，将相继经过空间某一固定点的流体质点在某瞬时连接起来的一条曲线。经过烟头或燃香冒出的烟，或从烟囱冒出的烟都是脉线的例子，染色线（或烟线）的形状和结构可以反映流场的结构和流动特点。在定常流动条件下，流线、迹线和脉线是重合的。

3. 流面和流管

在某一时刻，通过流场中一条给定曲线（本身不是流线）上的每一点作流线所构成的曲面称为流面。流面是由流线组成的空间曲面。若给定的曲线是一条本身不是流线又不相交的封闭曲线，则构成的流面是管状曲面，称为流管，如图 3-3 所示。由于流面是由流线构成的，所以它具有流线的一切特性，流体不能穿过流面，也不能穿过流管表面流入或流出，所以流面就像固体壁面一样，流体不能穿透它。流管中包含的全部流体可看做流束，截面为无限小的流束称为微元流束（微元流束的极限为流线），由无限多微元流束组成的总的流束称为总流。

在流束中，与各流线相垂直的截面称为有效截面。流线为平行直线时，有效截面为平面，常称为过流断面。流线不相平行时，有效截面为曲面，如图 3-4 所示。

4. 流量和平均流速

单位时间内通过有效截面的流体量称为经过该截面的流量。流量可以用体积或质量来计量，又分为体积流量 q_V 和质量流量 q_m。

根据定义，通过流管中有效截面的体积流量和质量流量的计算公式分别为

$$q_V = \int_A v dA = VA \tag{3-7}$$

$$q_m = \int_A \rho v \mathrm{d}A = \rho VA \tag{3-8}$$

式中，dA 是微元面积；v 是有效截面上各点的速度；积分是对有效截面的面积分；V 为该截面的平均速度。

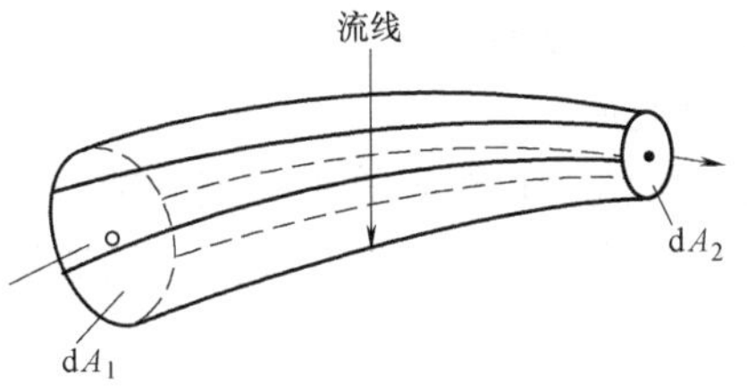

图 3-3　流管和流束

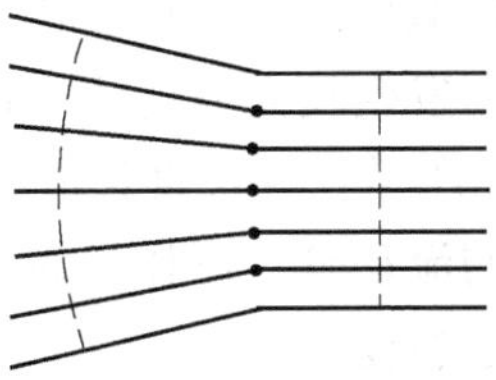

图 3-4　有效截面和流线

【例 3-2】　设计输水量为 294.2×10^3kg/h 的给水管道，流速限制在 0.9～1.4m/s 之间。试确定管道直径。（注：根据生产规格，直径规定为 50mm 的倍数）

解：输水量　$q_m = 294.2\times10^3\mathrm{kg/h} = 81.72\mathrm{kg/s}$

因为

$$q_m = \rho VA = \rho V\frac{\pi}{4}d^2$$

得

$$d = \sqrt{\frac{4q_m}{\pi\rho V}} = \sqrt{\frac{4\times81.72}{\pi\times10^3}}\sqrt{\frac{m^3}{s}}\times\frac{1}{\sqrt{V}} = 0.3226\sqrt{\frac{m^3}{s}}\times\frac{1}{\sqrt{V}}$$

因流速限制为　$0.9\mathrm{m/s}\leqslant V\leqslant1.4\mathrm{m/s}$

当 $V=0.9$m/s 时，$d = 0.3226\times\frac{1}{\sqrt{0.9}}\mathrm{m} = 0.340\mathrm{m} = 340\mathrm{mm}$

当 $V=1.4$m/s 时，$d = 0.3226\times\frac{1}{\sqrt{1.4}}\mathrm{m} = 0.273\mathrm{m} = 273\mathrm{mm}$

所以，相应地，$273\mathrm{mm}\leqslant d\leqslant340\mathrm{mm}$

考虑到直径规定为 50mm 的倍数，取 $d=300$mm。此时

$$V = \frac{4q_m}{\pi\rho d^2} = \frac{4\times81.72}{\pi\times10^3\times0.300^2}\mathrm{m/s} = 1.16\mathrm{m/s}$$

5. 一维、二维和三维流动

按照流动参数与空间坐标数目的不同，流体的流动分为一维、二维和三维流动。如果流场中的流动参量依赖于空间三个坐标，则称这种流动为三维流动。同样，流动参数依赖于空间二个坐标的流动称为二维流动；仅依赖于一个坐标的流动称为一维流动。显然，坐标数目越少，问题越简单。所以对于工程实际问题，在满足所需精度要求的条件下，尽可能将三维流动简化为二维流动，二维流动简化为一维流动进行求解。例如，图 3-5 所示的渐扩管内的不可压缩粘性流体的流动问题，流体质点的速度既是半径 r 的函数，又是轴向距离 x 的函数，显然是二维流动问题。但若取每个截面上的平均速度研究，则问题就简化为一维流动，即平均速度仅是轴向距离 x 的函数。

同样，对于在等截面管道中的流动，虽然过流断面上各点的流速不相同，但在主要关心断面平均流速及压强等参数沿流程变化的时候，也可以将管内的流动当做只随管道长度方向变化的一维流动。

6. 平行直线流、渐变流和急变流

流线为平行直线族的流动称为平行直线流。

流线可近似作为平行直线看待的流动称为渐变流，或缓变流。

流速方向发生较大或连续变化等情况的流动称为急变流。

如图 3-6 所示，在长直管道中的流动一般为平行直线流，较短直管中的流动或管道连接件后直管中的流动等，可作为缓变流，管道连接件（如弯头、大小头、阀门、三通等）附近的流动属于急变流。

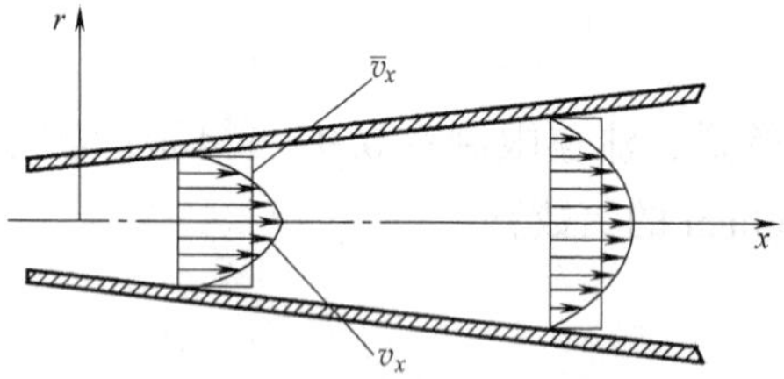

图 3-5　渐扩管内流动速度分布图

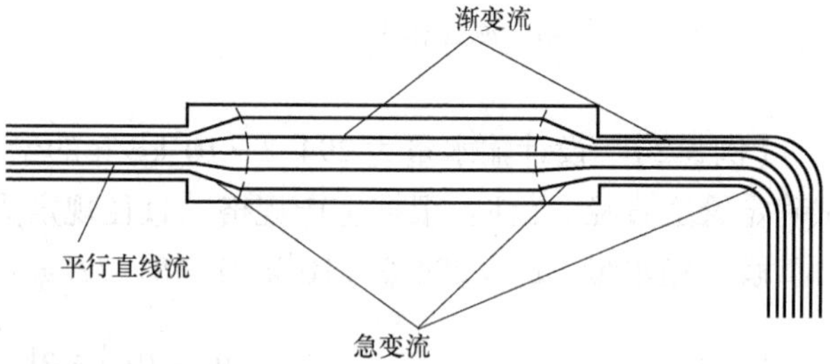

图 3-6　管道中的平行直线流、渐变流和急变流示意图

第三节　质点导数与系统导数

前面介绍了描述流体运动的物质体方法和场方法，两种方法从不同观点出发描述同一流体的运动规律，它们之间必然存在着相互的联系和某种对应关系。在某一时刻（如 t 时刻），占据着流场中某位置（如 r 位置）的流体质点的运动表现（如速度、压力、温度、受力状况等）正好被该位置点上安置的探测元件所感知到，这时，两种方法所描述的流动状况是一一对应的。而在经历 $\mathrm{d}t$ 时间后，原来占据 r 位置的那个流体质点运动到达 $r+\mathrm{d}r$ 的新位置，它在这个时刻的运动表现只能由新位置点上的探测元件感知，而在原 r 位置处所探测到的是另一个流体质点的运动信息，这样，两种方法所描述的流体运动状态是错位的。在牛顿第二定律的数学表达中，需要用到同一个流体质点（或同一个流体系统）的运动物理量对时间的变化率，即需要用到该流体质点（或该流体系统）在 t 时刻及 $t+\mathrm{d}t$ 时刻的物理量，如何表述在这两个时刻该流体质点（或流体系统）的物理量及其变化，是场方法能够应用牛顿第二定律的前提。质点导数就是场方法中表述某流体质点的运动参数对时间变化率的数学表达形式，系统导数则是场方法中关于某流体系统的物理量对时间变化率的数学表达。

下面分别建立质点导数和系统导数的表达式。

一、质点导数

流体质点具有的物理量对时间的变化率称为质点导数，也称为质点的随体导数。

在 t 时刻，某流体质点具有物理量 φ，依据定义，该质点的物理量 φ 对时间的变化率为

$$\frac{\mathrm{d}\varphi}{\mathrm{d}t}=\lim_{\Delta t\to 0}\frac{\varphi(t+\Delta t)-\varphi(t)}{\Delta t} \tag{a}$$

很明显，这里需要用到该流体质点在 t 和 $t+\Delta t$ 两个时刻的同名物理量 φ 的值。一般而言，物理量 φ 的值是随该流体质点的运动而变化的，也就是说，该物理量在这两个时刻的值是与该流体质点在相应时刻的位置一一对应的，描述同一质点物理量的变化可从描述该流体质点的位置变化入手。

如图 3-7 所示，在 t 时刻，该流体质点位于流场中 $A(x,y,z)$ 点上，其物理量 φ 被 A 点的探测元件感知到，将其记为 $\varphi(t,x,y,z)$，表示于 t 时刻在 (x,y,z) 点上测到。经过 Δt 时间段，该流体质点运动达到 $B(x+\Delta x,y+\Delta y,z+\Delta z)$ 点，其同名物理量 φ 由设在 B 点的探测元件感知，记为 $\varphi(t+\Delta t,x+\Delta x,y+\Delta y,z+\Delta z)$。将在流场中对该流体质点及其物理量 φ 的跟踪探测代入式（a）表示的变化关系中，即可得到场方法中质点物理量 φ 对时间变化率的表达式

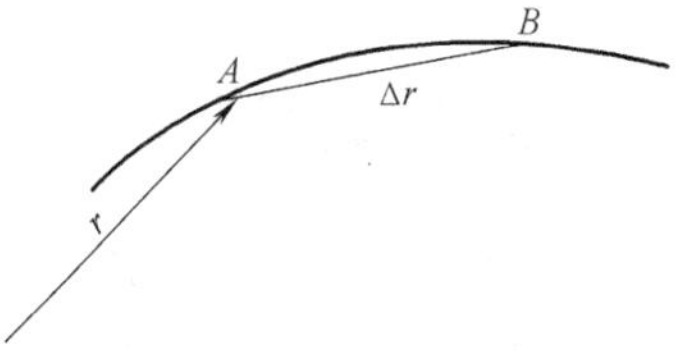

图 3-7 流体质点 Δt 时间内在流场中位置的迁移

$$\frac{\mathrm{d}\varphi}{\mathrm{d}t}=\lim_{\Delta t\to 0}\frac{\varphi(t+\Delta t,x+\Delta x,y+\Delta y,z+\Delta z)-\varphi(t,x,y,z)}{\Delta t} \tag{b}$$

注意到 $\Delta x=u\Delta t$，$\Delta y=v\Delta t$，$\Delta z=w\Delta t$，而在式（b）中，仅有 Δt 是变化量。

因 Δt 是微量，且正在趋于零的过程中，则可对式（b）的分子作级数展开，由

$$\varphi(t+\Delta t,x+\Delta x,y+\Delta y,z+\Delta z)=\varphi(t,x,y,z)+\left(\frac{\partial\varphi}{\partial t}+\frac{\partial\varphi}{\partial x}u+\frac{\partial\varphi}{\partial y}v+\frac{\partial\varphi}{\partial z}w\right)\Delta t+0(\Delta t)^2$$

其中，$0(\Delta t)^2$ 表示比 Δt 高阶的无限小量的总和。

使
$$\frac{\mathrm{d}\varphi}{\mathrm{d}t}=\lim_{\Delta t\to 0}\frac{\left(\frac{\partial\varphi}{\partial t}+u\frac{\partial\varphi}{\partial x}+v\frac{\partial\varphi}{\partial y}+w\frac{\partial\varphi}{\partial z}\right)\Delta t+0(\Delta t)^2}{\Delta t}$$

得
$$\frac{\mathrm{d}\varphi}{\mathrm{d}t}=\frac{\partial\varphi}{\partial t}+u\frac{\partial\varphi}{\partial x}+v\frac{\partial\varphi}{\partial y}+w\frac{\partial\varphi}{\partial z} \tag{3-9}$$

或
$$\frac{\mathrm{d}\varphi}{\mathrm{d}t}=\frac{\partial\varphi}{\partial t}+(\boldsymbol{V}\cdot\nabla)\varphi$$

式（3-9）即是场方法中质点的物理量 φ 对时间的变化率的表达式，简称为物理量 φ 的质点导数。

这里，物理量 φ 可以是标量、矢量或张量。其中，$\frac{\partial\varphi}{\partial t}$ 称为局部导数或当地导数，表示空间点 (x,y,z) 不变的条件下，物理量随时间的变化率，是由物理量的非定常性产生的；$(\boldsymbol{V}\cdot\nabla)\varphi$ 称为位变导数或迁移导数，它是由该物理量在空间上的不均匀性引起的物理量的变化。

【例 3-3】 已知流场的速度分布为 $\boldsymbol{V}=xy^2\boldsymbol{i}-\frac{1}{3}y^3\boldsymbol{j}+xy\boldsymbol{k}$，求 $(x,y,z)=(1,2,3)$ 点的加速度。

解：流场的速度分布 $\boldsymbol{V}=xy^2\boldsymbol{i}-\frac{1}{3}y^3\boldsymbol{j}+xy\boldsymbol{k}$

其中
$$u=xy^2,\quad v=-\frac{1}{3}y^3,\quad w=xy$$
属于三维定常流动。
$$a_x=u\frac{\partial u}{\partial x}+v\frac{\partial u}{\partial y}+w\frac{\partial u}{\partial z}=xy^2\frac{\partial(xy^2)}{\partial x}-\frac{1}{3}y^3\frac{\partial(xy^2)}{\partial y}+xy\frac{\partial(xy^2)}{\partial z}=xy^4\left(1-\frac{2}{3}\right)=\frac{1}{3}xy^4$$
$$a_y=u\frac{\partial v}{\partial x}+v\frac{\partial v}{\partial y}+w\frac{\partial v}{\partial z}=xy^2\frac{\partial}{x}\left(-\frac{1}{3}y^3\right)-\frac{1}{3}y^3\frac{\partial}{\partial y}\left(-\frac{1}{3}y^3\right)+xy\frac{\partial}{\partial z}\left(-\frac{1}{3}y^3\right)=\frac{1}{3}y^5$$
$$a_z=u\frac{\partial w}{\partial x}+v\frac{\partial w}{\partial y}+w\frac{\partial w}{\partial z}=xy^2\frac{\partial(xy)}{\partial x}-\frac{1}{3}y^3\frac{\partial(xy)}{\partial y}+xy\frac{\partial(xy)}{\partial z}=xy^3\left(1-\frac{1}{3}\right)=\frac{2}{3}xy^3$$
在$(x,y,z)=(1,2,3)$点，有
$$a_x=\frac{1}{3}\times1\times2^4\mathrm{m/s^2}=\frac{16}{3}\mathrm{m/s^2},a_y=\frac{1}{3}\times2^5\mathrm{m/s^2}=\frac{32}{3}\mathrm{m/s^2},a_z=\frac{2}{3}\times1\times2^3\mathrm{m/s^2}=\frac{16}{3}\mathrm{m/s^2}$$
得$(x,y,z)=(1,2,3)$点的加速度
$$a=\frac{16}{3}\boldsymbol{i}+\frac{32}{3}\boldsymbol{j}+\frac{16}{3}\boldsymbol{k}\ \mathrm{m/s^2}$$

二、系统导数

流体系统所具有的物理量随时间的变化率称为系统导数。

取控制体和系统如图3-8所示，设在t时刻系统所占有的空间体积为Ⅱ，并与所选的控制体相重合，如图3-8a所示。假定控制体的形状和位置相对于选定的坐标系来讲是固定不变的。经过Δt时间后，由于流体的运动，流体系统的形状和位置发生了变化，即在$t+\Delta t$瞬时系统所占有的空间体积为Ⅲ+Ⅱ′，如图3-8b所示，Ⅱ′是在$t+\Delta t$时刻系统所占有的空间与原来t时刻系统所占有空间（及控制体Ⅱ）相重合的部分。

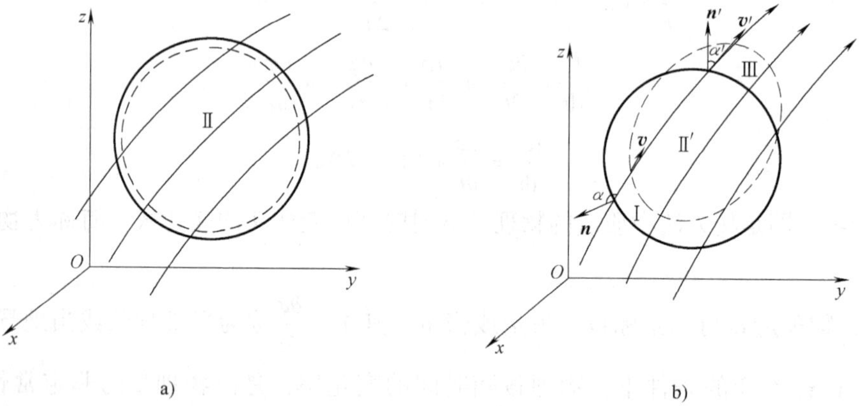

图3-8 流场中的系统和控制体

设$\Phi(r,t)$是定义在体积V内单位体积所具有的物理量，则体积V内该物理量的总量为$\iiint_V\Phi\mathrm{d}V$。在运动过程中，组成体积V的流体不断改变其位置，因此流体质点组成的系统体积V也在不断改变它的大小和形状。

根据导数的定义，该物理量总量对时间的变化率为

$$\frac{\mathrm{d}}{\mathrm{d}t}\iiint_V \Phi \mathrm{d}V = \lim_{\Delta t \to 0}\frac{1}{\Delta t}\left[\left(\iiint_V \Phi \mathrm{d}V\right)_{t+\Delta t} - \left(\iiint_V \Phi \mathrm{d}V\right)_t\right] \tag{a}$$

式中，$\left(\iiint_V \Phi \mathrm{d}V\right)_{t+\Delta t}$ 为 $t+\Delta t$ 时刻系统该物理量的总量，$\left(\iiint_V \Phi \mathrm{d}V\right)_t$ 为 t 时刻系统该物理量的总量。

注意到所讨论流体系统在 t 时刻和 $t+\Delta t$ 时刻所占据空间的不同，式（a）可写成

$$\begin{aligned}\frac{\mathrm{d}}{\mathrm{d}t}\iiint_V \Phi \mathrm{d}V &= \lim_{\Delta t \to 0}\frac{1}{\Delta t}\left[\left(\iiint_{\mathrm{II}'+\mathrm{III}} \Phi \mathrm{d}V\right)_{t+\Delta t} - \left(\iiint_{\mathrm{II}'+\mathrm{I})} \Phi \mathrm{d}V\right)_t\right] \\ &= \lim_{\Delta t \to 0}\frac{1}{\Delta t}\left[\left(\iiint_{\mathrm{II}'+\mathrm{I}} \Phi \mathrm{d}V\right)_{t+\Delta t} - \left(\iiint_{\mathrm{II}'+\mathrm{I}} \Phi \mathrm{d}V\right)_t\right] \\ &\quad + \lim_{\Delta t \to 0}\frac{1}{\Delta t}\left[\left(\iiint_{\mathrm{III}} \Phi \mathrm{d}V\right)_{t+\Delta t} - \left(\iiint_{\mathrm{I}} \Phi \mathrm{d}V\right)_{t+\Delta t}\right]\end{aligned} \tag{b}$$

因 $\mathrm{II}'+\mathrm{I}=V$，式（b）右端第一项成为

$$\lim_{\Delta t \to 0}\frac{1}{\Delta t}\left[\left(\iiint_{\mathrm{II}'+\mathrm{I}} \Phi \mathrm{d}V\right)_{t+\Delta t} - \left(\iiint_{\mathrm{II}'+\mathrm{I}} \Phi \mathrm{d}V\right)_t\right] = \frac{\partial}{\partial t}\iiint_V \Phi \mathrm{d}V \tag{c}$$

此项代表函数 Φ 随时间 t 引起的变化，是由非恒定性引起的。

由图 3-8b 可以看出，体积分 $\left(\iiint_{\mathrm{III}} \Phi \mathrm{d}V\right)_{t+\Delta t}$ 代表在 $t+\Delta t$ 时间内流出控制体的流体所具有的物理量，其大小可以用所通过控制面上的物理量的面积分表示，于是式（b）中第二项积分中的前一项可写为

$$\lim_{\Delta t \to 0}\frac{1}{\Delta t}\left(\iiint_{\mathrm{III}} \Phi \mathrm{d}V\right)_{t+\Delta t} = \iint_{S_2} \Phi v_n \mathrm{d}S \tag{d}$$

式中，S_2 表示控制面中流出部分的面积；$\mathrm{d}S$ 为控制面 S_2 出流部分的微元面；v_n 为沿微元控制面外法线方向的分速度。

同理，式（b）中第二项积分中的另一项表示 t 时刻单位内流入控制体的流体所具有的物理量，其体积分也可用面积分表示为

$$\lim_{\Delta t \to 0}\frac{1}{\Delta t}\left(\iiint_{\mathrm{I}} \Phi \mathrm{d}V\right)_{t+\Delta t} = -\iint_{S_1} \Phi v_n \mathrm{d}S \tag{e}$$

式中，S_1 表示控制面中流入部分的面积。因为在入流面积上速度矢量的方向与控制面外法线方向夹角总是大于 90°，所以式子右侧前加了负号。

将式（d）和式（e）合并，并注意到 $S_1+S_1=S$，S 是整个控制体的面积，于是式（b）右端第二项成为

$$\begin{aligned}&\lim_{\Delta t \to 0}\frac{1}{\Delta t}\left[\left(\iiint_{\mathrm{III}} \Phi \mathrm{d}V\right)_{t+\Delta t} - \left(\iiint_{\mathrm{I}} \Phi \mathrm{d}V\right)_{t+\Delta t}\right] \\ &= \iint_{S_2} \Phi v_n \mathrm{d}S + \iint_{S_1} \Phi v_n \mathrm{d}S = \oint_S \Phi v_n \mathrm{d}S\end{aligned} \tag{f}$$

此项是函数 Φ 通过表面 S 的通量，它是物理量空间不均匀性的表现。

将式（c）和式（f）代入式（b）中，得

$$\frac{\mathrm{d}}{\mathrm{d}t}\iiint_V \Phi \mathrm{d}V = \frac{\partial}{\partial t}\iiint_V \Phi \mathrm{d}V + \oint_S \Phi v_n \mathrm{d}S \tag{3-10a}$$

其矢量表达式为

$$\frac{\mathrm{d}}{\mathrm{d}t}\iiint_V \Phi \mathrm{d}V = \frac{\partial}{\partial t}\iiint_V \Phi \mathrm{d}V + \oiint_S \Phi \boldsymbol{v} \cdot \mathrm{d}\boldsymbol{S} \tag{3-10b}$$

流体系统内物理量对时间的随体导数公式，也称为输运定理（或输运公式）。上式说明，系统内部的物理量 Φ 的时间变化率等于控制体内的 Φ 的时间变化率加上单位时间内经过控制面的 Φ 的净通量。

第四节　流体运动的基本物理定律及基本方程

流体的运动应遵循宏观物体运动基本物理定律。这些基本物理定律主要包括质量守恒定律和动量守恒定律（牛顿第二定律），在涉及到有换热现象需要热力学量之间的联系时还要用到能量守恒定律（热力学第一定律）及热力学第二定律。基本物理定律在场方法中的数学表达式，组成了制约流体运动的基本方程组，可用于研究流体运动中不同物理量间的变化关系，求解流场中各物理量的分布。

本书主要针对不可压缩流体的运动，且由于篇幅所限，只介绍质量守恒和动量守恒两个定律及其应用。

下面依据上述基本定律及流体的物理特性导出流体力学基本方程。

一、连续性方程

质量守恒定律是流体运动应遵循的基本定律之一，连续性方程就是对此定律的数学表达。从物质体的角度看，质量守恒是指包含在一流体系统中的流体质量在运动过程中保持不变；而从流场的角度看，质量守恒是指在一固定空间（或控制体）中的流体质量在 $\mathrm{d}t$ 时间内的增加量恰好等于在此时间段内通过其表面流入的质量减去流出的质量。

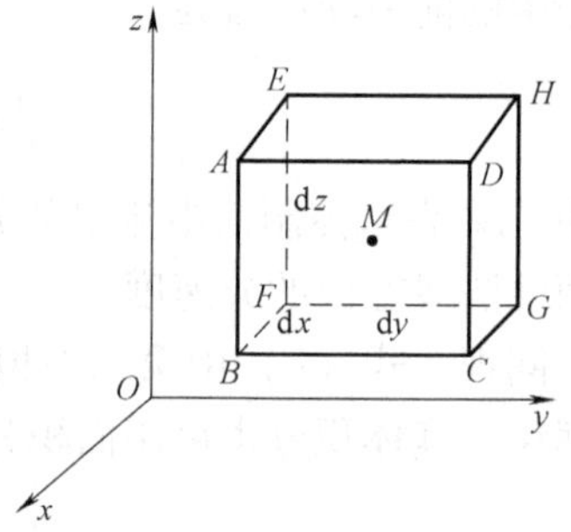

图 3-9　微元六面体

如图 3-9 所示，在流场中取一任意点 M，其在直角坐标系的位置为（x，y，z），以 M 点为中心取一微元六面体，六面体的边长 $\mathrm{d}x$、$\mathrm{d}y$、$\mathrm{d}z$ 分别平行于坐标轴。下面分析流体在运动过程中该微元六面体内质量的变化。

在 x 轴方向，$\mathrm{d}t$ 时间内通过表面 $EFGH$ 流入的质量是

$$\left(\rho - \frac{\partial \rho}{\partial x}\frac{\mathrm{d}x}{2}\right)\left(u - \frac{\partial u}{\partial x}\frac{\mathrm{d}x}{2}\right)\mathrm{d}y\mathrm{d}z\mathrm{d}t$$

由表面 $ABCD$ 流出的质量是

$$\left(\rho + \frac{\partial \rho}{\partial x}\frac{\mathrm{d}x}{2}\right)\left(u + \frac{\partial u}{\partial x}\frac{\mathrm{d}x}{2}\right)\mathrm{d}y\mathrm{d}z\mathrm{d}t$$

在 $\mathrm{d}t$ 时间内沿 x 轴方向净流入的质量为

$$-\frac{\partial(\rho u)}{\partial x}\mathrm{d}x\mathrm{d}y\mathrm{d}z\mathrm{d}t \tag{a}$$

同理，在 y 方向和 z 方向上 $\mathrm{d}t$ 时间通过表面净流入的质量分别为

$$-\frac{\partial(\rho v)}{\partial y}\mathrm{d}x\mathrm{d}y\mathrm{d}z\mathrm{d}t \tag{b}$$

及

$$-\frac{\partial(\rho w)}{\partial z}\mathrm{d}x\mathrm{d}y\mathrm{d}z\mathrm{d}t \tag{c}$$

则 dt 时间内通过该微元六面体净流入的质量为

$$-\left[\frac{\partial(\rho u)}{\partial x}+\frac{\partial(\rho v)}{\partial y}+\frac{\partial(\rho w)}{\partial z}\right]\mathrm{d}x\mathrm{d}y\mathrm{d}z\mathrm{d}t$$

该微元六面体原来的总质量为 $\rho\mathrm{d}x\mathrm{d}y\mathrm{d}z$；经过 d$t$ 时间后平均密度变为 $\rho+\frac{\partial\rho}{\partial t}\mathrm{d}t$，总质量变为 $\left(\rho+\frac{\partial\rho}{\partial t}\mathrm{d}t\right)\mathrm{d}x\mathrm{d}y\mathrm{d}z$，d$t$ 时间段内，六面体中因密度变化引起的总质量的增加量为

$$\frac{\partial\rho}{\partial t}\mathrm{d}x\mathrm{d}y\mathrm{d}z\mathrm{d}t$$

根据质量守恒定律，dt 时间流入六面体的流体质量应等于同一时间段内六面体内流体质量的增加量，由此得

$$-\left[\frac{\partial(\rho u)}{\partial x}+\frac{\partial(\rho v)}{\partial y}+\frac{\partial(\rho w)}{\partial z}\right]\mathrm{d}x\mathrm{d}y\mathrm{d}z\mathrm{d}t=\frac{\partial\rho}{\partial t}\mathrm{d}x\mathrm{d}y\mathrm{d}z\mathrm{d}t$$

两边同除以 $\mathrm{d}x\mathrm{d}y\mathrm{d}z\mathrm{d}t$ 后即可得

$$\frac{\partial\rho}{\partial t}+\frac{\partial(\rho u)}{\partial x}+\frac{\partial(\rho v)}{\partial y}+\frac{\partial(\rho w)}{\partial z}=0 \tag{3-11a}$$

或

$$\frac{\mathrm{d}\rho}{\mathrm{d}t}+\rho\left(\frac{\partial u}{\partial x}+\frac{\partial v}{\partial y}+\frac{\partial w}{\partial z}\right)=0 \tag{3-11b}$$

式（3-11）即为微分形式的连续性方程。

连续性方程表达了任何可实现的流体流动必须满足的质量守恒条件。

下面讨论连续性方程在几种特殊情形下的简化形式。

1）定常流动，非稳态项为零，即 $\frac{\partial\rho}{\partial t}=0$，连续性方程变为

$$\frac{\partial(\rho u)}{\partial x}+\frac{\partial(\rho v)}{\partial y}+\frac{\partial(\rho w)}{\partial z}=0$$

上式表明，对于定常流动，在相同时间内流入和流出系统的质量应相等。

2）对于不可压缩流体，$\frac{\mathrm{d}\rho}{\mathrm{d}t}=0$，于是式（3-11b）变为

$$\frac{\partial u}{\partial x}+\frac{\partial v}{\partial y}+\frac{\partial w}{\partial z}=0 \tag{3-12}$$

【例 3-4】 设有一不可压缩流体三维流动，其速度分布规律为：$u=3(x+y^3)$，$v=4y+z^2$，$w=x+y+2z$。试分析该流动存在的可能性。

解： 判断流体流动是否可能存在，需要检验是否满足连续性方程

$$\frac{\partial u}{\partial x}=3,\frac{\partial v}{\partial y}=4,\frac{\partial w}{\partial z}=2$$

所以

$$\frac{\partial u}{\partial x}+\frac{\partial v}{\partial y}+\frac{\partial w}{\partial z}=9\neq 0$$

该流动不满足连续性方程。不满足连续性方程的流动是不存在的。

对于有限通道中作定常流动的情况，质量守恒可用简单的形式表达，而不必采用微分方程的形式。

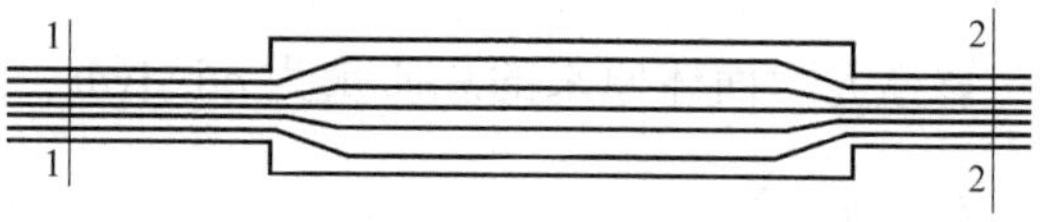

图 3-10　沿流道的上下游两个过流断面

流体作定常流动时，流场内的各物理量均不随时间改变。如图 3-10 所示，沿流道任取两个过流断面，1 为流入断面，2 为流出断面，则 1 断面上单位时间内流入的流体质量应等于 2 断面流出的流体质量，以保持两断面间的流体质量为常数。即有

$$(\rho uA)_1=(\rho uA)_2=C \text{ 或} (\rho uA)_{\text{入}}=(\rho uA)_{\text{出}}=C$$

若是不可压缩的均质流体，则其作定常流动的连续性方程为

$$u_1A_1=u_2A_2=C \tag{3-13}$$

这说明对于同一根管子，管径粗的区域，其截面平均流速小；管径细的区域，其截面平均流速大。

【例 3-5】 如图 3-11 所示，断面为 0.50m × 0.5m 的送风管，通过 a、b、c、d 四个 0.4m × 0.4m 的送风管向室内输送空气。设各送风管出口气流平均速度为 5m/s，求通过送风管 1-1、2-2 及 3-3 断面的平均流速和流量。

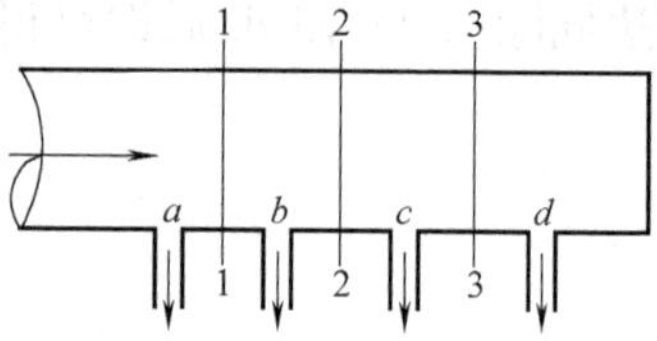

图 3-11　例 3-5 图

解： 每一送风口流量 $q_V=0.4\times0.4\times5\text{m}^3/\text{s}=0.8\text{m}^3/\text{s}$

设流经 1-1、2-2 及 3-3 断面流量分别为 q_{V1}、q_{V2} 和 q_{V3}，流速分别为 V_1、V_2 和 V_3，由总流连续性方程可得

$$q_{V1}=3q_V=3\times0.8\text{m}^3/\text{s}=2.4\text{m}^3/\text{s}$$

$$q_{V2}=2q_V=2\times0.8\text{m}^3/\text{s}=1.6\text{m}^3/\text{s}$$

$$q_{V3}=q_V=0.8\text{m}^3/\text{s}$$

各断面平均流速

$$V_1=\frac{2.4}{0.5\times0.5}\text{m/s}=9.6\text{m/s},V_2=\frac{1.6}{0.5\times0.5}\text{m/s}=6.4\text{m/s},V_3=\frac{0.8}{0.5\times0.5}\text{m/s}=3.2\text{m/s}$$

二、运动微分方程

流体的运动与其所受外力之间的关系，应遵循动量守恒定律（牛顿第二定律），即对某一给定的微小流体系统，在某一时刻作用于其上的外力总和等于该流体系统的质量与其加速度的乘积。牛顿第二定律的数学表达式即为运动方程。

1. 理想流体的运动微分方程

为简单起见，先讨论理想流体的运动微分方程。所谓理想流体，是指流体的粘性被忽略不计的理想化流体。由于粘性被忽略，理想流体不能承受剪切力的作用。如图 3-12 所示，在理想流体运动的流场中，取一任意点 $M(x,y,z)$，以 M 点为中心作一微元六面体，其各边

长度分别为 dx、dy 和 dz。t 时刻，该微元六面体被某流体微团占据，微团的运动参数被流场中的微元六面体所感知。记 M 点的速度、压强分别为 (u,v,w)、p，单位质量力为 $\boldsymbol{f}$，$\boldsymbol{f}$ 在三个坐标方向的分力为 f_x、f_y、f_z。理想流体没有粘性，运动时不产生内摩擦力，所以作用在流体微团上的力只有质量力和压力。

在 y 方向上，与 y 轴垂直的左右两个平面中心点处的压强分别为 $p-\frac{\partial p}{\partial y}\frac{\partial y}{2}$ 和 $p+\frac{\partial p}{\partial y}\frac{\partial y}{2}$，对于微元面，中心点的压强值是各自表面上的平均压强。作用在流体微团上的质量力在 y 方向的分量为 $\rho f_y \mathrm{d}x\mathrm{d}y\mathrm{d}z$，流体微团的加速度在 y 方向分量为 $\frac{\mathrm{d}v}{\mathrm{d}t}$，则沿 y 方向牛顿第二定律的表达式为

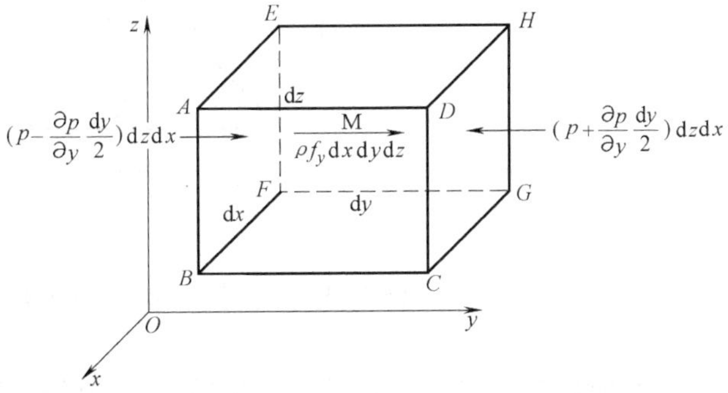

图 3-12　微元六面体内理想流体微团的受力（y 方向）

$$\rho f_y \mathrm{d}x\mathrm{d}y\mathrm{d}z+\left(p-\frac{\partial p}{\partial y}\frac{\mathrm{d}y}{2}\right)\mathrm{d}z\mathrm{d}x-\left(p+\frac{\partial p}{\partial y}\frac{\mathrm{d}y}{2}\right)\mathrm{d}z\mathrm{d}x=\rho \mathrm{d}x\mathrm{d}y\mathrm{d}z\frac{\mathrm{d}v}{\mathrm{d}t}$$

将上式各项除以流体微团的质量 $\rho\mathrm{d}x\mathrm{d}y\mathrm{d}z$，化简得

$$f_y-\frac{1}{\rho}\frac{\partial p}{\partial y}=\frac{\mathrm{d}v}{\mathrm{d}t} \tag{3-14}$$

类似地，在 x 和 z 两个方向上，分别有

$$f_x-\frac{1}{\rho}\frac{\partial p}{\partial x}=\frac{\mathrm{d}u}{\mathrm{d}t}$$

$$f_z-\frac{1}{\rho}\frac{\partial p}{\partial z}=\frac{\mathrm{d}w}{\mathrm{d}t}$$

这就是理想流体的运动微分方程。

2. 实际流体的运动微分方程

实际流体运动时，作用于微元六面体各个面上的应力不仅有法向应力，还有由于粘性产生的切向应力。

如图 3-13 所示，在流体运动的流场中，取一任意点 M，以 M 点为中心作一微元六面体，其各边长度分别为 dx、dy 和 dz。t 时刻，该微元六面体被某流体微团占据，微团的运动参数被流场中的微元六面体所感知。记 M 点在坐标方向的速度分量为 u、v、w，单位质量力为 $\boldsymbol{f}$，$\boldsymbol{f}$ 在三个坐标方向的分力为 f_x、f_y、f_z，该点的法向应力用 p 表示，切向应力用 τ 表示，它们都有两个下标，第一个表示应力所在平面的法线方向，第二个表示应力本身的方向，应力的方向作这样规定：当所在面的外法向与坐标同向时，应力以坐标的方向为正；当所在面的外法向与坐标的方向相反时，应力以坐标的反方向为正。为方便起见，在图 3-13 中仅给出质量力及六个表面在 y 方向上的作用力，这七个力中，有四个指向 y 的正向（质量力，右面的法向作用力及前面、上面的切向作用力），三个指向 y 的反方向（左面的法向作用力，后面、下面的切向作用力）。

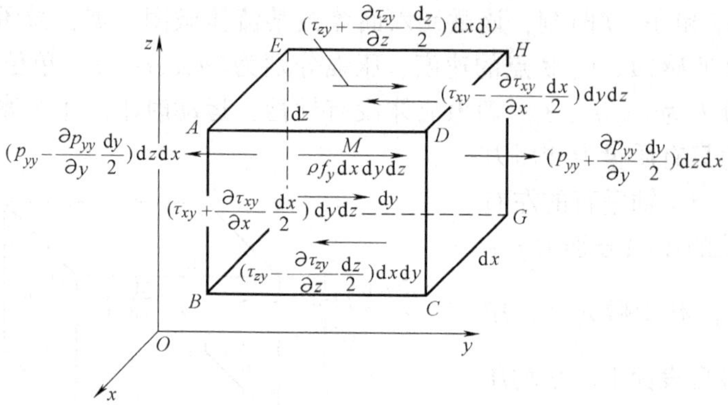

图 3-13　微元六面体内流体微团的受力（y 方向）

根据牛顿第二定律，写出沿 y 方向的运动微分方程

$$\rho f_y dxdydz+\left(p_{yy}+\frac{\partial p_{yy}}{\partial y}\frac{dy}{2}\right)dxdz+\left(\tau_{xy}+\frac{\partial\tau_{xy}}{\partial x}\frac{dx}{2}\right)dydz+\left(\tau_{zy}+\frac{\partial\tau_{zy}}{\partial z}\frac{dz}{2}\right)dxdy-$$
$$\left(p_{yy}-\frac{\partial p_{yy}}{\partial y}\frac{dy}{2}\right)dxdz-\left(\tau_{xy}-\frac{\partial\tau_{xy}}{\partial x}\frac{dx}{2}\right)dydz-\left(\tau_{zy}-\frac{\partial\tau_{zy}}{\partial z}\frac{dz}{2}\right)dxdy=\rho dxdydz\frac{dv}{dt}$$

化简后，得 y 方向的运动微分方程

同理可得

$$\left.\begin{aligned}\frac{dv}{dt}&=f_y+\frac{1}{\rho}\left(\frac{\partial p_{yy}}{\partial y}+\frac{\partial\tau_{xy}}{\partial x}+\frac{\partial\tau_{zy}}{\partial z}\right)\\ \frac{du}{dt}&=f_x+\frac{1}{\rho}\left(\frac{\partial p_{xx}}{\partial x}+\frac{\partial\tau_{yx}}{\partial y}+\frac{\partial\tau_{zx}}{\partial z}\right)\\ \frac{dw}{dt}&=f_z+\frac{1}{\rho}\left(\frac{\partial p_{zz}}{\partial z}+\frac{\partial\tau_{xz}}{\partial x}+\frac{\partial\tau_{yz}}{\partial y}\right)\end{aligned}\right\}\tag{3-15}$$

式（3-15）是以应力形式表示的粘性流体的运动微分方程。其中，通常只有单位质量力的三个分量 f_x、f_y、f_z 以及密度 ρ 已知，其余九个应力和三个速度分量都为未知数，而方程除了这三个外，再加一个连续性方程，只有四个，方程组不封闭。为此，需要确定粘性流体中各应力与速度变形速率的关系。

对于牛顿流体（如空气、水、烟气、润滑油液及各种制冷液体等常见流体），应力可表示为

$$\left.\begin{aligned}\tau_{xy}&=\tau_{yx}=\mu\left(\frac{\partial u}{\partial y}+\frac{\partial v}{\partial x}\right)\\ \tau_{yz}&=\tau_{zy}=\mu\left(\frac{\partial w}{\partial y}+\frac{\partial v}{\partial z}\right)\\ \tau_{xz}&=\tau_{zx}=\mu\left(\frac{\partial u}{\partial z}+\frac{\partial w}{\partial x}\right)\end{aligned}\right\}\tag{3-16}$$

$$\left.\begin{aligned}p_{xx}&=-p+2\mu\frac{\partial u}{\partial x}\\ p_{yy}&=-p+2\mu\frac{\partial v}{\partial y}\\ p_{zz}&=-p+2\mu\frac{\partial w}{\partial z}\end{aligned}\right\}\tag{3-17}$$

将（3-17）的三式相加，可得

$$p_{xx}+p_{yy}+p_{zz}=-3p+2\mu\left(\frac{\partial u}{\partial x}+\frac{\partial v}{\partial y}+\frac{\partial w}{\partial z}\right)$$

对于不可压缩的流体，等式右侧第二项为零，于是

$$p=-\frac{1}{3}(p_{xx}+p_{yy}+p_{zz}) \tag{3-18}$$

这说明过 M 点三个相互垂直面上的法向应力之和的算术平均值就是该点流体的压强，与作用面的方位无关，只是空间与时间坐标的函数($p=p(x,y,z,t)$)。

将应力关系式（3-16）、式（3-17）代入以应力形式表示的运动微分方程式（3-15），在 x 方向上，有

$$\begin{aligned}\frac{\mathrm{d}u}{\mathrm{d}t}&=f_x+\frac{1}{\rho}\left\{\frac{\partial}{\partial x}\left(-p+2\mu\frac{\partial u}{\partial x}\right)+\frac{\partial}{\partial y}\left[\mu\left(\frac{\partial u}{\partial y}+\frac{\partial v}{\partial x}\right)\right]+\frac{\partial}{\partial z}\left[\mu\left(\frac{\partial u}{\partial z}+\frac{\partial w}{\partial x}\right)\right]\right\}\\&=f_x-\frac{1}{\rho}\frac{\partial p}{\partial x}+\frac{\mu}{\rho}\left(\frac{\partial^2 u}{\partial x^2}+\frac{\partial^2 u}{\partial y^2}+\frac{\partial^2 u}{\partial z^2}\right)+\frac{\mu}{\rho}\frac{\partial}{\partial x}\left(\frac{\partial u}{\partial x}+\frac{\partial v}{\partial y}+\frac{\partial w}{\partial z}\right)\end{aligned}$$

对于不可压缩流体，上式右端第四项为零，左端的质点导数展开，x 方向的运动微分方程可写为

类似，可有

$$\left.\begin{aligned}\frac{\partial u}{\partial t}+u\frac{\partial u}{\partial x}+v\frac{\partial u}{\partial y}+w\frac{\partial u}{\partial z}&=f_x-\frac{1}{\rho}\frac{\partial p}{\partial x}+\frac{\mu}{\rho}\left(\frac{\partial^2 u}{\partial x^2}+\frac{\partial^2 u}{\partial y^2}+\frac{\partial^2 u}{\partial z^2}\right)\\\frac{\partial v}{\partial t}+u\frac{\partial v}{\partial x}+v\frac{\partial v}{\partial y}+w\frac{\partial v}{\partial z}&=f_y-\frac{1}{\rho}\frac{\partial p}{\partial y}+\frac{\mu}{\rho}\left(\frac{\partial^2 v}{\partial x^2}+\frac{\partial^2 v}{\partial y^2}+\frac{\partial^2 v}{\partial z^2}\right)\\\frac{\partial w}{\partial t}+u\frac{\partial w}{\partial x}+v\frac{\partial w}{\partial y}+w\frac{\partial w}{\partial z}&=f_z-\frac{1}{\rho}\frac{\partial p}{\partial z}+\frac{\mu}{\rho}\left(\frac{\partial^2 w}{\partial x^2}+\frac{\partial^2 w}{\partial y^2}+\frac{\partial^2 w}{\partial z^2}\right)\end{aligned}\right\} \tag{3-19a}$$

或写成以下矢量形式

$$\frac{\partial \boldsymbol{v}}{\partial t}+\boldsymbol{v}\cdot\nabla\boldsymbol{v}=f-\frac{1}{\rho}\nabla p+\frac{\mu}{\rho}\Delta\boldsymbol{v} \tag{3-19b}$$

式中，$\Delta=\frac{\partial^2}{\partial x^2}+\frac{\partial^2}{\partial y^2}+\frac{\partial^2}{\partial z^2}$称为拉普拉斯算子。

式（3-19）就是不可压缩粘性流体的运动微分方程，又称纳维-斯托克斯（Navier-Stokes）方程，简称 N-S 方程。

在解决实际问题时，除上述方程外，还应包括连续性方程。这样共有四个方程，四个未知数 u、v、w 和 p，原则上可以求解不可压缩粘性流体的流动问题。但在数学上却遇到很大困难，这主要是由于纳维-斯托克斯方程是二阶的非线性偏微分方程，只有在少数特殊情况下才可以求得方程的解析解。对于大多数工程实际问题，往往借助于实验或数值方法寻求能达到工程精度要求的解。

下面两节，我们将依据流体力学基本方程导出在工程中有重要意义的两个关系式。

第五节 平行直线流断面上的压强关系式

工程中往往将测量压强的测点设置在平直流道上，这与平直流道断面上的压强分布规律

有关。流体在等直径圆管或平直流道中流动时，通过其过流断面的流线为一族平行直线（或近似为平行直线），这种区域内的流动称为平行直线流。下面，利用流体力学的基本方程来分析平行直线流断面上各点的压强关系。

设不可压缩流体在平直流道内作定常流动如图 3-14 所示，其流线为一族平行直线，为不失一般性，设流线呈倾斜状，与水平线的夹角为 α。因流线为直线，可沿流向取 x'轴，与其垂直的过流断面上取 y'轴和 z'轴，为表示区别和联系，图中也给出以水平面为基准的 $Oxyz$ 坐标系，其中，y'轴与 y 轴重合，且都垂直于纸面。

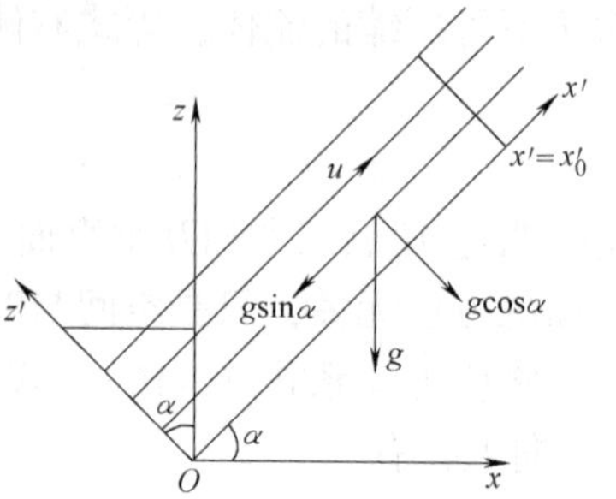

图 3-14　不可压缩流体在倾斜流道内的平行直线流

在 $x'Oz'$坐标系中，单位质量流体所受到的重力可表示为

$$\boldsymbol{f} = -g\sin\alpha\boldsymbol{i}' - g\cos\alpha\boldsymbol{k}'$$

式中，$\boldsymbol{i}'$，$\boldsymbol{k}'$分别为 x'和 z'轴的单位矢量。

流速则可表示为

$$\boldsymbol{V} = u(x', z')\boldsymbol{i}'$$

不可压缩流体的定常平行直线流在本坐标系中的基本方程即可简化为

连续性方程　$$\frac{\partial u}{\partial x'} = 0 \tag{a}$$

运动方程 x'方向分式　$$0 = -g\sin\alpha - \frac{1}{\rho}\frac{\partial p}{\partial x'} + \frac{\mu}{\rho}\frac{\partial^2 u}{\partial z'^2} \tag{b}$$

运动方程 y'方向分式　$$0 = -\frac{1}{\rho}\frac{\partial p}{\partial y'} \tag{c}$$

运动方程 z'方向分式　$$0 = -g\cos\alpha - \frac{1}{\rho}\frac{\partial p}{\partial z'} \tag{d}$$

由式（c），有$\frac{\partial p}{\partial y'} = 0$，知 $p = p(x', z')$

由式（d），有$\frac{\partial p}{\partial z'} = -\rho g\cos\alpha$，积分，可得 $p = -\rho g z'\cos\alpha + c_1(x')$

注意到图 3-14 中坐标之间的关系：$z'\cos\alpha = z$

即有　$$p = -\rho g z + c_1(x')$$

或　$$z + \frac{p}{\rho g} = c(x') \tag{3-20}$$

不难看出，式(3-20)与静止流体中的压强分布很相似，等式左端的两项之和表示流体的静水头，式(3-20)说明，在平行直线流区域，任一点上流体的静止水头只沿流向距离改变。

特别地，当 x'取为定值（如 $x' = x'_0$），即在平行直线流的 $x' = x'_0$的过流断面上

$$z + \frac{p}{\rho g} = C(x'_0) = 常数 \tag{3-21a}$$

也就是说，对于在该断面上任意选取的 1、2 两个点，有

$$\left(z + \frac{p}{\rho g}\right)_1 = \left(z + \frac{p}{\rho g}\right)_2 \tag{3-21b}$$

这就是平行直线流断面上各点之间的压强关系式。

此式说明，在平行直线流的断面上，各点的流体静水头相等。依据这个关系式，可以在平行直线流的断面上采用测量静止流体压强的方法来测量运动流体的压强。

在工程实际中，并不能保证在平直流道中的流动一定是平行直线流，如在管道入口、弯头、阀门附近，流场中的流线经急剧变化后，需要很长的流程才能成为平行直线。如果流线间的夹角很小，流线可以近似作为平行直线看待（流线近似为平行直线的流动常被称为缓变流动），上述的流动测压方法也可以应用。

【例 3-6】 水平直管的管壁上垂直开孔连接了一个测压 U 形管，如图 3-15 所示，已知测压水银面高差为 $h=0.28\text{m}$，低位水银面与管道中心线的高差 $h_1=0.78\text{m}$，管道内径 $d=0.275\text{m}$。现管内有水流通过，问测压断面上中心点 A 与顶点 B 的压强各是多少？

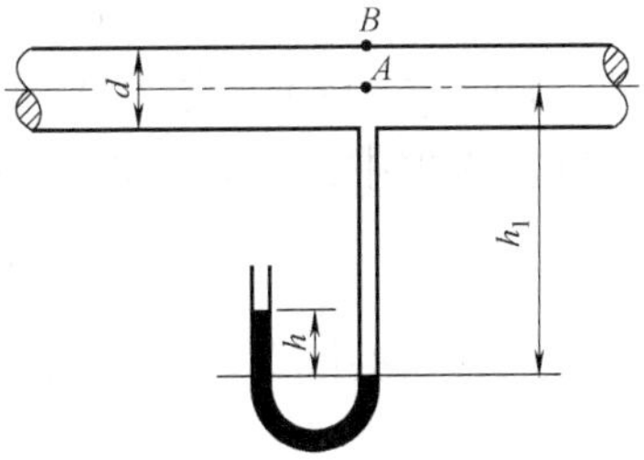

图 3-15　例 3-6 图

解： 在流动过程中，所选测压断面上各点的压强分布与 U 形管里静止流体中的压强分布关系相同，则由测压关系，有

$$0+\rho_{水银}gh-\rho_{水}gh_1=p_A$$

$$p_A=(\rho_{水银}h-\rho_{水}h_1)g=(13.6\times10^3\times0.28-10^3\times0.78)\times9.8\text{Pa}=29674\text{Pa}$$

而

$$p_A-\rho_{水}gd/2=p_B$$

$$p_B=[\rho_{水银}h-\rho_{水}(h_1+d/2)]g$$

$$=[13.6\times10^3\times0.28-10^3\times(0.78+0.275/2)]\times9.8\text{Pa}=28326\text{Pa}$$

第六节　定常流动中的机械能关系

运动流体中的机械能可分为重力势能（由重力作用产生）、压力势能（由压强作用产生）、动能（由流体运动产生）及耗散能（由粘性作用或碰撞等作用产生）四部分。下面应用流体力学基本方程来导出定常流动流体中的机械能关系。

一、定常流动中沿流线的机械能关系

定常流动中，流线与流体质点的运动轨迹线重合。在此状态下，流体质点在所受外力的作用下沿运动路径从某起始点 1 运动到达另一点 2 所发生的功能转换关系，在数学形式上，可表示为将流体的力平衡关系（矢量形式）与流线上的微元线段（矢量形式）做标量积，再沿流线从 1 点向 2 点积分。

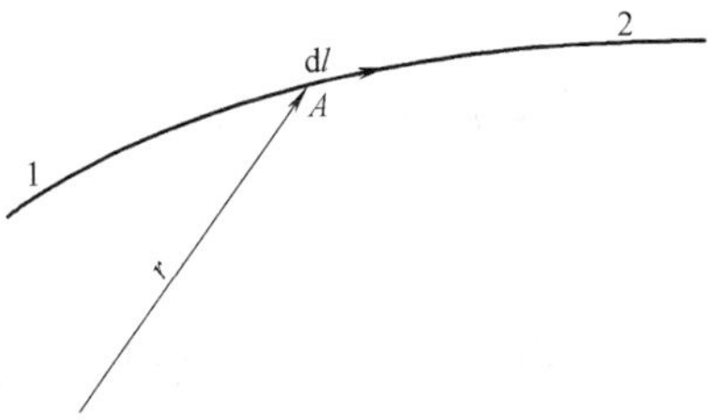

图 3-16　过 A 点的流线微元线段示意

如图 3-16 所示，在流场中 1、2 两点间的流线上任一点 A（$\boldsymbol{r}$）处取微元线段 $\mathrm{d}\boldsymbol{l}=\mathrm{d}x\boldsymbol{i}+\mathrm{d}y\boldsymbol{j}+\mathrm{d}z\boldsymbol{k}$，其中，$\mathrm{d}x$、$\mathrm{d}y$、$\mathrm{d}z$ 分别是流线微元线段 $\mathrm{d}l$ 在三个坐标方向上的投影长度，且满足流线方程

$$\frac{\mathrm{d}x}{u}=\frac{\mathrm{d}y}{v}=\frac{\mathrm{d}z}{w} \tag{a}$$

将此流线上的 dx、dy、dz 分别与流体的运动微分方程三个坐标方向对应的表达式的两边相乘，有

$$dx\left(u\frac{\partial u}{\partial x}+v\frac{\partial u}{\partial y}+w\frac{\partial u}{\partial z}\right)=dx\left(f_x-\frac{1}{\rho}\frac{\partial p}{\partial x}+\frac{\mu}{\rho}\Delta u\right) \tag{b}$$

$$dy\left(u\frac{\partial v}{\partial x}+v\frac{\partial v}{\partial y}+w\frac{\partial v}{\partial z}\right)=dy\left(f_y-\frac{1}{\rho}\frac{\partial p}{\partial y}+\frac{\mu}{\rho}\Delta v\right) \tag{c}$$

$$dz\left(u\frac{\partial w}{\partial x}+v\frac{\partial w}{\partial y}+w\frac{\partial w}{\partial z}\right)=dz\left(f_z-\frac{1}{\rho}\frac{\partial p}{\partial z}+\frac{\mu}{\rho}\Delta w\right) \tag{d}$$

将式（b）、式（c）、式（d）相加。

在左端项中，注意到 dx、dy、dz 满足式（a），即

$$v\mathrm{d}x = u\mathrm{d}y,\ w\mathrm{d}x = u\mathrm{d}z,\ w\mathrm{d}y = v\mathrm{d}z \tag{e}$$

使

$$dx\left(u\frac{\partial u}{\partial x}+v\frac{\partial u}{\partial y}+w\frac{\partial u}{\partial z}\right)=u\left(\frac{\partial u}{\partial x}dx+\frac{\partial u}{\partial y}dy+\frac{\partial u}{\partial z}dz\right)=u\mathrm{d}u=\mathrm{d}\left(\frac{u^2}{2}\right)$$

$$dy\left(u\frac{\partial v}{\partial x}+v\frac{\partial v}{\partial y}+w\frac{\partial v}{\partial z}\right)=v\left(\frac{\partial v}{\partial x}dx+\frac{\partial v}{\partial y}dy+\frac{\partial v}{\partial z}dz\right)=v\mathrm{d}v=\mathrm{d}\left(\frac{v^2}{2}\right)$$

$$dz\left(u\frac{\partial w}{\partial x}+v\frac{\partial w}{\partial y}+w\frac{\partial w}{\partial z}\right)=w\left(\frac{\partial w}{\partial x}dx+\frac{\partial w}{\partial y}dy+\frac{\partial w}{\partial z}dz\right)=w\mathrm{d}w=\mathrm{d}\left(\frac{w^2}{2}\right)$$

则式（b）、式（c）、式（d）三式左端项相加，得到

$$\mathrm{d}\left(\frac{u^2}{2}\right)+\mathrm{d}\left(\frac{v^2}{2}\right)+\mathrm{d}\left(\frac{w^2}{2}\right)=\mathrm{d}\left(\frac{u^2+v^2+w^2}{2}\right)$$

在右端项中，若流体的质量力仅为重力，且在所选取的坐标系中被表示为 $\boldsymbol{f}=-g\boldsymbol{k}$，则有

$$f_x\mathrm{d}x+f_y\mathrm{d}y+f_z\mathrm{d}z=-g\mathrm{d}z=-\mathrm{d}(gz)$$

对于均质流体

$$-\frac{1}{\rho}\left(\frac{\partial p}{\partial x}dx+\frac{\partial p}{\partial y}dy+\frac{\partial p}{\partial z}dz\right)=-\frac{1}{\rho}\mathrm{d}p=-\mathrm{d}\left(\frac{p}{\rho}\right)$$

粘性项不易积分，可采用一般矢量形式表达为

$$\frac{\mu}{\rho}(\Delta u\mathrm{d}x+\Delta v\mathrm{d}y+\Delta w\mathrm{d}z)=\frac{\mu}{\rho}\Delta\boldsymbol{v}\cdot\mathrm{d}\boldsymbol{l}$$

即有

$$\mathrm{d}\left(\frac{u^2+v^2+w^2}{2}+\frac{p}{\rho}+gz\right)=\frac{\mu}{\rho}\Delta\boldsymbol{v}\cdot\mathrm{d}\boldsymbol{l}$$

记 $u^2+v^2+w^2=V^2$，则有

$$\mathrm{d}\left(gz+\frac{p}{\rho}+\frac{V^2}{2}\right)=\frac{\mu}{\rho}\Delta\boldsymbol{v}\cdot\mathrm{d}\boldsymbol{l} \tag{f}$$

沿流线，自上游的 1 点积分至下游的 2 点，即

$$\int_1^2\mathrm{d}\left(gz+\frac{p}{\rho}+\frac{V^2}{2}\right)=\int_1^2\frac{\mu}{\rho}\Delta\boldsymbol{v}\cdot\mathrm{d}\boldsymbol{l}$$

有

$$\left(gz+\frac{p}{\rho}+\frac{V^2}{2}\right)_2-\left(gz+\frac{p}{\rho}+\frac{V^2}{2}\right)_1=\int_1^2\frac{\mu}{\rho}\Delta\boldsymbol{v}\cdot\mathrm{d}\boldsymbol{l}$$

或 $$\left(gz+\frac{p}{\rho}+\frac{V^2}{2}\right)_1=\left(gz+\frac{p}{\rho}+\frac{V^2}{2}\right)_2+\int_1^2-\frac{\mu}{\rho}\Delta\boldsymbol{v}\cdot\mathrm{d}\boldsymbol{l}\qquad(\mathrm{g})$$

不难看出，式（g）中，gz 表示单位质量流体所具有的重力势能，$\frac{p}{\rho}$表示单位质量流体所具有的压力势能，$\frac{V^2}{2}$表示单位质量流体的动能，而$\left(gz+\frac{p}{\rho}+\frac{V^2}{2}\right)_1$表示上游 1 点处单位质量流体所具有的总机械能，同样，$\left(gz+\frac{p}{\rho}+\frac{V^2}{2}\right)_2$表示在下游 2 点处单位质量流体所具有的总机械能，在没有外界输入机械能的条件下，下游的机械能不可能多于上游，因此，粘性项的积分表达式$\int_1^2-\frac{\mu}{\rho}\Delta\boldsymbol{v}\cdot\mathrm{d}\boldsymbol{l}$就表示单位质量流体沿该流线从 1 点运动到达 2 点所损耗的机械能，记为

$$\int_1^2-\frac{\mu}{\rho}\Delta\boldsymbol{v}\cdot\mathrm{d}\boldsymbol{l}=gh_{wl1-2}$$

即有 $$\left(gz+\frac{p}{\rho}+\frac{V^2}{2}\right)_1=\left(gz+\frac{p}{\rho}+\frac{V^2}{2}\right)_2+gh_{wl1-2}\qquad(3\text{-}22\mathrm{a})$$

式（3-22a）还可写成式（3-22b）的形式，即用液柱高度（水头）表示能量，工程上通常采用公式

$$\left(z+\frac{p}{\rho g}+\frac{V^2}{2g}\right)_1=\left(z+\frac{p}{\rho g}+\frac{V^2}{2g}\right)_2+h_{wl1-2}\qquad(3\text{-}22\mathrm{b})$$

式（3-22）即为不可压缩流体定常流动时沿流线 1、2 两点之间的机械能关系式，又称为沿流线的伯努利方程。

若忽略损耗的机械能，则

$$\left(gz+\frac{p}{\rho}+\frac{V^2}{2}\right)_1=\left(gz+\frac{p}{\rho}+\frac{V^2}{2}\right)_2=c$$

$$\left(z+\frac{p}{\rho g}+\frac{V^2}{2g}\right)_1=\left(z+\frac{p}{\rho g}+\frac{V^2}{2g}\right)_2=c$$

二、定常流动中沿流道总流的机械能关系

在实际工程中，要准确地找出流线，通常是很困难的。有时人们主要关心沿流道流动参数的变化情况。为此，有必要导出沿流道的机械能关系。

如图 3-17 所示，两过流断面之间的流道可以看做该两断面间所有流线（或微元流管）的集合。对于定常流动，单位时间内流入某微元流管的总机械能应等于流出的机械能与损耗的机械能之和。即

图 3-17 上下游两断面间的流道及微元流管示意

$$\left[\rho V\left(gz+\frac{p}{\rho}+\frac{V^2}{2}\right)\mathrm{d}A\right]_1=\left[\rho V\left(gz+\frac{p}{\rho}+\frac{V^2}{2}\right)\mathrm{d}A\right]_2+\rho gh_{wl1-2}\mathrm{d}q_V$$

其中，$\mathrm{d}q_V$ 表示流经微元流管管段的体积流量。

对该流道范围内所有的微元流管积分，可得到沿该流道 1、2 两断面间的机械能关系

$$\int_{A_1}\rho V\left(gz+\frac{p}{\rho}+\frac{V^2}{2}\right)\mathrm{d}A=\int_{A_2}\rho V\left(gz+\frac{p}{\rho}+\frac{V^2}{2}\right)\mathrm{d}A+\int_{q_V}\rho g h_{wl1-2}\mathrm{d}q_V$$

若过流断面满足平行直线流（或缓变流）条件，则因在过流断面上有 $gz+\frac{p}{\rho}=c$ 成立，使该断面上的积分可表示为

$$\int_A\rho V\left(gz+\frac{p}{\rho}+\frac{V^2}{2}\right)\mathrm{d}A=\rho\left(gz+\frac{p}{\rho}\right)\int_A V\mathrm{d}A+\rho\frac{\overline{V}^2}{2}\overline{V}A\frac{1}{A}\int_A\left(\frac{V}{\overline{V}}\right)^3\mathrm{d}A$$

式中，$\overline{V}=\int_A V\mathrm{d}A/A=q_V/A$，为断面平均流速，而 $\frac{1}{A}\int_A\left(\frac{V}{\overline{V}}\right)^3\mathrm{d}A$ 是一个无量纲的系数，常称为动能项修正系数，记为 $\alpha=\frac{1}{A}\int_A\left(\frac{V}{\overline{V}}\right)^3\mathrm{d}A$，即有

$$\int_A\rho V\left(gz+\frac{p}{\rho}+\frac{V^2}{2}\right)\mathrm{d}A=\rho q_V\left(gz+\frac{p}{\rho}+\frac{\alpha\overline{V}^2}{2}\right)$$

将耗散能项记为 $\int_{q_V}\rho g h_{wl1-2}\mathrm{d}q_V=\rho g q_V h_{w1-2}$，其中，$gh_{w1-2}$表示单位质量流体沿流道从上游1断面流到2断面所损耗的机械能。

依据上述对各分项的分析，可以发现，对于1、2两断面均为平行直线流（或缓变流）的定常流动，沿两断面间流道的机械能关系可表示为

$$\rho q_{V1}\left(gz+\frac{p}{\rho}+\frac{\alpha\overline{V}^2}{2}\right)_1=\rho q_{V2}\left(gz+\frac{p}{\rho}+\frac{\alpha\overline{V}^2}{2}\right)_2+\rho g q_V h_{w1-2}$$

若 $q_{V1}=q_{V2}=q_V$，则有

$$\left.\begin{aligned}\left(gz+\frac{p}{\rho}+\frac{\alpha\overline{V}^2}{2}\right)_1&=\left(gz+\frac{p}{\rho}+\frac{\alpha\overline{V}^2}{2}\right)_2+gh_{w1-2}\\\left(z+\frac{p}{\rho g}+\frac{\alpha\overline{V}^2}{2g}\right)_1&=\left(z+\frac{p}{\rho g}+\frac{\alpha\overline{V}^2}{2g}\right)_2+h_{w1-2}\end{aligned}\right\}\tag{3-23a}$$

式中，$\overline{V}$是所选断面的平均流速，工程应用中，常去掉其特征的标示，直接表示为 V，即有

$$\left.\begin{aligned}\left(gz+\frac{p}{\rho}+\frac{\alpha V^2}{2}\right)_1&=\left(gz+\frac{p}{\rho}+\frac{\alpha V^2}{2}\right)_2+gh_{w1-2}\\\left(z+\frac{p}{\rho g}+\frac{\alpha V^2}{2g}\right)_1&=\left(z+\frac{p}{\rho g}+\frac{\alpha V^2}{2g}\right)_2+h_{w1-2}\end{aligned}\right\}\tag{3-23b}$$

此式即为定常流动中沿流道两断面间的机械能关系，又称为定常总流的伯努利方程。

由式（3-23）表述的机械能关系，建立了上、下游两断面上的流动参数与断面间机械能损耗之间的联系，在管路流动分析及流动测量等方面有着广泛的应用。为帮助读者正确使用该关系式，下面再进行一些讨论，并介绍一些应用方面的常识。

1. 应用条件

由式（3-23）所描述的机械能关系，称为基本形式的伯努利方程，当流道缩小为一条流线时，就成为式（3-22）所表述的沿流线的机械能关系。在式（3-23）的推导过程中，引进了一些假定，这些假定也就规定了基本形式伯努利方程的应用条件，如果改变这些条件，伯

努利方程的形式也必须相应改变。

应用基本形式的伯努利方程有五个条件:

1）流动定常。

2）流体不可压。即在所选取的上、下游断面间，流体的密度不应发生变化。

3）断面缓变流。即上、下游两个断面必须为平行直线流或缓变流，断面间可以包含急变流。

4）断面间无旁路。即上、下游两断面间的流道只能是单进单出，不能有流量的旁通；而由式（3-23）表述的伯努利方程基本形式，还必须保证上、下游两断面间的流道区域内，没有外部的机械能通过泵或风机输入，也没有内部的机械能通过推动水轮机或汽轮机对外做功。

5）z 轴垂直向上。在方程中 gz 值表示重力势能，z 坐标的方向必须垂直于海平面向上，z 坐标的起始点可根据需要视方便选定。

2. 方程中各物理量的取值方法

从形式上看，方程中的 gz 和$\frac{p}{\rho}$被标记为所选断面的参数，是否要求所选断面必须为水平面呢？从方程的推导过程可以看出，并不需要作这样的规定，因所选的断面处于缓变流区域，在该断面上，有 $gz+\frac{p}{\rho}=c$ 成立，即在所选取的断面上，任意点上的 $gz+\frac{p}{\rho}$的值均相等，可随意地选点取得 $gz+\frac{p}{\rho}$的值。不管所选的面是水平、倾斜还是垂直，其取值方法都是“同点对应取值”，即用哪一点的 gz，就用同一点的$\frac{p}{\rho}$，z 和 p 两个参数同点取值。对于压强的取值，还应注意，上、下游两个断面必须采用相同的压强基准，不能一个断面用相对压强，另一个断面用绝对压强。

α 是断面的动能项修正系数，在一般情况下，工程中的流动绝大多数处于湍流状态，取值为 $\alpha=1$；特殊情况下，管道内呈层流流态时，取 $\alpha=2$。关于层流和湍流的概念将在本章第八节介绍。

V 是所选断面的平均流速，一般情况下，是断面的特征流速。

gh_{w1-2}表示单位质量流体沿流道从上游 1 断面流到下游 2 断面所损耗的机械能，它所涉及的问题很复杂，其数值既和流动的状态有关，也与两断面间的流道结构相关。关于管道内流动损失项 gh_{w1-2}的计算及取值问题，将在本书第四章专门介绍。

3. 某些特殊断面及其参数值

在此讨论三种特殊断面及断面上部分参数的取值。

（1）大水面　如图 3-18 所示，若某容水空间的水面面积 A_0 与输水管道的断面积 A 的比值 $A_0/A \geqslant 10^4$，就称该水面为大水面。由连续性方程 $V_0A_0=VA$，有

$$V_0 = V(A/A_0) < 10^{-4}V$$

在通常的管道水流中，断面的流速均在 6m/s 以下，水面的流速 V_0 可以忽略。即在大水面上，取流速为 $V_0=0$。

（2）管道出口断面（管内流体自该断面进入气空间）　如图 3-19 所示，管内流体自出口断面进入气体空间。因管外流体失去管道壁面的限制作用，在气体空间中处于自由惯性运

动状态，流体中的压强处处相等，且都等于气体空间的压强。即在出口断面上，取压强为 $p = p_0$。若气体空间压强就是当地大气压，则在该出口断面上取相对压强 $p = 0$。

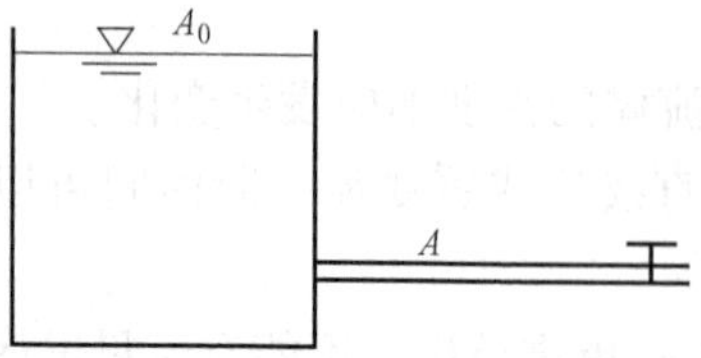

图 3-18　大水面示意

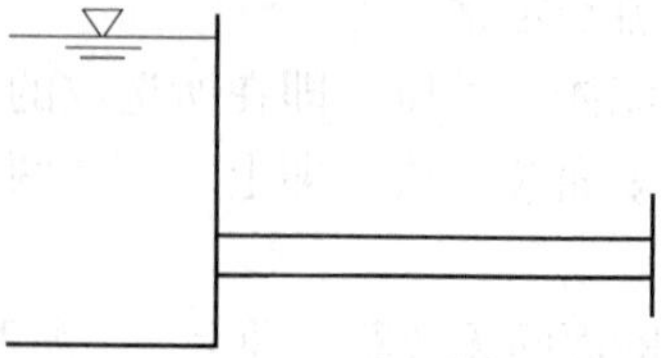

图 3-19　管道出口断面示意

（3）气体集流器入口　气体经集流器进入管道，如图 3-20 所示，入口前的流体处于大气环境状态，其入口面需取在入口前一小段距离，且面的形状为曲面，为保证该面上每点的速度均与其法线平行，该面的面积可以取得很大，以保证管外气体都经由该面进入管道。在集流器入口，取速度为 $V_0 = 0$。

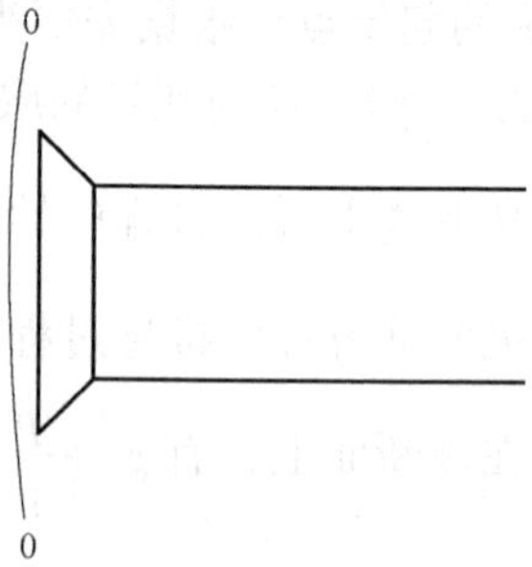

图 3-20　集流器入口断面示意

4. 应用机械能关系式分析具体流动问题的一般性步骤

1）沿流动方向，选择两个缓变流断面。断面的选取对问题求解的繁杂程度有较大影响。所选截面应包含问题中所求的参数，且要使得已知参数尽可能多。

2）合理选择 z 坐标的基准面。原则上可以选在任意位置，但选择得当可使计算简化，通常选择管轴所在平面或自由液面；此外，应注意 z 坐标的基准面必须选为水平面。

3）选择两断面上压强的统一计量基准。一般选为相对压强，特殊情况才用绝对压强；还要注意压强单位的一致性。

4）结合断面特点，写出断面的参数值，建立机械能关系。

【例 3-7】 如图 3-21 所示，利用直径 $D = 0.2\text{m}$ 的圆管从水箱放水。已知放水流量 $q_V = 60\text{L/s}$，总水头损失 $h_w = 5.5\text{m}$，水箱水位由于补充而保持不变。问保持该流量所需水箱中的水位与圆管出口断面中心的高度差 H 是多少？

解：取 1-1 和 2-2 断面如图所示，以管道中心线所在水平面作为 z 坐标的起点。

1-1 和 2-2 之间的机械能关系为

$$H + 0 + 0 = 0 + 0 + \frac{V_2^2}{2g} + h_w$$

而

$$V_2 = \frac{q_V}{\pi D^2/4} = \frac{60 \times 10^{-3}}{\pi \times 0.2^2/4}\text{m/s} = 1.91\text{m/s}$$

则有

$$H = \frac{V_2^2}{2g} + h_w = \frac{1.91^2}{2 \times 9.8}\text{m} + 5.5\text{m} = 5.686\text{m}$$

【例 3-8】 一救火水龙带的喷嘴和泵的相对位置如图 3-22 所示。已知泵出口断面中心点 A 的压强 $p_A = 1.96 \times 10^5\text{Pa}$（表压），水龙带断面直径 $D = 0.05\text{m}$，喷嘴出口断面 C 的直径 $d = 0.02\text{m}$，水龙带的总水头损失 $h_{wA-B} = 0.5\text{m}$，喷嘴的水头损失 $h_{wB-C} = 0.1\text{m}$。求喷嘴出口流速、排量以及断面 B 中心点的压强。

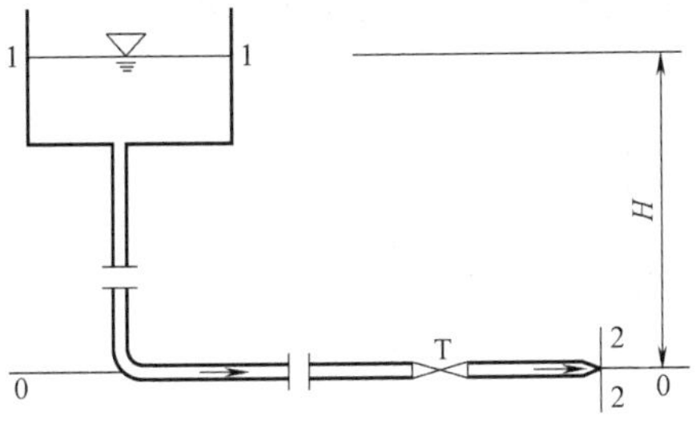

图 3-21　例 3-7 图

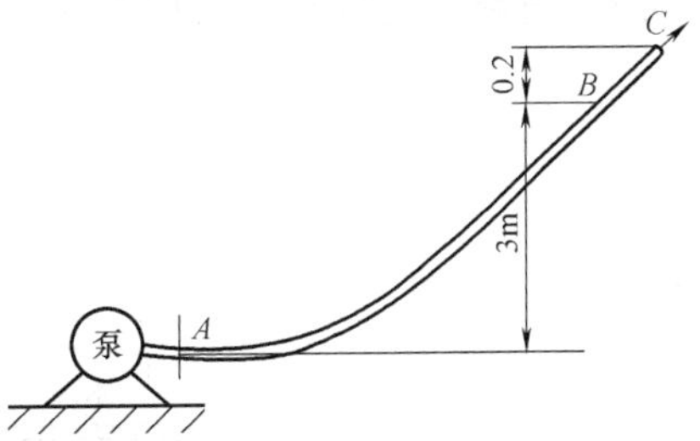

图 3-22　例 3-8 图

解： 以断面 A 中心点所在的水平面作为 z 坐标的起点，设 A、B 两点的高度差为 H_{AB}，A、C 两点的高度差为 H_{AC}。

缓变过流断面 A 和 C 之间的机械能关系为

$$0+\frac{p_A}{\rho g}+\frac{V_A^2}{2g}=H_{AC}+0+\frac{V_C^2}{2g}+h_{wA-C}$$

两断面间的流动应满足质量守恒　$V_AA_A=V_CA_C=V_BA_B$

根据题意，$H_{AC}=3.2\text{m}$；$p_A=1.96\times10^5\text{Pa}$；$h_{wA-C}=h_{wA-B}+h_{wB-C}=0.6\text{m}$

代入方程，则有　$V_C=18.06\text{m/s}$，$V_B=\dfrac{\pi d^2/4}{\pi D^2/4}V_C=2.89\text{m/s}$

泵的排量　$q_V=V_CA_C=0.00568\text{m}^3/\text{s}$

过流断面 A 和 B 之间的机械能关系为

$$0+\frac{p_A}{\rho g}+\frac{V_A^2}{2g}=H_{AB}+\frac{p_B}{\rho g}+\frac{V_B^2}{2g}+h_{wA-B}$$

则有　$p_B=1.62\times10^5\text{Pa}$

5. 基本机械能关系式的拓广

(1) 沿程有能量输入或输出时的伯努利方程　由式（3-23）所表示的基本机械能关系式是在两断面间没有能量输入或输出的条件下导出的。当所取断面间存在水泵、风机或水轮机等流体机械时，流体会额外获得或失去能量，这时，只需要将输入的能量加在方程的左端或将输出的能量加在方程的右端即可。如在两断面间由水泵输入机械能时，方程的形式应相应变为

$$\left(gz+\frac{p}{\rho}+\frac{V^2}{2}\right)_1+gH_p=\left(gz+\frac{p}{\rho}+\frac{V^2}{2}\right)_2+gh_{w1-2} \tag{3-24a}$$

$$\left(z+\frac{p}{\rho g}+\frac{V^2}{2g}\right)_1+H_p=\left(z+\frac{p}{\rho}g+\frac{V^2}{2g}\right)_2+h_{w1-2} \tag{3-24b}$$

式中，H_p 称为水泵的扬程，gH_p 表示单位质量流体由于水泵做功所获得的机械能，它与水泵的输出功率即有效功率 P_e 之间的关系为

$$P_e=\rho gH_pq_V \tag{3-25}$$

式中，q_V 为体积流量。

【例 3-9】 如图 3-23 所示，水泵将水池中的水抽至 $z=15\text{m}$ 高处。已知抽水量 $q_V=30\text{L/s}$；水泵进口前的吸水管和水泵出口后的压水管直径相同，均为 0.15m。假设水泵的效

率$\eta = 0.8$；管路系统的总水头损失 $h_w = 7V^2/2g$，V 为管内流体的平均流速。求水泵的功率。

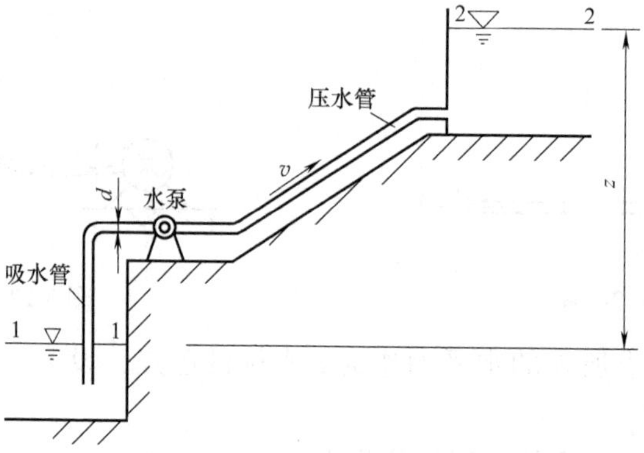

图 3-23　例 3-9 图

解：选 1-1 和 2-2 两过流断面；z 坐标的基准面选择在吸水池表面；列出缓变过流断面 1-1 和 2-2 之间有能量输入时的机械能关系

$$0 + 0 + 0 + H_p = z + 0 + 0 + h_w$$

根据连续性方程 $$V = \frac{q_V}{\pi d^2/4} = \frac{4q_V}{\pi d^2} = \frac{4 \times 30 \times 10^{-3}}{\pi \times 0.15^2}\text{m/s} = 1.70\text{m/s}$$

将上述各量代入方程，得水泵所提供的扬程

$$H_p = z + h_w = z + 7\frac{V^2}{2g} = \left(15 + 7 \times \frac{1.7^2}{2 \times 9.8}\right)\text{m} = 16.03\text{m}$$

水泵的功率 $$P = \frac{\rho g q_V H_p}{\eta} = \frac{10^3 \times 9.8 \times 30 \times 10^{-3} \times 16.03}{0.8}\text{W} = 5.89\text{kW}$$

（2）沿程有分流或汇流时的机械能关系　由式（3-23）所表示的基本机械能关系式是在两断面间无分流和汇流条件下导出的，实际工程中的许多管道都存在着分流或汇流，如图 3-24 所示。

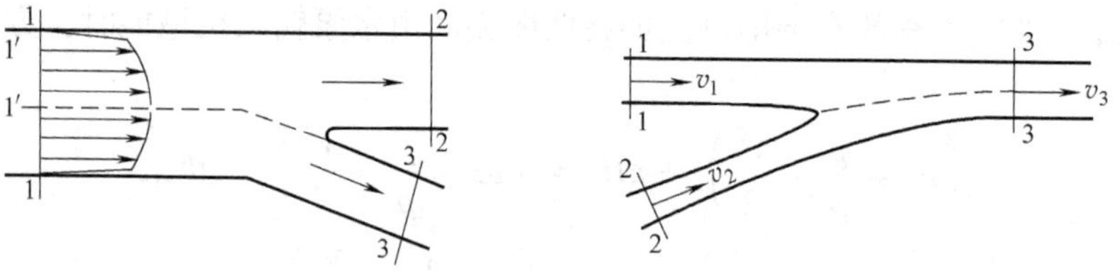

图 3-24　沿程分流和汇流的管道

这种情况下，机械能关系需要用总量关系来建立。对于由 1-1 断面进入，从 2-2 和 3-3 断面流出的流体，其总量的机械能关系可表述为

$$q_{V1}\rho\left(gz + \frac{p}{\rho} + \frac{V^2}{2}\right)_1 = q_{V2}\rho\left[\left(gz + \frac{p}{\rho} + \frac{V^2}{2}\right)_2 + gh_{w1-2}\right] + q_{V3}\rho\left[\left(gz + \frac{p}{\rho} + \frac{V^2}{2}\right)_3 + gh_{w1-3}\right] \tag{3-26}$$

其连续性方程为

$$q_{V1} = q_{V2} + q_{V3}$$

6. 伯努利方程的几何表述

不难看出，伯努利方程式（3-22b）的各项都是具有长度的量纲，可表示为某种高度，水利工程中习惯称之为水头。其中，z 称为位置水头，$\frac{p}{\rho g}$称为压强水头（或压力水头），$\frac{V^2}{2g}$称为速度水头，h_{w1-2}称为水头损失（或损失水头），又因在过流断面上的压强水头分布 $z+\frac{p}{\rho g}=c$ 与静止流体中的压强水头分布形式完全相同，故又将断面上的 $z+\frac{p}{\rho g}$称为静水头（或测压管水头），对应地，将$\frac{V^2}{2g}$称为动水头，而将 $z+\frac{p}{\rho g}+\frac{V^2}{2g}$三项之和称为断面的总水头。各断面水头的连线组成水头线，其相互关系如图 3-25 所示。

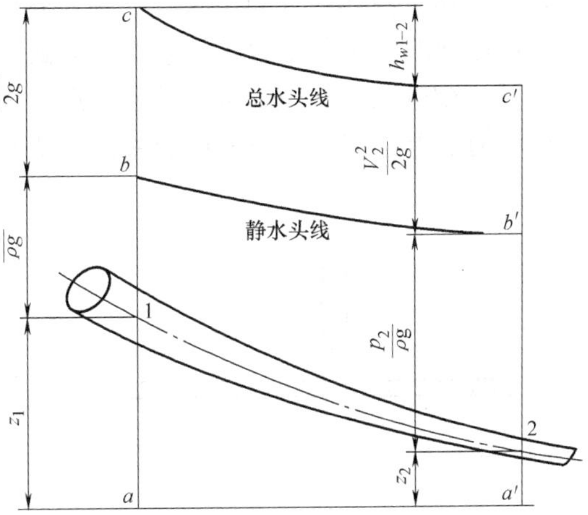

图 3-25　断面水头及水头线的几何示意

7. 伯努利方程的几个应用实例

（1）皮托管　皮托管是用来测定一点流速的仪器，是以沿流线的伯努利方程设计的。皮托于 1773 年首次用一根两端开口弯成直角的玻璃管（图 3-26）测量了塞纳河的流速。玻璃弯管的一端开口面向来流，另一端垂直向上，用来测量河水内一点的流速时，管内液面上升，高出河面 h。因迎着流体的玻璃管端对流动的流体有滞止作用，在 A 端形成一驻点（或滞止点）。玻璃管内的流体是静止的，这与滞止点速度为零的条件相吻合。驻点处的压力称为驻点压力（滞止压力）或总压。这种将开口迎着流体的测压管常称为总压皮托管。

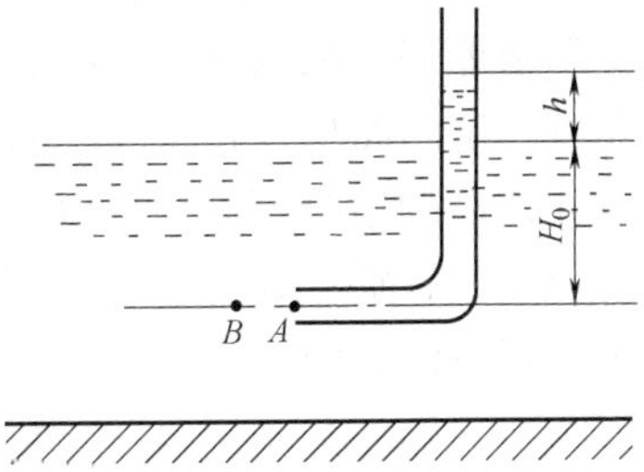

图 3-26　皮托管测河水流速

B 点处未受测管的影响，且与 A 点位于同一水平流线上，将伯努利方程应用于 B、A 两点

$$\frac{v_B^2}{2} + \frac{p_B}{\rho} = \frac{p_A}{\rho}$$

式中，$p_B=\rho g H_0$，$p_A=\rho g\ (H_0+h)$，所以有

$$v_B = \sqrt{\frac{2}{\rho}(p_A - p_B)} = \sqrt{2gh}$$

当需要测量管道内某断面上流体的压强时，可以在管壁上开一小孔，安装测压管，如图 3-27 所示。

工程中，用于测量流速的皮托管多将静压管和总压皮托管组合成一体，成为本身带有静压测点的皮托管，称为皮托-静压管，又称动压管，结构如图 3-28 所示。管子前端开孔 A 迎向来流，A 端有通路与 A' 相通，管的侧壁开有小孔 C，有通路与 C' 相通。水流（设被测流动介质为水）起初由 A、C 两处分别流入各自通路并沿管上升至一定高度后达到稳定，此后流体不再由 A、C 处流入，在 A 点形成驻点，即流速滞止为零，此点是总压孔，A' 管内液体的高度代表总压。液体在 A 点分叉后，沿着管壁向下游流去，所以管壁 AC 是流线。由于管子很细，C 点处的流速和压力已经基本恢复到与来流速度和压力相等的数值。由此可见，C 点是静压孔，C' 管内的液位高度反映了静压的大小。A'、C' 两管内液体的高度差 Δh 反映了 A、C 两处压力之差，即总压与静压的差值，从而可求得测点的流速。

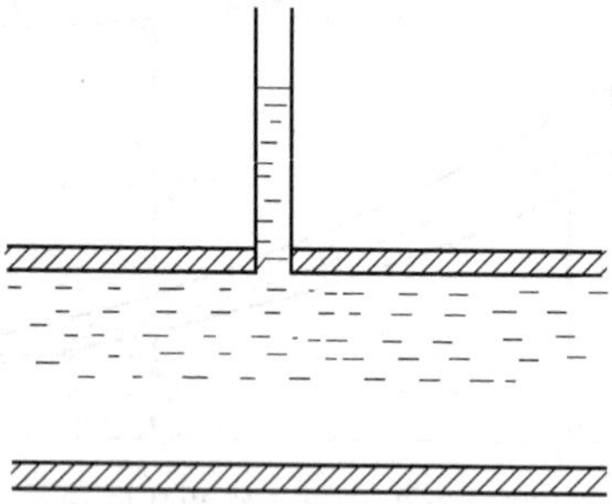

图 3-27　测量管道内流体的静压

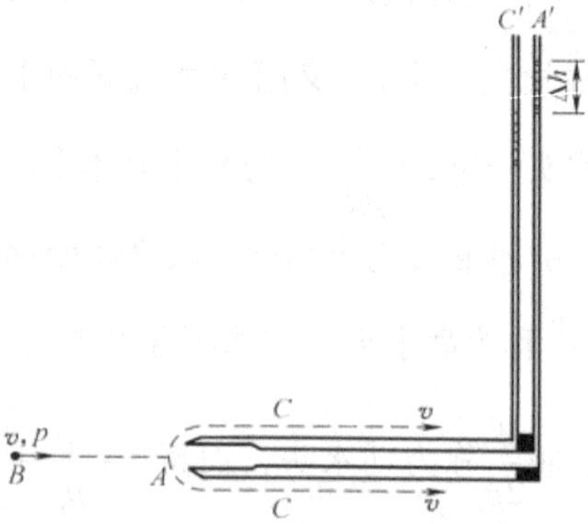

图 3-28　皮托-静压管构造及连接方式

如果测定气体的流速，则无法直接用皮托-静压管测出气柱差，必须将两根管子连接到一个 U 形管差压计上，由差压计的液位差获得总压与静压之差，进而求得流速。

严格地讲，测压管前端的总压孔所反映的总压应该是速度为零的那一点的压力，但总压孔总有一定的面积，它所反映的总压是这部分面积的平均压力，比总压稍小；另外，在离开驻点 A 之后的适当距离处开设的静压孔 C 处的压力和速度受放置皮托管的扰动，其速度与压力值应略有别于 B 点。这些因素使得测得的压差会有一定误差，为此需要在计算式前乘一个修正系数，即

$$v_B = \beta\sqrt{\frac{2}{\rho}(p_A - p_B)}$$

式中，β 称为流速系数，是对上面提及的影响因素所引起误差的修正，其取值一般在 1.0 ~ 1.04 之间。在要求精度不高的情况下，可以取 $\beta = 1.0$。

(2) 文丘里管流量计　文丘里管流量计是装在管路中用来测量流速或流量的常用仪器。它是一个缩放形的接管，渐缩与渐扩部分的结合处称之为喉部，如图 3-29 所示。在收缩段前的直管段和喉部用 U 形管差压计测量出静压差，从而可以求出管道中流体的体积流量。

设截面 1-1 和截面 2-2 处的流速和截面积分别为 V_1、A_1 和 V_2、A_2，并以文丘里管流量计的水平轴线所在的水平面作为基准面，暂不计入两断面间的机械能损耗，对 1-1 和 2-2 截面列伯努利方程

$$\frac{V_1^2}{2} + \frac{p_1}{\rho} = \frac{V_2^2}{2} + \frac{p_2}{\rho}$$

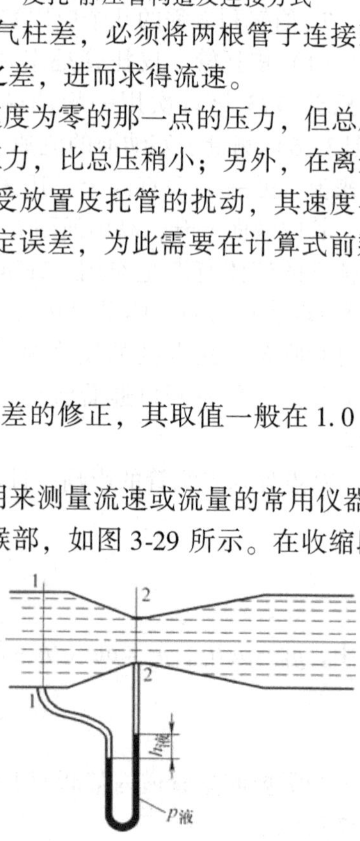

图 3-29　文丘里管流量计示意图

由一维流动的连续性方程
$$V_1 = \frac{A_2}{A_1}V_2$$

得到截面2-2上的速度
$$V_2 = \sqrt{\frac{2(p_1 - p_2)}{\rho[1-(A_2/A_1)^2]}}$$

通过文丘里管流量计的流量为
$$q_V = A_2V_2 = A_2\sqrt{\frac{2(p_1 - p_2)}{\rho[1-(A_2/A_1)^2]}}$$

考虑两断面间存在机械能损耗，应乘上修正系数β予以修正，即
$$q_V = \beta A_2\sqrt{\frac{2(p_1 - p_2)}{\rho[1-(A_2/A_1)^2]}}$$

式中，β为流量系数，需要通过实验测定得到具体值。设计良好的文丘里管流量计的流量系数大于0.9。

如果两断面中心点间的压强差用测压U形管中的液位差$h_{液}$表示（图3-29）
$$p_1 - p_2 = h_{液}g(\rho_{液} - \rho)$$

则
$$q_V = \beta A_2\sqrt{\frac{2gh_{液}(\rho_{液} - \rho)}{\rho[1-(A_2/A_1)^2]}}$$

式中，ρ是被测液体的密度，$\rho_{液}$是U形管中液体的密度。

由上式可知，若$\rho_{液}$、ρ、A_1、A_2已知，只要测出高度差$h_{液}$，即可确定流量。

文丘里管流量计是节流装置的一种，此外还有孔板、喷嘴流量计，其测量原理与文丘里管流量计基本相同，这里不再叙述。

（3）射流泵　射流泵是利用喷嘴处高速水流造成的低压，将液箱内的液体吸入泵内并与主流混合后排出的装置，其原理如图3-30所示。

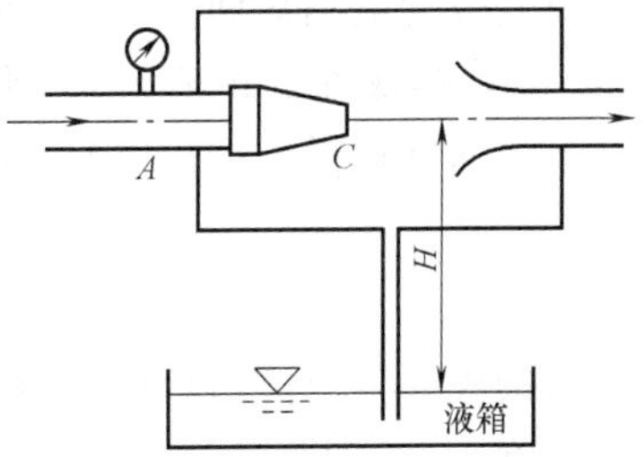

图3-30　射流泵原理图

列出水流进入喷嘴前的断面A和流出喷嘴时的断面C间的伯努利方程（分析原理时，一般忽略机械能损耗）
$$\frac{p_A}{\rho g} + \frac{V_A^2}{2g} = \frac{p_C}{\rho g} + \frac{V_C^2}{2g}$$

根据连续性方程$V_AA_A = V_CA_C$，可得
$$\frac{p_A - p_C}{\rho g} = \frac{V_A^2}{2g}\left[\left(\frac{A_A}{A_C}\right)^2 - 1\right]$$

由于$A_A > A_C$，上式的左端恒为正值，因此$p_C < p_A$，且A_C越小，p_C越低。在C处接一根下端浸入液箱中的管子，管内液面受液箱液面（压强为当地大气压）和C处压差的作用而上升。如$(p_A - p_C)/\rho g > H$，则液箱内的液体就会因C处形成的负压而被吸入水平管中，并被主流夹带一起排出。

【例3-10】　设有一射流泵结构如图3-30所示，其吸水管高度$H = 1.5\text{m}$，水管直径$d_A = 0.025\text{m}$，喷嘴出口直径$d_C = 0.01\text{m}$，喷嘴水头损失$h_w = 0.6\text{m}$，A点表压$p_A = 3\times10^5\text{Pa}$，水管流量$q_V = 2\text{L/s}$，掺入液体的相对密度为1.2。求喷嘴出口压力$p_C$，并判断该喷射泵能否将欲掺液体吸入。

解： 利用总流伯努利方程进行求解。

列出缓变过流断面 A 和 C 之间的伯努利方程

$$gz_A+\frac{p_A}{\rho}+\frac{V_A^2}{2}=gz_C+\frac{p_C}{\rho}+\frac{V_C^2}{2}+gh_w$$

根据已知条件 $z_A=z_C=0$；$V_A=\dfrac{q_V}{\pi d_A^2/4}=\dfrac{2\times10^{-3}}{\pi\times0.025^2/4}\text{m/s}=4.1\text{m/s}$

$$V_C=\frac{q_V}{\pi d_C^2/4}=\frac{2\times10^{-3}}{\pi\times0.01^2/4}\text{m/s}=25.5\text{m/s}$$

代入方程，得

$$\begin{aligned}p_C&=p_A+\frac{1}{2}\rho(V_A^2-V_C^2)-h_w\rho g\\&=[3\times10^5+0.5\times10^3\times(4.1^2-25.5^2)-0.6\times1000\times9.8]\text{Pa}\\&=-3.47\times10^4\text{Pa}\end{aligned}$$

其对应的真空为 $p_{VC}=-p_C=3.47\times10^4\text{Pa}$

液箱内液体密度 $\rho_1=1.2\times10^3\text{kg/m}^3=1200\text{kg/m}^3$

C 处的真空度可以将液箱内液体吸上的高度

$$H'=\frac{p_{VC}}{\rho_1 g}=\frac{3.47\times10^4}{1200\times9.8}\text{m}=2.95\text{m}$$

该高度大于吸水管高度 $H=1.5\text{m}$，因此可以将液箱内液体吸入。

（4）虹吸管　具有自由液面的液体，可以通过一弯管使其绕过周围较高的障碍物（如容器壁、河堤等），然后流入低于自由液面的位置，这种用途的管子称为虹吸管，这类现象则称为虹吸现象。如用倒 U 形管作为虹吸管从水槽中吸水，水从虹吸管末端流入大气，如图 3-31 所示。

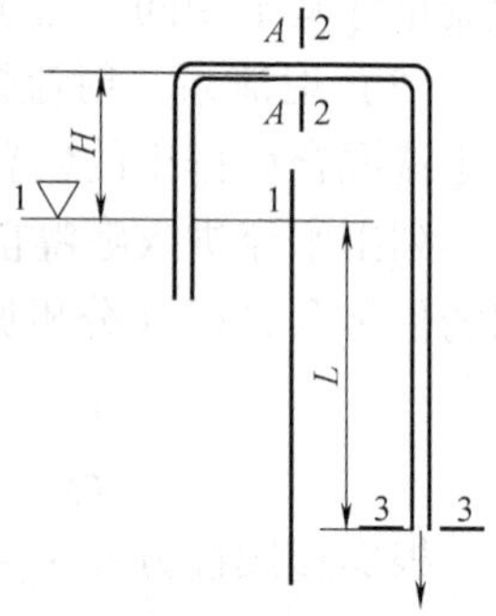

图 3-31　虹吸管示意图

设虹吸管最高截面 2-2 中心线至水槽液面的距离为 H，出口端面 3-3 至水槽液面的距离为 L。假定水槽很大，在虹吸过程中水槽液面下降速度很低。列出 1-1 截面和 3-3 截面之间的伯努利方程

$$L+0+0=0+0+\frac{V_3^2}{2g}+h_{w1-3}$$

将损失 h_{w1-3} 的影响用速度系数 k_V 来考虑，则可以求出水流出口的速度

$$V_3=k_V\sqrt{2gL}$$

由此可以看到，引起虹吸管内流体流动的动力是虹吸管出口截面与自由液面间的高度差，水流的动能由重力势能转化而来。从理论上讲，虹吸管出口截面与自由液面间的高度差越大，流出虹吸管的水流速度就越大。

（5）确定气穴位置　在实际流体流动过程中，由于流体局部流速或位置高度增加，流体中的压强将降低。当流体中局部压强降低到相应温度下的饱和蒸汽压强以下时，液体开始汽化，形成气泡，从而使得流体的连续流动被破坏。流体流动中的这一现象称为气穴现象，发生气穴现象时产生的气泡称为气穴或空穴。当流体中的气泡随液流运动到高压区时，由于蒸汽的凝结，气泡迅速溃灭；连续大量气泡的迅速溃灭在流体中将产生很大的压强冲击，从而对输液管道或流体机械造成破坏。气穴现象在工程实际中是十分有害的，应尽量避免。

根据伯努利方程即可确定出流体中哪些部位会产生气穴。以图 3-31 给出的虹吸管为例进行分析。

列出 2-2 截面和 3-3 截面之间的伯努利方程为

$$H + L + \frac{p_2}{\rho g} + \frac{V_2^2}{2g} = 0 + \frac{p_a}{\rho g} + \frac{V_3^2}{2g} + h_{w2\text{-}3}$$

对于等截面管道中的不可压缩流动来说，$V_2 = V_3$，则可得

$$p_2 = p_a - \rho g(H + L - h_{w2\text{-}3})$$

由此可以看出，虹吸管最高截面处的压强小于当地大气压。当虹吸管最高截面至自由液面的高度差 H 达到一定数值时，最高截面处的压强将等于水流在该温度下的饱和蒸汽压强，此时虹吸管最高截面处的水将汽化产生气穴，水的连续流动将遭到破坏。

【例 3-11】 如图 3-32 所示，用虹吸管（$k_V = 0.95$）将水从水库引入灌渠。已知虹吸管越过坝顶时最高截面至出口截面的垂直高度 $z = 6\text{m}$，出口截面低于水库水面 $L = 2\text{m}$；若每小时吸水量 $q_V = 100\text{m}^3/\text{h}$。求虹吸管直径 d。假设水温为 20℃，当地大气压为 $1.013 \times 10^5\text{Pa}$，管内最高点到出口的损失 $h_w = 0.5\text{m}$，判断该虹吸管能否正常吸水。

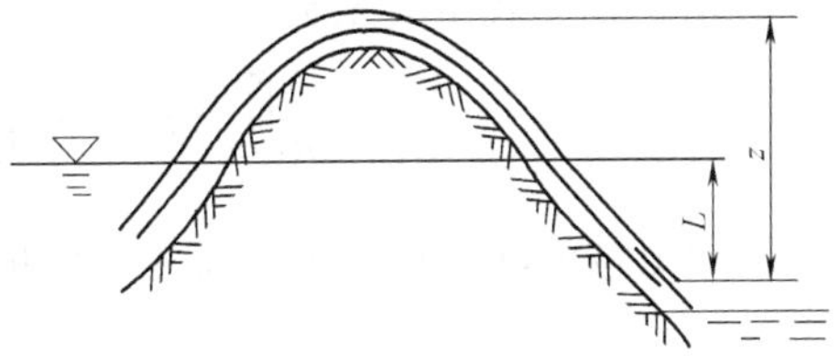

图 3-32　例 3-11 图

解：根据虹吸管出水速度公式，得

$$V = k_V\sqrt{2gL} = 0.95 \times \sqrt{2 \times 9.8 \times 2}\text{m/s} = 5.95\text{m/s}$$

由

$$q_V = \frac{\pi}{4}d^2 V$$

得

$$d = \sqrt{\frac{4q_V}{\pi V}} = \sqrt{\frac{4 \times 100/3600}{\pi \times 5.95}}\text{m} = 0.077\text{m}$$

虹吸管最高截面处的压强（为便于同饱和压强比较，这里需用绝对压强）

$$p_2 = p_a - \rho g(z - h_w) = [101.3 \times 10^3 - 10^3 \times 9.8 \times (6 - 0.5)]\text{Pa} = 47.4 \times 10^3\text{Pa}$$

查表得水温为 20℃时的饱和蒸汽压强为 $2.34 \times 10^3\text{Pa}$。由于虹吸管最高截面处的压强远远大于水温为 20℃时的饱和蒸汽压强，虹吸管中的水流不会在虹吸管最高处产生气穴，故虹吸管可以正常吸水。

第七节　运动流体与固体壁面间的作用力

在上节中，从流体质点的受力和做功的角度出发，应用流体运动的基本方程导出了伯努利方程（机械能关系式），建立了不同断面间流动参数之间的联系。要分析运动流体与固体壁面的相互作用力，还必须从流体系统的受力及运动的角度来建立相应的关系。

在流场中取一固定的有限体积 V，它的表面积为 S。设有限体内流体的速度分布为 $\boldsymbol{v}$，流体的密度为 ρ，则 t 时刻，占据该体积的流体系统具有的动量为 $\iiint_V \boldsymbol{v}\rho \mathrm{d}V$。根据动量定理，该流体系统的动量对时间的变化率等于作用在系统上的所有外力（表面力和质量力）的矢量和。以 f 表示作用在单位质量流体上的质量力，p_n 表示作用在单位面积上的表面力分布函

数，作用在体积 V 上的总质量力为 $\iiint_V \rho \boldsymbol{f} \mathrm{d}V$，作用在表面 S 上总的表面力为 $\iint_S p_n \mathrm{d}S$。于是，动量定理可写成下列表达式

$$\frac{\mathrm{d}}{\mathrm{d}t}\iiint_V \boldsymbol{v}\rho \mathrm{d}V = \iiint_V \rho \boldsymbol{f} \mathrm{d}V + \iint_S p_n \mathrm{d}S$$

将上式代入系统导数的表达式（3-10a）中，可得

$$\frac{\partial}{\partial t}\iiint_V \boldsymbol{v}\rho \mathrm{d}V + \iint_S \boldsymbol{v}\rho v_n \mathrm{d}S = \iiint_V \rho \boldsymbol{f} \mathrm{d}V + \iint_S p_n \mathrm{d}S$$

式中，左边第一项是控制体内的动量随时间的变化率；第二项是单位时间内经过控制面的流体动量的通量（或动量流率）。

把总质量力 $\iiint_V \rho \boldsymbol{f} \mathrm{d}V$ 和表面力 $\iint_S p_n \mathrm{d}S$ 分别用 $\sum F_{\mathrm{B}}$（非接触作用力）和 $\sum F_{\mathrm{S}}$（接触作用力）表示，则上式可表示为

$$\frac{\partial}{\partial t}\iiint_V \boldsymbol{v}\rho \mathrm{d}V + \iint_S \boldsymbol{v}\rho v_n \mathrm{d}S = \sum F_{\mathrm{B}} + \sum F_{\mathrm{S}}$$

对于定常流动，控制体内流体的动量不随时间变化时，$\frac{\partial}{\partial t}\iiint_V \boldsymbol{v}\rho \mathrm{d}V = 0$

即有

$$\iint_S \boldsymbol{v}\rho v_n \mathrm{d}S = \sum F_{\mathrm{B}} + \sum F_{\mathrm{S}}$$

式中，v_n 是表面外法线方向的速度分量。

动量方程是一个矢量方程，为应用方便，通常采用采用直角坐标系下的投影方程，其分量形式的表达式为

$$\left.\begin{aligned}\iint_S \rho u v_n \mathrm{d}S &= \sum F_{\mathrm{B}x} + \sum F_{\mathrm{S}x}\\ \iint_S \rho v v_n \mathrm{d}S &= \sum F_{\mathrm{B}y} + \sum F_{\mathrm{S}y}\\ \iint_S \rho w v_n \mathrm{d}S &= \sum F_{\mathrm{B}z} + \sum F_{\mathrm{S}z}\end{aligned}\right\}$$

定常流动动量方程的特点是：在计算过程中只涉及控制面上的流动参数，而不必考虑控制体内部的流动状况。

对于一维流动，与流动方向平行的边界面的法向速度为零，故只在流速穿过的边界面上存在动量流量，即只考虑流入和流出两过流断面上的动量变化。若流进和流出的 1-1 和 2-2 断面上的平均速度用 V_1 和 V_2 表示，则其断面上的动量分别表示为 $\rho V_1 A_1 V_1 = \rho q_{V1} V_1$ 和 $\rho V_2 A_2 V_2 = \rho q_{V2} V_2$。由于按平均流速计算所得到的动量和以实际流速计算得到的动量不同，故应分别引入动量修正系数 β_1 和 β_2 予以修正。即

$$\beta_2 \rho q_{V2} \boldsymbol{V}_2 - \beta_1 \rho q_{V1} \boldsymbol{V}_1 = \sum F_{\mathrm{B}} + \sum F_{\mathrm{S}}$$

过流断面上动量修正系数 β 的大小取决于断面上流速分布的不均匀程度。β 的实验值为 1.02～1.05，接近于 1，在一般工程计算中，可直接取 $\beta = 1$。

令所有外力之和为 $\sum F = \sum F_{\mathrm{B}} + \sum F_{\mathrm{S}}$，这样，一维不可压缩流体定常流动的动量方程就可表示为

$$\sum F = \rho q_{V2}\boldsymbol{V}_2 - \rho q_{V1}\boldsymbol{V}_1 \tag{3-27a}$$

在直角坐标系中，该动量方程的分量表达式为

$$\begin{aligned}\sum F_x &= \rho q_{V2}u_2 - \rho q_{V1}u_1 \\ \sum F_y &= \rho q_{V2}v_2 - \rho q_{V1}v_1 \\ \sum F_z &= \rho q_{V2}w_2 - \rho q_{V1}w_1\end{aligned} \tag{3-27b}$$

应用时应注意，适当选择控制体（面），完整地表达出作用于控制体和控制面上的所有外力，并注意流动方向和投影的正负号。

必须注意，这里提到的外界作用力包括了非接触的作用力（如重力）及该区域与外界所有接触面上的作用力（含过流断面上流体与流体间作用的压力、粘性摩擦剪切力、流体与固体壁面间的相互作用力），依据上述动量方程表达式只能得到各作用力的合力与断面流动参数间的联系，要求出运动流体与固体壁面间的相互作用力必须扣除其他作用力的影响。

【例3-12】 如图3-33所示，水在直径为10cm，转角为60°的水平弯管中以5m/s的流速运动，弯管前端中心点的压强为9.8kPa，弯管后端中心点的压强为7.84kPa，求水流对弯管的水平作用力。

解： 取弯管的上下游1-1和2-2断面及其断面间壁为控制面（图3-33）。由于管路水平放置，且截面面积相等，据连续性方程可以得出

$$V_1 = V_2 = V$$

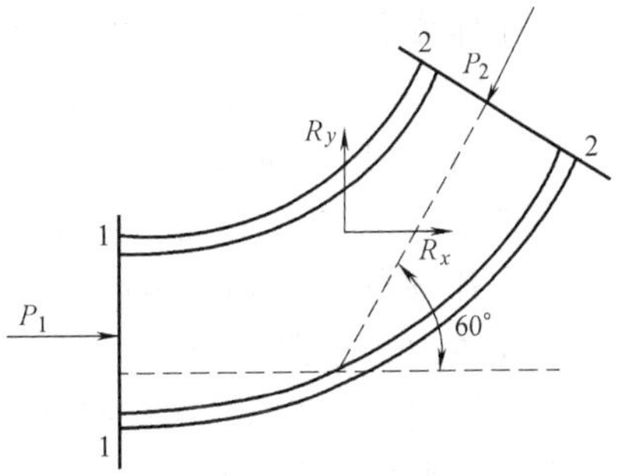

图3-33　例3-12图

设弯管对水流的作用力为R，则x、y方向的动量方程可写为

$$R_x + p_1A - p_2A\cos60° = \rho q_V(V\cos60° - V)$$

$$R_y - p_2A\sin60° = \rho q_V(V\sin60° - 0)$$

即 $$-R_x = [\rho V^2(1-\cos60°) + (p_1 - p_2\cos60°)]A$$

$$-R_y = (-p_2\sin60° - \rho V^2\sin60°)A$$

而 $$p_1 = 9.8\text{kPa},\ p_2 = 7.84\text{kPa}$$

代入数据得

$$-R_x = [10^3 \times 5^2 \times (1-\cos60°) + (9.8 - 7.84\times\cos60°)\times10^3]\times\frac{\pi}{4}\times0.1^2\text{N} = 144\text{N}$$

解得 $$-R_y = (-7.84\times10^3\times\sin60° - 10^3\times5^2\times\sin60°)\times\frac{\pi}{4}\times0.1^2\text{N} = -223.4\text{N}$$

水流对弯管的作用力与R_x及R_y大小相等，方向相反，即

$$F_x = 144\text{N},\ F_y = -223.4\text{N}$$

下面对用动量方程求解运动流体与固体壁面相互作用力作一些讨论。

在应用式（3-27a）所描述的动量方程求解运动流体与固体壁面相互作用力的过程中，初学者常会因为力的取向与左边项的正负号而出错，特别是当出现三个速度的情况，从式（3-27a）几乎无从下手。能否找到一种方法解决这个问题呢？如果将式（3-27a）改写成

$$\sum \boldsymbol{F} + \rho q_{V1}\boldsymbol{V}_1 + (-\rho q_{V2}\boldsymbol{V}_2) = 0$$

并将 $\rho q_V V$ 定义为某过流断面上流体由于运动所受到的冲击力，则可以发现，在某个时刻该流体系统所受到的总外力 $\sum \boldsymbol{F}$（依常规受力分析方法得到）与流体因为运动而在各过流断面上形成的冲击作用力 $\rho q_V V$ 构成了力平衡关系。

依这样的理解，初学者可按如下步骤来求解运动流体与固壁间的作用力：

1）以 t 时刻占据与待分析受力的固壁相连流道的流体作为对象。

2）标示出该对象所受到的非接触力（如重力）。

3）在对象的所有表面上标示出对象所受到的接触力（在平面壁上按法向压力、切向剪切力标出，在曲面壁上按坐标方向的分力形式标出）。

4）在入流断面上，标示外界流体对于对象的冲击力，在出流断面上标示外界流体对于对象的反冲击力；注意，这样的叙述是提示读者，过流断面上的冲击力 $\rho q_V \boldsymbol{V}$ 与该断面上的压力同向。

5）将上述各力按坐标方向分别建立平衡关系，解出固壁对流体的作用力。

下面重新求解例 3-12。

以 t 时刻占据弯管的流体作为对象；重力在水平面上没有分量；弯管内的流体有三个表面：入流断面、出流断面及周面，入流断面上流体受到法向压力 p_1A_1，切向剪切力的合力为零，出流断面上受到法向压力 p_2A_2，切向剪切力合力也为零，周面上流体受到管壁的作用力，沿坐标方向分别标记为 R_x 和 R_y；在入流断面上，流体受到后续流体的冲击力 $\rho q_V V_1$，其方向与 p_1A_1 相同，在出流断面上，所考察的流体要流出弯管，对前方流体形成冲击，受到前方流体的反冲击力 $\rho q_V V_2$，其方向与 p_2A_2 相同；上述各力示于图 3-34 中。这样，弯管内的流体动量在水平面上形成六个力的平衡。

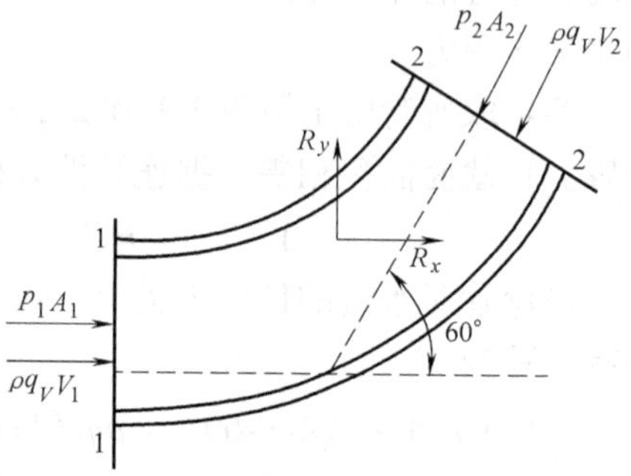

图 3-34　弯管间流体的动量分析

根据力平衡关系，有

$$R_x + p_1A_1 + \rho q_V V_1 = (p_2A_2 + \rho q_V V_2)\cos60°$$

$$R_y = (p_2A_2 + \rho q_V V_2)\sin60°$$

即

$$-R_x = [\rho V^2(1-\cos60°) + (p_1 - p_2\cos60°)]A$$

$$-R_y = -(p_2 + \rho V^2)A\sin60°$$

而

$$p_1 = 9.8\text{kPa},\ p_2 = 7.84\text{kPa}$$

代入数据得

$$-R_x = [10^3 \times 5^2(1-\cos60°) + (9.8 - 7.84\times\cos60°)\times10^3]\times\frac{\pi}{4}\times0.1^2\text{N} = 144\text{N}$$

解得

$$-R_y = -(7.84\times10^3 + 10^3\times5^2)\times\frac{\pi}{4}\times0.1^2\times\sin60°\text{N} = -233.4\text{N}$$

水流对弯管的作用力与 R_x 及 R_y 大小相等，方向相反，即

$$F_x = 144\text{N},\ F_y = -233.4\text{N}$$

【例 3-13】 如图 3-35 所示，流量为 q_{V0} 的液体射流，在空气中水平冲击与其成 θ 角的光

滑平板。设液体的密度为ρ，射流断面宽度为b，流速$V_0=V_1=V_2$，忽略重力。求流量分配q_{V1}及q_{V2}，以及射流对平板的冲击力F。

解：取射流与平板间的液体为分析对象；不计重力；液体对象的表面可分为五部分：三个过流断面、射流与空气接触的表面及平板面。在三个过流断面及射流与空气的接触面上，液体仅受当地大气压作用，受力为零，在平板面上，液体仅受平板的法向作用力，记光滑平板对射流的作用力为R；在三个过流断面上分别标示出冲击力如图 3-36 所示。

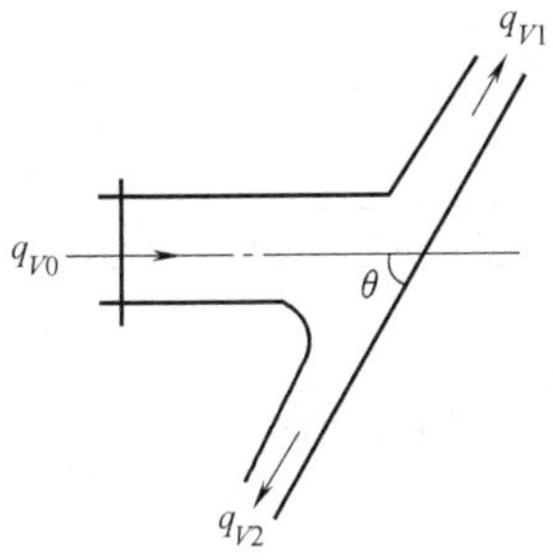

图 3-35　例 3-13 图

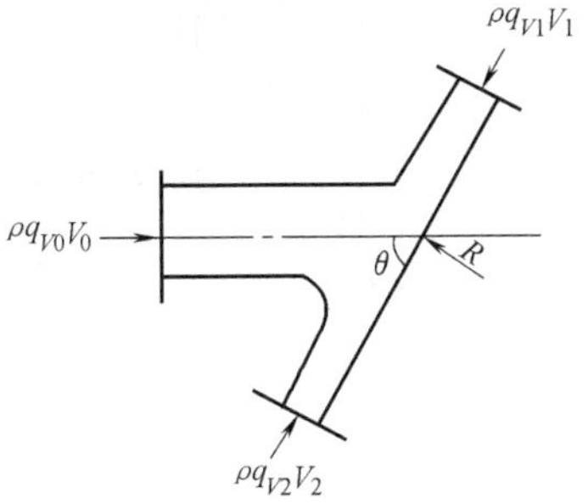

图 3-36　射流平板的动量分析

沿平板切线方向根据力平衡关系有

$$\rho q_{V2}V_2+\rho q_{V0}V_0\cos\theta=\rho q_{V1}V_1$$

因

$$V_0=V_1=V_2$$

使

$$q_{V1}=q_{V2}+q_{V0}\cos\theta \tag{a}$$

由质量守恒关系

$$q_{V0}=q_{V1}+q_{V2} \tag{b}$$

联立式（a）与式（b），求得流量为

$$q_{V1}=\frac{1}{2}q_{V0}(1+\cos\theta),\ q_{V2}=\frac{1}{2}q_{V0}(1-\cos\theta)$$

沿平板法向根据力平衡关系有

$$R=\rho q_{V0}V_0\sin\theta$$

射流对壁面的法向冲力为壁面对流体法向作用力的反作用力，即$F=-R$。

第八节　层流与湍流

一、雷诺实验

英国物理学家雷诺于 1883 年用如图 3-37a 所示的装置对圆管内的水流状况进行了一个著名的可视化实验。水不断由管A注入水箱，靠溢流维持水箱内的水位不变，水从玻璃管D的一端E流出水箱。为清楚地识别管内流体的流动状况，用滴灌针将小容器B中的红色颜料注入水流，颜料的密度与水的密度相同，但与水不相溶。C、K为调节阀门，微开K阀，使水以很低的速度流过玻璃管，同时打开C阀，确保染色水出口与玻璃管同轴线，此时水流中有一红色的直线流，与周围的流体不相混合，这表明流体只作轴向运动，无横向运动。可以认为此时水在管中是分层流动的，各层之间互不干扰，互不相混，这种流动状态称为层流，如图 3-37b 所示。逐渐开大出水K阀，当流速增大到一定值时，管中的红色线开始呈波纹状，这表明此时的流体质点有了与主流方向垂直的横向运动，不再是一层一层的分层运动，开始跃层运动，这种流动状态称为过渡状态，如图 3-37c 所示。继续开大 K 阀，增大管内流速，染色线流就更加剧烈地波动，最后发生断裂并混杂在许多的小漩涡中，随机充满整个管截面，这表明流动处于完全无规则的混乱状态，这种流动状态称为湍流（或紊流），如图 3-37d 所示。

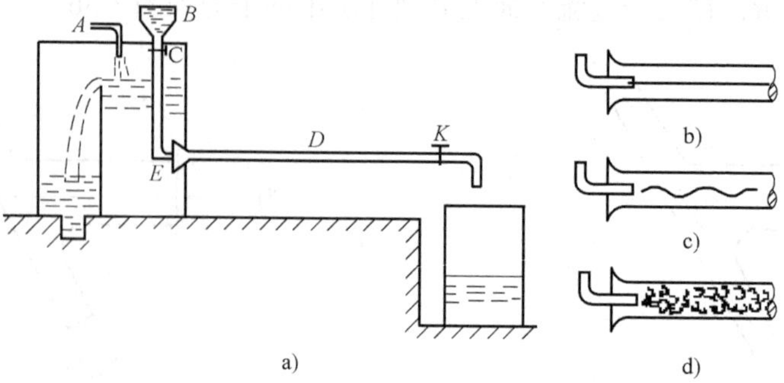

层流与湍流

图 3-37　雷诺实验示意图

这时，将 K 调节阀逐渐关小，水流速度逐渐减小，则会发现，当水流速度减小到一定数值后，流体流动又会变成层流，染色水中又出现一明显的直线。但是，由湍流转变为层流时的流速要比由层流转变为湍流时的流速小一些。流体运动状态转变时的流速称为临界流速，由层流转变为湍流时的流速称为上临界流速（V_{cr}'）；反之，由湍流转变为层流时的流速称为下临界流速（V_{cr}），则 $V_{cr} < V_{cr}'$。

雷诺实验表明，粘性流体运动存在两种流动状态——层流与湍流。当流速大于上临界速度 V_{cr}'时为湍流；当流速小于下临界速度 V_{cr}时为层流；当流速介于上、下临界流速之间时，流体的流动状态可能是层流，也可能是湍流，与实验的起始状态以及是否有扰动等因素有关，这一区域为过渡区。但是，在相同管径的玻璃管中，用不同的液体进行实验，所测得的临界流速不同；若用相同的液体在不同管径的玻璃管中进行实验，所测得的临界流速也不同。为此，需要将流体流动的速度、流体的粘度以及管径综合考虑。

二、雷诺数和临界雷诺数

雷诺对于不同管径的圆管和不同粘度的流体进行了大量的实验，发现管内流体的流动状态不仅与流体的断面平均流速有关，还与管径、流体密度和粘度有关，上述几个因素用一个无量纲数表示为

$$Re = \frac{Vd}{\mu/\rho} \tag{3-28}$$

这一无量纲的综合数称为雷诺数，它是判别流体流动状态的准则数。其中，V 为管流的平均速度；ρ 为流体的密度；μ 为流体的动力粘度；d 为管径。与上、下临界速度对应的雷诺数分别称为上、下临界雷诺数，分别用 Re_{cr}'和 Re_{cr}表示，有

$$Re_{cr}' = \frac{\rho V_{cr}' d}{\mu}$$

$$Re_{cr} = \frac{\rho V_{cr} d}{\mu}$$

实验结果指出，对于光滑、均匀一致的直圆管，下临界雷诺数等于 2320；但对于一般粗糙程度的圆管，其值略低些，约为 2000，所以工业管道中通常取 2000。上临界雷诺数不易测得其精确值，一般取 13800。为此，当 $Re < Re_{cr}$ 时，流动为层流；当 $Re > Re'_{cr}$ 时，流动为湍流；当 $Re_{cr} < Re < Re'_{cr}$ 时，流动可能是层流，也可能是湍流，处于极不稳定的流动状态。上临界雷诺数 Re'_{cr} 在工程上没有实用意义，所以通常把下临界雷诺数 Re_{cr} 作为判别流体流动为层流或湍流的准则数。即在工程中，若管内流动雷诺数 $Re \leqslant 2000$，即认为流体处于层流流动状态，$Re > 2000$ 则认为流体处于湍流状态。

20℃时，水的 $\rho = 998.23 \text{kg/m}^3$，动力粘度 $\mu = 18.08 \times 10^{-6} \text{Pa} \cdot \text{s}$，设管道内径 $d = 20\text{mm}$，要使 $Re = 2000$，则对应的水流速度为

$$V = Re\mu/\rho d = [2000 \times 18.08 \times 10^{-6}/(998.23 \times 20 \times 10^{-3})] \text{m/s} \approx 0.002 \text{m/s}$$

实际工程中，$d = 20\text{mm}$ 的管道属于小管，而管道内的经济流速在 1～4m/s 的范围内，可见管道内的流动绝大多数都处于湍流状态。

【例 3-14】 水和油的运动粘度分别为 $\nu_1 = 1.79 \times 10^{-6} \text{m}^2/\text{s}$ 和 $\nu_2 = 30 \times 10^{-6} \text{m}^2/\text{s}$，若它们以 $V = 0.5\text{m/s}$ 的流速在直径为 $d = 100\text{mm}$ 的圆管中流动，试确定其流动状态。

解： 水的流动雷诺数

$$Re = \frac{Vd}{\nu_1} = \frac{0.5 \times 0.1}{1.79 \times 10^{-6}} = 27933 > 2000$$

流动状态为湍流。

油的流动雷诺数

$$Re = \frac{Vd}{\nu_2} = \frac{0.5 \times 0.1}{30 \times 10^{-6}} = 1667 < 2000$$

流动状态为层流。

三、层流流动的特征

由雷诺实验表明，流体的层流流动可以被描述为这样一种流动状态：流体质点有序、连续地流过流场空间，表征流动状态的各流动参数在该空间上连续分布，相邻的流体质点间无随机的跃动。

前面介绍的流体力学基本概念、建立的基本方程以及由基本方程导出的表达式，如平行直线流断面的压强分布规律，两断面间的机械能关系（即伯努利方程），分析运动流体对固体壁面作用力的动量方程等，均可不作任何改动，而在层流流动中直接应用。

四、湍流流动的特征

实验发现，湍流是一种随机的、非定常的、由各种尺寸的漩涡组成的三维有旋流动。在湍流中，流体各点的流动参数随时间和空间作随机变化。在湍流流场中用高精度的热线风速仪来测量流体的运动速度，所得结果如图 3-38 所示。由图可见，该点的速度有两个特征：

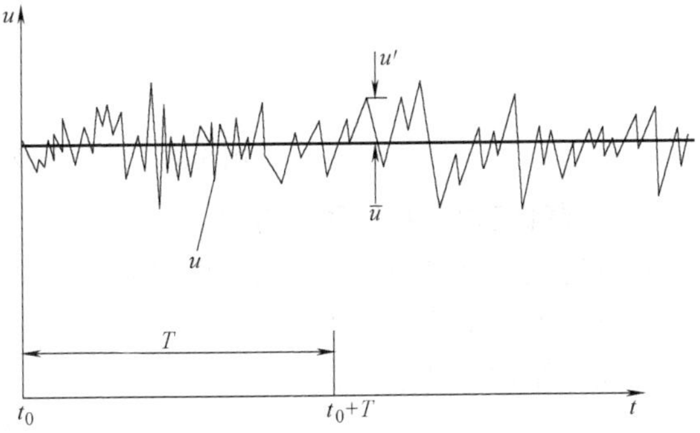

图 3-38　瞬时轴向速度与时均速度

1）速度随时间的变化呈现无规则的随机性脉动。

2）存在着一个平均值，脉动围绕在平均值附近进行。

若用 u 表示流体在该点某一时刻的真实速度（称为瞬时速度），$\bar{u}$ 表示流体在该点一段时间内瞬时速度的平均值（称为时均速度），u'表示流体在该点的瞬时速度与时均速度的差值，即流体质点围绕时均值上下运动的脉动值（称为脉动速度）。则该点的流体速度可表示为

$$u = \bar{u} + u'$$

这种表示方法也可以用于其他流动参数。一般而言，对任意流动参数 ϕ，都可表示为

$$\phi = \bar{\phi} + \phi'$$

在湍流中，各流动参数采用这样的表达后，流体力学的基本方程将相应发生改变。因此，对湍流流动必须作进一步的分析。

五、湍流时均运动的概念

工程中绝大多数的流体运动都处于湍流状态，在湍流流场中，各点的运动参数都表现出随机脉动的特征，描述流体运动的基本方程相应发生改变。那么很自然地会有人问，湍流的流线是什么样子？定常流的概念还有意义吗？伯努利方程还能应用吗？从 1833 年雷诺发现湍流现象到现在，近 180 年的时间里，人们对湍流进行了大量的研究，形成的论文超过数十万篇，这些研究工作可以粗略地概括为两个方面：一个方面主要研究湍流的产生及运动机制；另一个方面主要研究湍流在工程中的应用。两个方面相互促进，都取得了许多重要成果。从工程应用的角度，流场中流动参数瞬间小幅度的随机脉动不具有实质性的工程意义，起作用的是流动参数的时均值。用各参数的时均值来表述的湍流运动称为湍流时均运动。

工程中，一般按照时均运动的概念定义湍流中的定常流与非定常流。若流场中任意点上流动参数的时均值不随时间改变，就称该流动为定常流（或稳态的时均湍流）；而若某点流动参数的时均值随时间发生改变，则称为非定常流（或非稳态的时均湍流）。图 3-39a 给出了湍流中非定常流的情形，图 3-39b 则为定常流的情形。

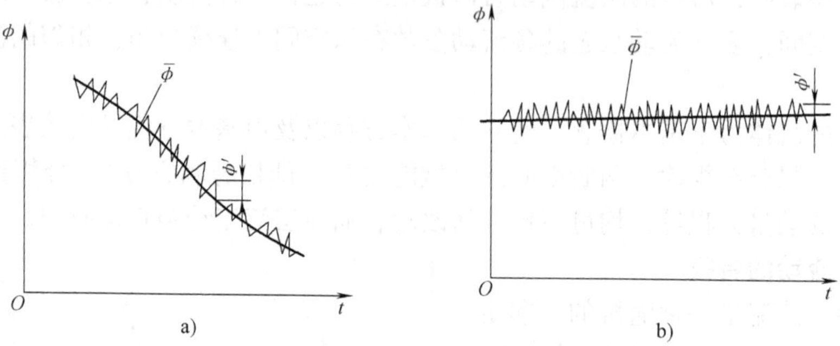

图 3-39　非稳态及准稳态时均量

六、湍流流动参数的时均方法

湍流物理量对时间的平均值有两种定义，即经典的 Reynolds 定义与 Favre 质量加权平均定义。对于不可压缩的流体，两种平均方法得到的结果相同。流场中物理量 ϕ 的时均值采用 Reynolds 平均法的定义式为

$$\bar{\phi} = \frac{1}{\Delta t}\int_{t_0}^{t_0+T} \phi(t)\,\mathrm{d}t \tag{3-29}$$

$\overline{\phi}$ 为流动物理量的时均值，平均计算的时间间隔 T 应该比脉动的周期大得多，但是相对于流场的各种时均量的缓慢变化周期，则应该足够小。

物理量的瞬时值 ϕ、时均值 $\overline{\phi}$ 与脉动值 ϕ' 之间有如下关系

$$\phi = \overline{\phi} + \phi' \tag{3-30}$$

上式表示，在湍流流动中，流动参数由时均量和脉动量两部分组成。

设 ϕ 及 f 是两个瞬时值，ϕ' 及 f' 为相应的脉动值，利用平均法的定义式（3-29）及关系式（3-30）容易得到下列运算法则

$$\overline{\phi'} = 0;\ \overline{\overline{\phi}} = \overline{\phi};\ \overline{\overline{\phi} + \phi'} = \overline{\phi}$$

$$\overline{\overline{\phi}\,\overline{f}} = \overline{\phi}\,\overline{f};\ \overline{\overline{\phi} f'} = 0;\ \overline{\overline{\phi} f} = \overline{\phi}\,\overline{f};\ \overline{\phi f} = \overline{\phi}\,\overline{f} + \overline{\phi' f'}$$

$$\overline{f + \phi} = \overline{f} + \overline{\phi};\ \overline{a\phi} = a\overline{\phi} \quad (a\text{ 为常数})$$

$$\overline{\frac{\partial \phi}{\partial x_i}} = \frac{\partial \overline{\phi}}{\partial x_i};\ \overline{\frac{\partial \phi}{\partial t}} = \frac{\partial \overline{\phi}}{\partial t};\ \overline{\frac{\partial^2 \phi}{\partial x_i^2}} = \frac{\partial^2 \overline{\phi}}{\partial x_i^2}$$

$$\overline{\frac{\partial \phi'}{\partial x_i}} = 0;\ \overline{\frac{\partial^2 \phi'}{\partial x_i^2}} = 0;\ \overline{\frac{\partial (f\phi)}{\partial x_i}} = \frac{\partial (\overline{f}\,\overline{\phi})}{\partial x_i} + \frac{\partial (\overline{f'\phi'})}{\partial x_i}$$

引入时均值的概念以后，就可以将流体的湍流运动理解为流体按时均速度和时均压力在运动，这样，就大大降低了研究湍流运动问题的难度。所以在研究和计算湍流问题时，所指的流动参数都是时均参数，如时均速度 $\overline{u}$、时均压力 $\overline{p}$ 等。为了书写方便起见，常常将时均值符号上的“－”省略。

应该注意的是，时均化是一种假想，在分析湍流运动的物理本质时，还必须要考虑到流体质点互相混杂而进行动量交换的影响，否则会造成较大的误差。例如，在研究湍流流动阻力时，就不能简单地将时均速度代入牛顿粘性摩擦定律中直接应用，而必须考虑流体质点混杂的影响。在粘性湍流流动中，其切向应力由摩擦切应力和附加切应力组成，其中由于流体的粘性，各相邻层之间时均速度不同而引起的应力为摩擦切应力 τ_1，由流体横向脉动，上下层流体质点互相掺混，发生碰撞，引起动量交换产生的应力为附加切应力 τ_t，于是总的切应力为

$$\tau = \tau_1 + \tau_t$$

七、湍流时均运动基本方程

湍流是粘性流体在一定条件下所产生的一种运动方式，描述粘性流体运动的基本方程应该同样适用于湍流。下面按 Reynolds 时均方法，建立湍流时均运动基本方程组，它包括连续性方程和运动微分方程。

1. 连续性方程

由不可压缩均质流体运动的连续性方程

$$\frac{\partial u}{\partial x} + \frac{\partial v}{\partial y} + \frac{\partial w}{\partial z} = 0$$

在湍流流动中，u、v、w 均为瞬时值，按 Reynolds 时均法则，它们可以表示为时均值与脉动值之和，即

$$u = \overline{u} + u',\ v = \overline{v} + v',\ w = \overline{w} + w'$$

将以上各式代入连续性方程，并作时均运算得

$$\overline{\frac{\partial(\bar{u}+u')}{\partial x}}+\overline{\frac{\partial(\bar{v}+v')}{\partial y}}+\overline{\frac{\partial(\bar{w}+w')}{\partial z}}=0$$

展开为

$$\frac{\partial\bar{u}}{\partial x}+\frac{\partial\overline{u'}}{\partial x}+\frac{\partial\bar{v}}{\partial y}+\frac{\partial\overline{v'}}{\partial y}+\frac{\partial\bar{w}}{\partial z}+\frac{\partial\overline{w'}}{\partial z}=0$$

根据时均法则，脉动项的时均值为零，即上式可写为

$$\frac{\partial\bar{u}}{\partial x}+\frac{\partial\bar{v}}{\partial y}+\frac{\partial\bar{w}}{\partial z}=0 \tag{3-31}$$

上式表明，湍流时均运动的连续性方程与层流具有相同的形式，只是速度采用时均值。

2. 运动微分方程

不可压缩粘性流体的运动方程已在本章第五节给出，x 方向的方程式为

$$\frac{\mathrm{d}u}{\mathrm{d}t}=f_x-\frac{1}{\rho}\frac{\partial p}{\partial x}+\upsilon\left(\frac{\partial^2 u}{\partial x^2}+\frac{\partial^2 u}{\partial y^2}+\frac{\partial^2 u}{\partial z^2}\right)$$

利用不可压缩流体连续性方程，上式很容易改写为

$$\frac{\partial u}{\partial t}+\frac{\partial(u^2)}{\partial x}+\frac{\partial(uv)}{\partial y}+\frac{\partial(uw)}{\partial w}=f_x-\frac{1}{\rho}\frac{\partial p}{\partial x}+\upsilon\left(\frac{\partial^2 u}{\partial x^2}+\frac{\partial^2 u}{\partial y^2}+\frac{\partial^2 u}{\partial z^2}\right)$$

对于湍流，方程中各流动参数均为瞬时量，作类似于连续性方程的处理，有

$$\overline{\frac{\partial(\bar{u}+u')}{\partial t}}+\overline{\frac{\partial(\bar{u}+u')^2}{\partial x}}+\overline{\frac{\partial(\bar{u}+u')(\bar{v}+v')}{\partial y}}+\overline{\frac{\partial(\bar{u}+u')(\bar{w}+w')}{\partial z}}$$

$$=f_x-\frac{1}{\rho}\overline{\frac{\partial(\bar{p}+p')}{\partial x}}+\upsilon\left[\overline{\frac{\partial^2(\bar{u}+u')}{\partial x^2}}+\overline{\frac{\partial^2(\bar{u}+u')}{\partial y^2}}+\overline{\frac{\partial^2(\bar{u}+u')}{\partial z^2}}\right]$$

利用时均运算法则可得

$$\frac{\partial\bar{u}}{\partial t}+\frac{\partial(\bar{u}^2)}{\partial x}+\frac{\partial(\bar{u}\,\bar{v})}{\partial y}+\frac{\partial(\bar{u}\,\bar{w})}{\partial z}+\frac{\partial\overline{(u'u')}}{\partial x}+\frac{\partial\overline{(u'v')}}{\partial y}+\frac{\partial\overline{(u'w')}}{\partial z}$$

$$=f_x-\frac{1}{\rho}\frac{\partial\bar{p}}{\partial x}+\upsilon\left(\frac{\partial^2\bar{u}}{\partial x^2}+\frac{\partial^2\bar{u}}{\partial y^2}+\frac{\partial^2\bar{u}}{\partial z^2}\right)$$

把左端的脉动分量的乘积移到等号右端，得

$$\frac{\partial\bar{u}}{\partial t}+\frac{\partial(\bar{u}^2)}{\partial x}+\frac{\partial(\bar{u}\,\bar{v})}{\partial y}+\frac{\partial(\bar{u}\,\bar{w})}{\partial z}$$

$$=f_x-\frac{1}{\rho}\frac{\partial\bar{p}}{\partial x}+\frac{\partial}{\partial x}\left[\upsilon\frac{\partial\bar{u}}{\partial x}-\overline{(u'u')}\right]+\frac{\partial}{\partial y}\left(\upsilon\frac{\partial\bar{u}}{\partial y}-\overline{u'v'}\right)+\frac{\partial}{\partial z}\left(\upsilon\frac{\partial\bar{u}}{\partial z}-\overline{u'w'}\right)$$

对于其他两个方向的推导与之类似。现在把三个方向的运动方程用直角坐标系中的张量符号表示为

$$\frac{\partial\bar{u}_i}{\partial t}+\frac{\partial(\bar{u}_i\,\bar{u}_j)}{\partial x_j}=f_i-\frac{1}{\rho}\frac{\partial\bar{p}}{\partial x_i}+\frac{\partial}{\partial x_j}\left(\upsilon\frac{\partial\bar{u}_i}{\partial x_j}-\overline{u_i'u_j'}\right)\quad(i=1,2,3) \tag{3-32a}$$

为了与通用的对流-扩散方程保持形式上的一致性，以流体密度 ρ 乘上式各项，可得

$$\frac{\partial(\rho\,\overline{u})_i}{\partial t}+\frac{\partial(\rho\,\overline{u_i}\;\overline{u_j})}{\partial x_j}=\rho f_i-\frac{\partial\overline{p}}{\partial x_i}+\frac{\partial}{\partial x_j}\left(\mu\,\frac{\partial\overline{u_i}}{\partial x_j}-\rho\,\overline{u_i'u_j'}\right)\quad(i=1,2,3)\tag{3-32b}$$

此式即为不可压缩粘性流体湍流时均流动的运动方程，也称为 Reynolds 方程，即雷诺方程。

从上述方程的导出过程可知，对二次项时均处理后产生了包含脉动值的附加项，即雷诺时均方程与不可压缩粘性流体的运动方程相比，增加了一项 $-\rho\,\overline{u_i'u_j'}$，称为雷诺应力或湍流应力。当 $i\neq j$ 时，雷诺应力为切应力；当 $i=j$ 时则为压应力。雷诺应力代表了由于湍流脉动对时均流动产生的影响，是湍流脉动产生的动量交换。

至此，得到了不可压缩流体湍流运动的基本方程组：1 个连续性方程和 3 个雷诺方程。未知数包括 3 个时均速度、1 个时均压力和 6 个雷诺应力（$-\rho\,\overline{u_i'u_j'}$共有 9 项，因$\overline{u_i'u_j'}=\overline{u_j'u_i'}$，故只有 6 项独立），共 10 个，显然该方程组不封闭。为使方程封闭，必须找出这些附加项的关系式，并且这些关系式中不能再引入新的未知量，否则又需要补充新的方程。实际上，用雷诺方程计算湍流问题的核心内容就是建立雷诺应力和平均速度之间的关系式，以确定这些附加项，从而得到封闭的方程组。

在工程应用方面，处理雷诺应力的涡粘性系数方法得到了广泛和成功的应用。由篇幅所限，本书仅对这部分内容作简要介绍，需要详细了解相关信息的读者，可查阅本书所列的参考书目。

为清楚表示涡粘性系数法的基本思想，将不可压缩流体的 N-S 方程和雷诺方程写在一起。

张量形式的 N-S 方程为

$$\frac{\partial u_i}{\partial t}+u_j\,\frac{\partial u_i}{\partial x_j}=f_i-\frac{1}{\rho}\,\frac{\partial p}{\partial x_i}+\nu\,\frac{\partial^2 u_i}{\partial x_j\partial x_j}=f_i-\frac{1}{\rho}\,\frac{\partial p}{\partial x_i}+\frac{\partial}{\partial x_j}\left(\nu\,\frac{\partial u_i}{\partial x_j}\right)\quad(i=1,2,3)$$

张量形式的雷诺方程为

$$\frac{\partial\overline{u_i}}{\partial t}+\overline{u_j}\frac{\partial\overline{u_i}}{\partial x_j}=f_i-\frac{1}{\rho}\,\frac{\partial\overline{p}}{\partial x_i}+\frac{\partial}{\partial x_j}\left(\nu\,\frac{\partial\overline{u_i}}{\partial x_j}-\overline{u_i'u_j'}\right)\quad(i=1,2,3)$$

不难看出，它们之间的差别除去时均表述外，仅在最后一项。而粘性应力 $\rho\nu\,\frac{\partial\overline{u_i}}{\partial x_j}$与雷诺应力 $-\rho\,\overline{u_i'u_j'}$具有相同的量纲，实际上，$-\rho\,\overline{u_i'u_j'}$表示湍流脉动所形成的附加应力，该应力可以考虑与粘性应力存在着某种联系。从这个角度出发，将其表示为

$$-\rho\,\overline{u_i'u_j'}=\rho\nu_T\,\frac{\partial\overline{u_i}}{\partial x_j}\tag{3-33}$$

式中，ν_T 称为湍流的涡粘性系数。

这样，雷诺方程就可以表示为

$$\frac{\partial\overline{u_i}}{\partial t}+\overline{u_j}\frac{\partial\overline{u_i}}{\partial x_j}=f_i-\frac{1}{\rho}\,\frac{\partial\overline{p}}{\partial x_i}+\frac{\partial}{\partial x_j}\left[(\nu+\nu_T)\frac{\partial\overline{u_i}}{\partial x_j}\right]\quad(i=1,2,3)\tag{3-34}$$

如果去掉时均符号，它与 N－S 方程的区别仅在于粘性力项前面的系数由原来的 ν 变成了 $\nu+\nu_T$。如果据此认为湍流的脉动作用主要是增加了剪切作用力，或认为湍流的脉动要依附时均运动才能产生效能，这样的认识是比较武断的，可能由此忽略了湍流脉动许多丰富的

运动信息。但在工程应用的精度范围内，尤其在管道内的流动中，这样的做法取得了很好的实效。

回顾推导的过程，读者不难发现，依据上述思路，在本章所建立的缓变流（平行直线流）断面上的压强分布关系、伯努利方程以及分析运动流体对固体壁面作用力的动量方程都可以直接应用于湍流的时均运动分析。

小　　结

本章阐述了研究流体运动的基本方法，本章作为流体力学的核心，首先介绍了描述一般物体运动的物质体方法及描述流体运动的场方法，介绍了场方法中的几个基本概念及质点导数、系统导数两个重要转换式；接着，运用物理宏观运动所共同遵守的质量守恒和动量守恒原理导出了流体运动的连续性方程和不可压缩牛顿流体的运动微分方程；应用基本方程导出了四个对于总流有重要应用的关系式，包括总流的流量关系式、缓变流（平行直线流）断面上的压强分布关系式、两断面间的机械能关系式（即伯努利方程）以及分析运动流体对固体壁面作用力的动量关系式，并说明了这些重要关系式的应用条件与具体方法；最后简要介绍了层流、湍流及湍流时均运动的概念，说明了四个导出关系在层流和湍流中的应用条件。

一、流体运动的基本概念

描述流体运动的场方法（欧拉法）——以空间点为对象，用不同时刻不同流体质点在空间点上运动状态及其变化来表示流体的运动。

流场——流体所占据的空间。

流线——同一时刻流场中无数点的速度方向线所连接成的光滑有向曲线。流线上各点的切线与对应点的速度平行。流线密集处流速高，流速稀疏处流速低；流线一般不相交，驻点处速度为零，流线相交；在定常流动中，流线与流体质点的运动轨迹线重合。

定常流——流场中任一点的运动参量不随时间改变的流动。

缓变流——流线近乎于平行直线的流动。在缓变流的过流断面上，各点的压强遵从流体静压强的分布规律

$$z+\frac{p}{\rho g}=C$$

质点导数——流体质点的运动参量对时间的变化率在场方法中的表达式

$$\frac{\mathrm{d}\varphi}{\mathrm{d}t}=\frac{\partial\varphi}{\partial t}+u\frac{\partial\varphi}{\partial x}+v\frac{\partial\varphi}{\partial y}+w\frac{\partial\varphi}{\partial z}$$

系统导数——流体系统的运动参量对时间的变化率在场方法中的表达式

$$\frac{\mathrm{d}}{\mathrm{d}t}\iiint_V\varphi\mathrm{d}V=\frac{\partial}{\partial t}\iiint_V\varphi\mathrm{d}V+\oiint_S\varphi v_n\mathrm{d}S$$

层流——流层间互不扰混的流动状态。

湍流——流层间存在随机扰混的流动状态。

雷诺数——可以表示流体运动状态的无量纲数，表征惯性力与粘性力的相对关系，定义式为

$$Re=\frac{Vd}{\mu/\rho}$$

湍流时均运动——用流动参量对某时间周期的统计平均值来表述的湍流运动。

二、流体运动的基本方程

1. 连续性微分方程

$$\frac{\mathrm{d}\rho}{\mathrm{d}t}+\rho\left(\frac{\partial u}{\partial x}+\frac{\partial v}{\partial y}+\frac{\partial w}{\partial z}\right)=0$$

2. 运动微分方程（N-S 方程）

$$\frac{\partial \boldsymbol{v}}{\partial t}+u\frac{\partial \boldsymbol{v}}{\partial x}+v\frac{\partial \boldsymbol{v}}{\partial y}+w\frac{\partial \boldsymbol{v}}{\partial z}=\boldsymbol{f}-\frac{1}{\rho}\nabla p+\frac{\mu}{\rho}\left(\frac{\partial^2 \boldsymbol{v}}{\partial x^2}+\frac{\partial^2 \boldsymbol{v}}{\partial y^2}+\frac{\partial^2 \boldsymbol{v}}{\partial z^2}\right)$$

三、总流定常流动的应用关系式

1. 断面流量关系式

$$(VA)_1=(VA)_2$$

2. 缓变流断面上的压强分布

$$z+\frac{p}{\rho g}=C$$

3. 沿流向的机械能守恒关系（伯努利方程）

$$\left(gz+\frac{p}{\rho}+\frac{\alpha V^2}{2}\right)_1=\left(gz+\frac{p}{\rho}+\frac{\alpha V^2}{2}\right)_2+gh_{w1-2}$$

4. 运动流体的动量平衡关系

$$\sum F+\sum \rho q_V V=0$$

思　考　题

3-1　流体力学中拉格朗日法与欧拉法有何不同？

3-2　在欧拉法中，加速度是怎么表示的？何谓当地加速度和迁移加速度？

3-3　简述欧拉法与拉格朗日法的区别与联系。

3-4　流线与迹线有何区别？

3-5　在同一流场中，同一时刻不同的流体质点组成的曲线是否都是流线？

3-6　为什么流体质点某一参数对时间的变化率要用质点导数表示？质点导数由哪两部分组成？各在什么条件下出现？

3-7　试验证不可压缩流体的运动 $u=x$，$v=y$，$w=z$ 不可能存在。

3-8　“层流向湍流的转捩点是 $Re=2000$。”这句话对吗？

3-9　湍流附加切应力是如何产生的？

3-10　湍流中存在脉动现象，具有非定常性质，但是又有定常流，其中有无矛盾？为什么？

习　　题

3-1　已知流场 $u_x=2t+2x+2y$，$u_y=t-y+z$，$u_z=t+x-z$。求流场中 $x=2$，$y=2$，$z=1$ 的点在 $t=3$ 时的加速度。

3-2　已知流场中的速度分布为

$$\begin{cases} u = yz + t \\ v = xz - t \\ w = xy \end{cases}$$

1）试问此流动是否恒定？

2）求流体质点在通过流场中（1，1，1）点的加速度。

3-3　给定流场的速度分布：$u = x + t$，$v = -y + t$，$w = 0$，求 $t = 0$ 时，通过点 M（-1，-1，0）的流线。

3-4　已知不可压缩液体平面流动的流速分量为 $u = 1 - y$，$v = t$。试求：

1）$t = 0$ 时，过（0，0）点的迹线方程。

2）$t = 1$ 时，过（0，0）点的流线方程。

3-5　如图 3-40 所示，直径为 0.6m 的水管，其断面平均速度为 6m/s，孔口直径 0.3m，射流收缩断面直径为 0.24m，求孔口断面和射流收缩断面上的平均流速。

3-6　图 3-41 所示为一虹吸管，液体从一大容器经虹吸管流入大气中，若出口截面上速度是均匀分布的，不计损失，试求出口处的流速及在 A 点处的绝对压力。设液面高度保持不变。

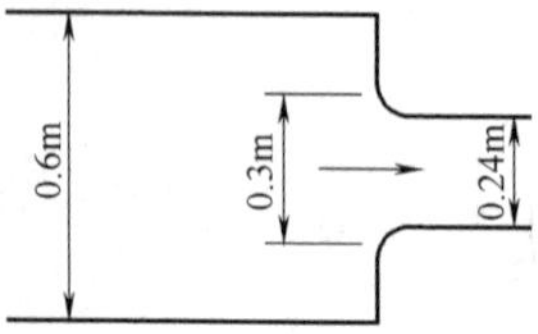

图 3-40　习题 3-5 图

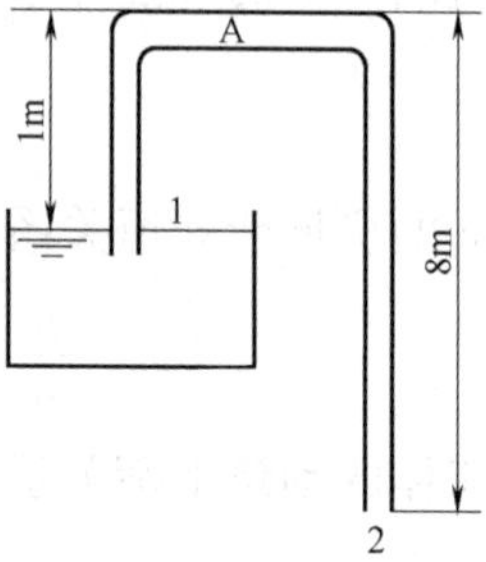

图 3-41　习题 3-6 图

3-7　送风管道的截面积 $A_1 = 1\text{m}^2$，体积流量 $q_{V1} = 108000\text{m}^3/\text{h}$，静压 $p_1 = 0.267\text{N/cm}^2$，风温 $t_1 = 28℃$。管道经过一段路程以及弯管、大小节、收缩管段等管件后，截面积 $A_2 = 0.64\text{m}^2$，静压 $p_2 = 0.133\text{N/cm}^2$，风温 $t_1 = 24℃$，测得当地的大气压 $p_a = 760\text{mmHg}$，求截面积 A_2 处的重量流量 G_2，体积流量 q_{V2} 以及两个截面上的平均流速 V_1 和 V_2（1mmHg = 133.322Pa）。

3-8　油沿直径渐变的管路流动，A 断面处的流速为 2m/s，直径 150mm，A 断面处管内液面的高度为 1.5m；B 断面处的直径为 100mm，其相对高度如图 3-42 所示，不计损失，求开口 C 管中的液面高度。

3-9　如图 3-43 所示，一压缩空气罐与文丘里式的引射管连接，d_1、d_2、h 均为已知，问正常工作（即 B 池中水经引射管抽至水平管路中）时，气罐压强 p_0 为多少？

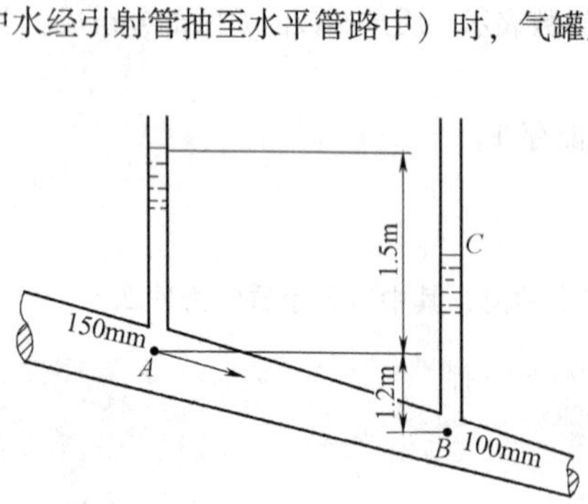

图 3-42　习题 3-8 图

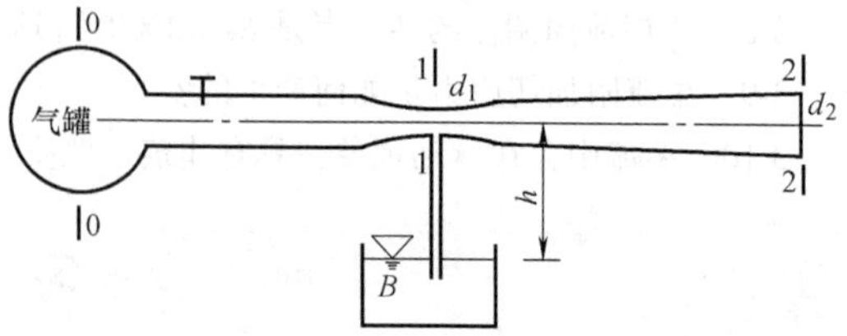

图 3-43　习题 3-9 图

3-10　如图 3-44 所示的流动为不可压缩流体恒定流，v_0、q_{V0}、θ 均为已知，忽略质量力，不计摩擦及碰撞损失，求喷注对平板 AOB 单位宽度的作用力及在垂直于平板方向上水注的宽度 a_1、a_2。

3-11　如图 3-45 所示，水射流以速度 v 从喷嘴射出，垂直冲击到一块平板上，该平板以速度 $u=0.6\text{m/s}$ 沿射流的方向运动，射流的横截面积为 A，直径 $d=0.225\text{m}$，流量 $q_V=0.14\text{m}^3/\text{s}$，求射流对平板的作用力及功率。

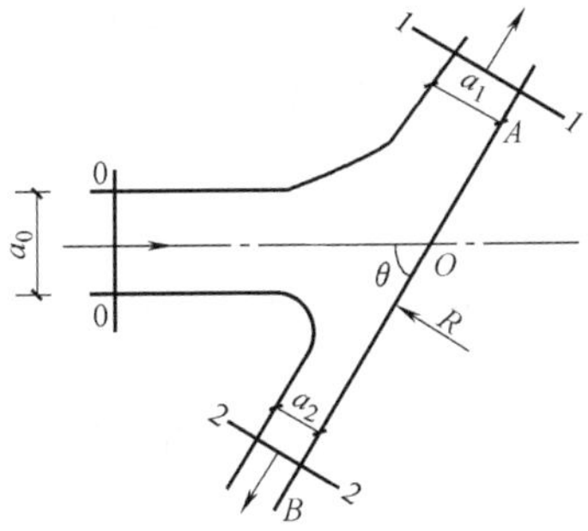

图 3-44　习题 3-10 图

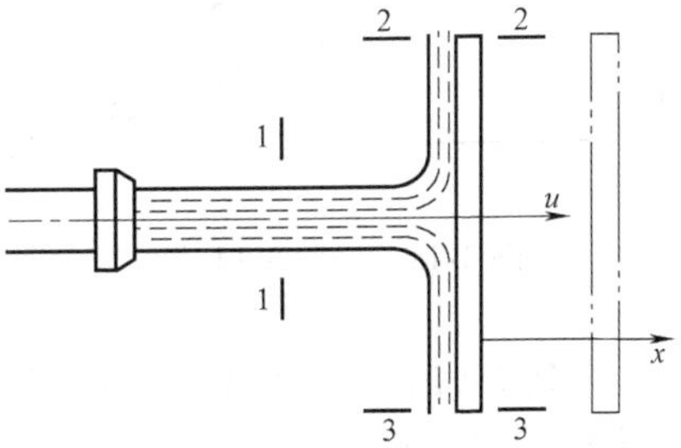

图 3-45　习题 3-11 图

3-12　图 3-46 所示为一贮水装置，贮水池足够大，当阀门关闭时，压强计读数为 274.4kPa。而当将阀门全开，水从管中流出时，压强计读数为 58.8kPa，试求当水管直径 $d=12\text{cm}$ 时，通过出口的体积流量 q_V（不计流动损失）。

3-13　如图 3-47 所示，设一虹吸管 $a=2\text{m}$，$h=6\text{m}$，$d=15\text{cm}$。不计损失，试求：

1）管内的流量。

2）管内最高点 S 的压强。

3）若 h 不变，点 S 继续升高（即 a 增大，而上端管口始终浸入水内），不计流动损失，设水温为 20℃，问虹吸管内的水不能连续流动的 a 值为多大？

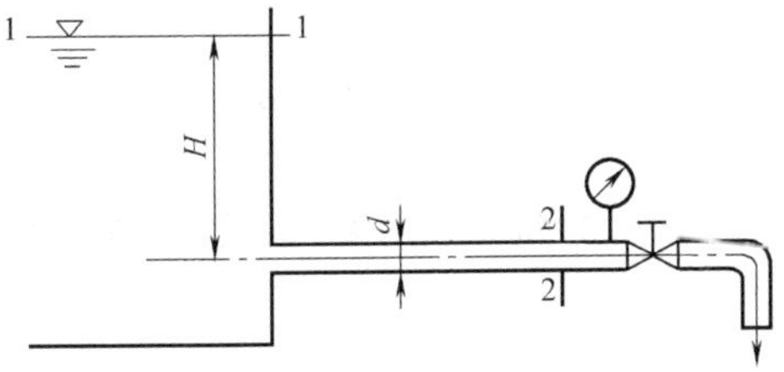

图 3-46　习题 3-12 图

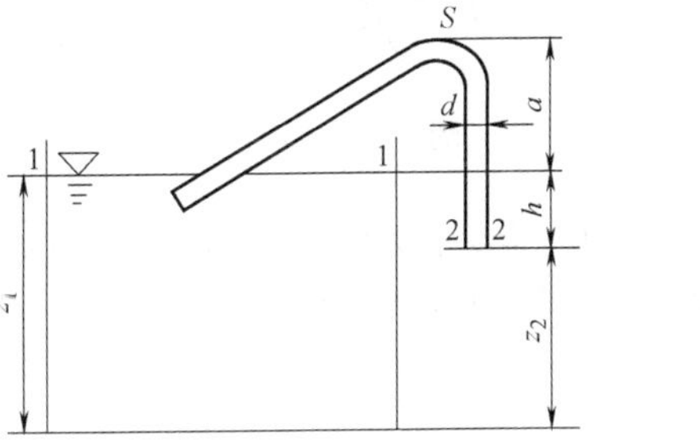

图 3-47　习题 3-13 图

3-14　如图 3-48 所示，水从密闭容器中恒定流出，经一变截面管而流入大气中，已知 $H=7\text{m}$，$p=29.4\text{kPa}$，$A_1=A_3=50\text{cm}^2$，$A_2=100\text{cm}^2$，$A_4=25\text{cm}^2$。若不计流动损失，试求：

1）各截面上的流速、流经管路的体积流量。

2）各截面上的总水头。

3-15　如图 3-49 所示，水以 $V=10\text{m/s}$ 的速度从内径为 50mm 的喷管中喷出，喷管的一端则用螺栓固定在内径为 100mm 水管的法兰上。如不计损失，试求作用在联接螺栓上的拉力。

3-16　如图 3-50 所示，水平放置的变径弯管中，水流流量 $q_V=100\text{L/s}$，管径 $d_1=300\text{mm}$，$d_2=200\text{mm}$，进口断面压强 $p_1=17.6\text{N/cm}^2$，转角 $\theta=60°$。求水流对弯管的水平作用力。

3-17　有一不可压缩流体平面流动，其速度分布规律为：$u=x^2\sin y$，$v=2x\cos y$，试分析该流动是否连续。

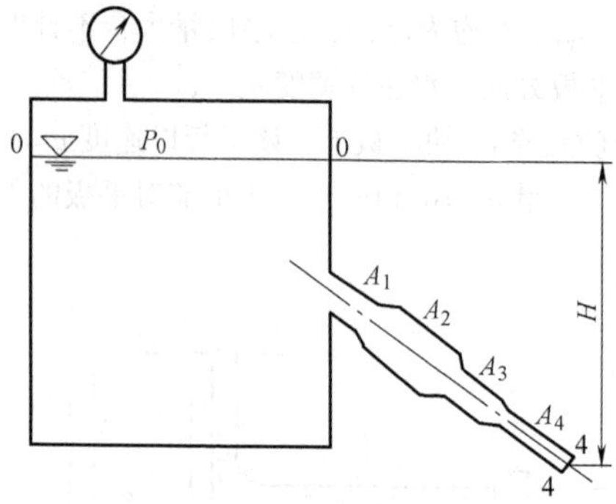

图 3-48　习题 3-14 图

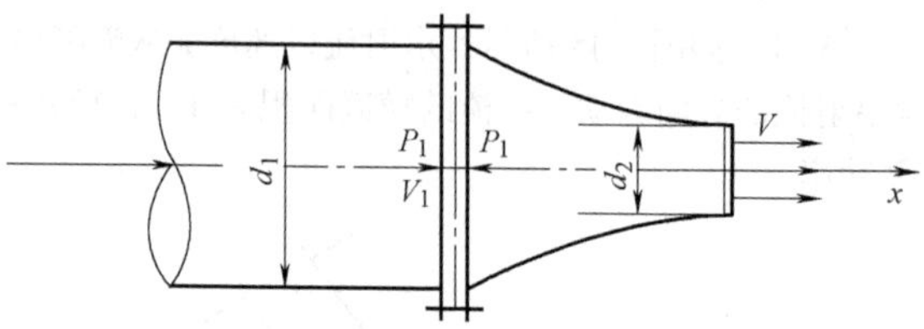

图 3-49　习题 3-15 图

3-18　已知不可压缩流体平面流动的速度分布 $u=x^2+2x-4y$，$v=-2xy-2y$。试确定该流动：

1）是否满足连续性方程？

2）是否具有加速度？

3-19　有一稳定的二元明渠均匀层流，如图 3-51 所示。试证明该水流流速分布公式为

$$v_x=\frac{g\sin\alpha}{2\nu}(2hy-y^2)$$

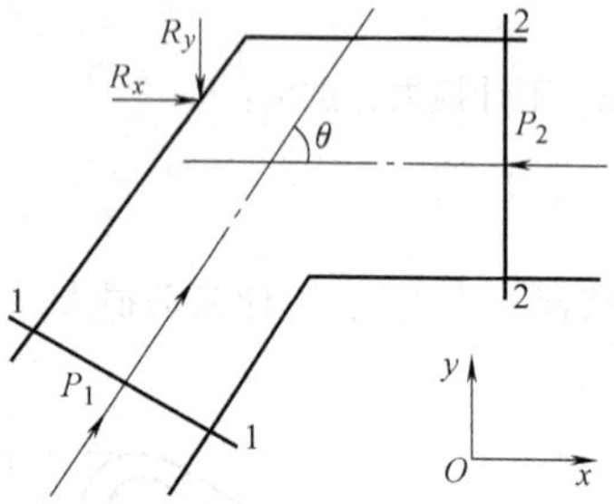

图 3-50　习题 3-16 图

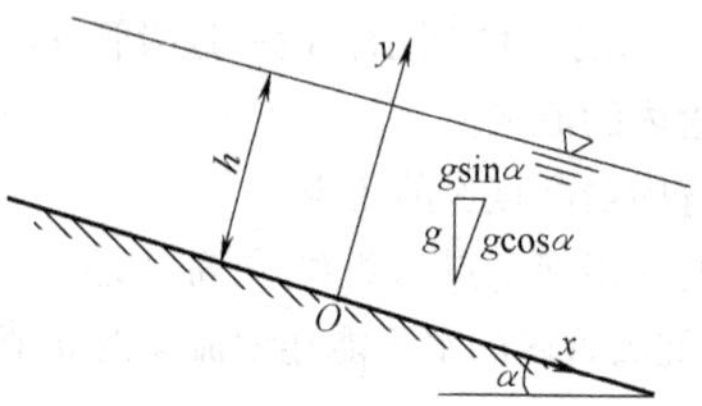

图 3-51　习题 3-19 图

3-20　运动粘度为 $\nu=1.3\times10^{-5}\text{m}^2/\text{s}$ 的空气在宽 $B=1\text{m}$、高 $H=1.5\text{m}$ 的矩形截面通风管道中流动。求保持层流流态的最大速度。

第四章　管内流动与水力计算

工程中最基本的流体输送是采用管道实施的。了解流体在管道内的流动特点，掌握管道输送必需的水力计算技能，是对高级工程技术人员的基本要求。

本章介绍管道的基本结构，流体在管道内流动及机械能耗散的特点，以及工程中进行水力计算的基本方法。

第一节　概　　述

首先，介绍几个与管内流动相关的概念。

一、圆管与折合管

流体力学以等直径圆管作为基本管道来研究流体在其中的运动规律。

工程中使用的管道各种式样，可将其分为圆管和非圆管两类。如果满足一定的条件，非圆管道可以按当量直径折合成圆管来讨论其管内的流动。将非圆管道按当量直径所折合成的圆管称为折合管。

所谓当量直径，是将非圆管道按流体实际通过时的过流断面面积及流体在该断面上的接触线长度（称为湿周）比对圆管直径所得到的相当几何量。其定义为

$$D_e = \frac{4A}{\chi} \tag{4-1}$$

式中，A 为过流断面面积，χ 为流体在该过流断面上和固体壁面所接触的周长。

也可按水力半径 R_h 进行折算，其定义为

$$R_h = \frac{A}{\chi} \tag{4-2}$$

两者的关系为

$$D_e = \frac{4A}{\chi} = 4R_h$$

几种非圆形管道（图 4-1）的当量直径计算如下

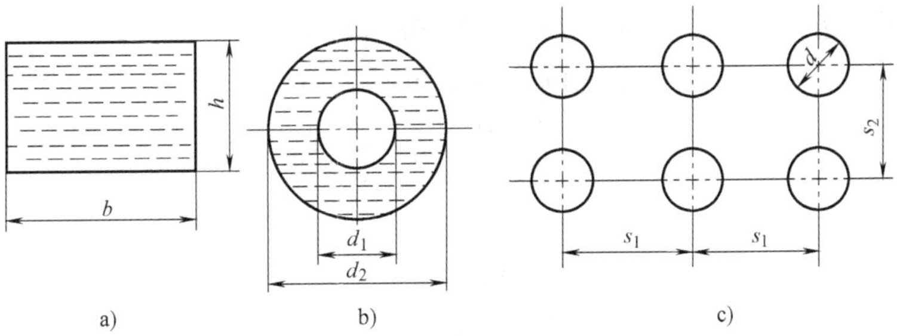

图 4-1　几种非圆形管道的截面

充满流体的正方形管道 $$D_e=\frac{4a^2}{4a}=a$$

充满流体的矩形管道（图 4-1a） $$D_e=\frac{4hb}{2(h+b)}=\frac{2hb}{h+b}$$

充满流体的圆环形管道（图 4-1b） $$D_e=\frac{4\left(\frac{\pi}{4}d_2^2-\frac{\pi}{4}d_1^2\right)}{\pi d_1+\pi d_2}=d_2-d_1$$

充满流体的管束间流道（图 4-1c） $$D_e=\frac{4\left(s_1s_2-\frac{\pi}{4}d^2\right)}{\pi d}=\frac{4s_1s_2}{\pi d}-d$$

判别非圆管流态的临界雷诺数一般采用当量直径作为特征尺度计算，即

$$Re=\frac{\rho VD_e}{\mu}$$

该临界雷诺数 $Re_{cr}=2000$。工程中，也有使用管道的水力半径 R_h 计算的情况，其定义为

$$Re=\frac{\rho VR_h}{\mu}$$

在此情况下，非圆管的临界雷诺数 $Re_{cr}=500$，因表述的符号相同，这里的差别请读者注意。

应当注意，应用当量直径对非圆形管道进行计算时，截面形状越接近圆形其误差越小，相反，离圆形越远其误差越大，如长条缝形断面（$b/h>8$），应用当量直径计算会产生较大误差。这是由于非圆形截面的切向应力沿固体壁面的分布不均匀造成的。例如矩形截面管道内流速的等速线如图 4-2 所示，各边中点的速度梯度最高，因而切向应力最大；角上的速度梯度最低，因而切向应力最小。所以，在应用当量直径进行计算时，矩形截面的长边最大不应超过短边的 8 倍，圆环形截面的大直径至少要大于小直径 3 倍。三角形截面、椭圆形截面均可应用当量直径进行计算。但是不规则形状的截面则不能应用。

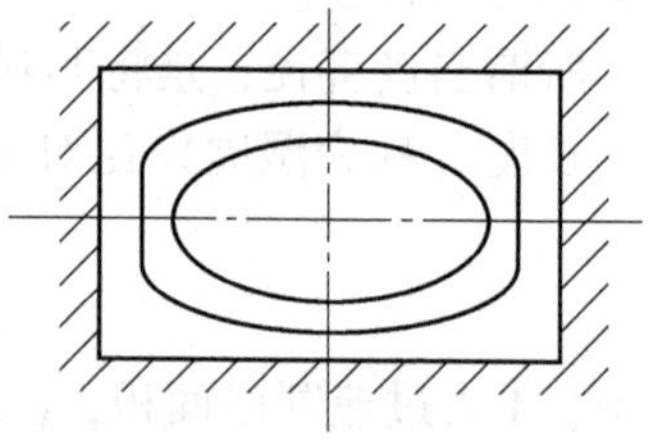
图 4-2　矩形截面管道的等速线

【例 4-1】 现有断面面积均为 $A=0.36\text{m}^2$ 的正方形管道、长短边比为 4 的矩形管道和圆形管道。求：

1）它们各自的湿周和水力半径。

2）正方形和矩形管道的当量直径。

解：正方形：边长 $$a=\sqrt{A}=\sqrt{0.36}\text{m}=0.6\text{m}$$

湿周 $$\chi=4a=4\times0.6\text{m}=2.4\text{m}$$

水力半径 $$R_h=\frac{A}{\chi}=\frac{0.36}{2.4}\text{m}=0.15\text{m}$$

当量直径 $$D_e=\frac{4a^2}{4a}=a=0.6\text{m}$$

矩形：短边长 $$a=\sqrt{\frac{A}{4}}=\sqrt{\frac{0.36}{4}}\text{m}=0.3\text{m}$$

湿周 $\chi=2(a+4a)=10a=10\times0.3\text{m}=3\text{m}$

水力半径 $R_h=\frac{A}{\chi}=\frac{0.36}{3}\text{m}=0.12\text{m}$

当量直径 $D_e=\frac{4A}{\chi}=\frac{4A}{10a}=\frac{4\times0.36}{10\times0.3}\text{m}=0.48\text{m}$

圆形：直径 $D=\sqrt{\frac{4A}{\pi}}=\sqrt{\frac{4\times0.36}{3.14}}\text{m}=0.68\text{m}$

湿周 $\chi=\pi D=\pi\times0.68\text{m}=2.14\text{m}$

水力半径 $R_h=\frac{D}{4}=\frac{0.68}{4}\text{m}=0.17\text{m}$

以上计算表明，断面面积相等的情况下，只要是断面形状不一样，湿周长短就不相等。湿周越短，水力半径越大，而沿程损失随水力半径的增大而减小。因此当其他条件相同时，方形管比矩形管水头损失少，而圆形管又比方形管水头损失少。从减少损失的观点考虑，圆形管断面是最好的。

为节省篇幅，本章以圆管作为讨论对象，非圆管道中的流动情况只略微提及。

二、进口段流动与充分发展流动

当粘性流体流经固体壁面时，在固体壁面与流体主流之间存在一个流速剧烈变化的区域；在高速流动中，这个流速剧烈变化的区域是一个薄层，称为流动边界层。其厚度沿流动方向逐渐增长。

假设流体从一个大容器中经圆弧形进口流入圆管，如图4-3所示。可以近似认为，进口处的流体流速分布均匀。流体进入圆管后，由于流体粘性的作用，壁面附近流体的流动受到阻滞，流速降低，形成边界层；流动过程中边界层厚度沿流动方向逐渐增大。由于管道内的流体流量一定，随着边界层厚度的增加，管道中心部分的流速加快；沿管道流动方向，管道截面上的速度分布一直在发生变化，直到边界层在管道轴心处相交为止；此后，圆管截面上的速度分布沿流动方向不再发生变化。

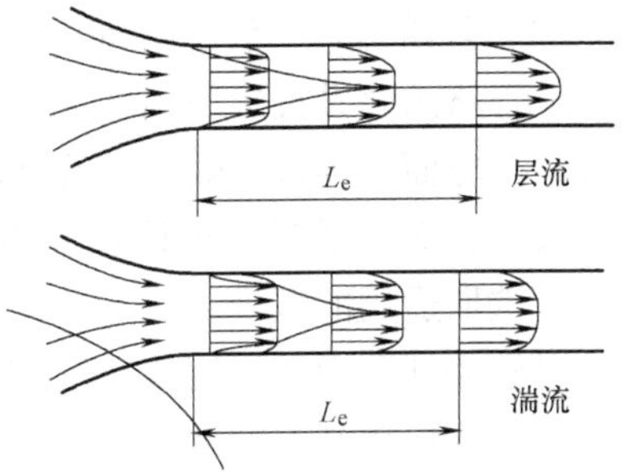

图4-3 圆管内的进口段流体速度分布的变化

将管道截面上的速度分布沿流动方向不再发生变化的流动称为充分发展流动，而将从管道进口到充分发展流动的这一段管道内的流动称为进口段流动。形成充分发展流动所需要的管道长度称为进口段长度。

进口段流动既可以是层流流动，也可以是湍流流动。当流动雷诺数低于临界雷诺数时，管内的流动为层流流动。根据实验，层流流动时圆管的进口段长度可按下式近似计算

$$L_e=0.058DRe \tag{4-3}$$

式中，Re 为流动雷诺数；D 为管道直径；粗略计算时，可近似取 $L_e=100D$ 作为层流进口段长度。

当流动雷诺数超过临界雷诺数时，则进口段内某处的边界层就会从层流转变为湍流。随着雷诺数的增大，层流边界层向湍流边界层转变的位置将向进口处移动。由于湍流边界层厚度的增长比层流边界层快，因此湍流流动时的进口段长度相对较短。

湍流流动时，进口段流动受管道进口条件的影响较大，影响因素较多。一般来说，湍流流动时雷诺数越大，进口段长度越短；进口处扰动越大，进口段长度也越短。目前还没有一个较为统一的湍流流动进口段长度的计算公式，通常近似取 $L_e=(25\sim50)D$ 作为湍流进口段长度。

细致地分析进口段内的流动情况，调节管道进口的流动条件，对于减缓流体对入口附近管壁的冲刷具有重要的意义。但在大多数工程设计中，人们主要关注管路的整体性能（如总体阻力特性、流量输运特性、压强分布特性等），因为进口段在管路总长中所占的比例很小，所以，一般的管路计算是以充分发展流动为基础来进行的。

三、管道内流动分析及管路计算的一些基本假定及依据

流体在不同管道里的流动是多式多样的，设计者必须根据具体的要求进行对应的分析和计算。从工程应用的角度，一般都采用如下的几条基本假定。

（1）定常流　即按定常流动进行分析和设计计算，可能发生的非定常因素则在校核计算时予以考虑。

（2）基本管道　即按圆管建立有关管路计算的分析、计算关系，非圆管道按当量直径折算后进行分析。

（3）充分发展流　即将管道内的流动都按充分发展流看待，进口段不单独分析，在特殊场合（如对入口附近有专门要求的情况）才考虑入口段流动。

（4）经济流速　管道流动中对机械能损耗与管道直径的大小有关，管径大机械能损耗少，但管路的建设投资费用增大，选用合理的流速（称为经济流速）可望在建设投资和运行成本两方面达到最佳效益，设计时应尽可能选用经济流速。

（5）系列化管道　设计者不能随意地决定管道直径，而是根据需要在现有生产的系列管道中选取适用的型号。

对管路计算而言，流体在管道内的流动分析是其基础。管道内流体的流动应满足质量守恒和动量守恒等基本物理定律。因为圆管的形状是规则的，除管内流动的速度分布等精细问题需要从微分形式的控制方程（包括连续性方程和运动微分方程）及定解条件出发进行分析外，管内流动分析可应用流量相等、断面压强分布规律和机械能关系式（伯努利方程）等代数方程来进行。如对于 1、2 两断面间管道内的流动，常用的分析关系式为

$$(VA)_1=(VA)_2 \tag{4-4}$$

$$\left(gz+\frac{p}{\rho}+\frac{\alpha V^2}{2}\right)_1\pm gH_{机}=\left(gz+\frac{p}{\rho}+\frac{\alpha V^2}{2}\right)_2+gh_{w1-2} \tag{4-5}$$

$$\left(z+\frac{p}{\rho g}\right)_1=c_1 \qquad \left(z+\frac{p}{\rho g}\right)_2=c_2 \tag{4-6}$$

四、管路结构与机械能损耗的表述

管路的形状多种多样，但其结构可以简单地表述为：若干不同直径的直管用若干个连接元件（工程中常称为管道配件或配件）组合而成。这些连接元件包括进口、出口、直接头、弯接头（弯头）、大小头、三通及各种阀门等。

在直管段中，流体的层流或湍流时均流都呈现出平行直线流或缓变流的特点，相邻流体质点几乎平行地沿流道向前作规则运动，而在连接元件（直接头除外）附近，流体不仅沿

流道向前运动，还有大量的碰撞、涡旋、回流等发生，与直管道区段的规则流动有很大的区别。依据管路的结构形态及流体在管路不同区段的流动特点，可将流体在管路中流动所产生的机械能损耗分为发生在直管段的损耗（称为沿程机械能损失或沿程损失）和发生在连接元件附近区域的损耗（称为局部机械能损失或局部损失）两部分。对于在管路中流动的单位质量流体，若记沿程损失为 h_f，局部损失为 h_j，则其在 1、2 两断面间由 m 段直管及 n 个连接元件组成的管路的机械能损耗可表示为

$$h_{w1-2} = \sum^{m} h_f + \sum^{n} h_j \tag{4-7}$$

沿程损失主要发生在直管内缓变流动的整个流程中，是由流体的粘性（包括流体的湍动粘性）所造成的。沿程损失与流体的流动状态密切相关。管道流动中单位质量流体的沿程损失可用达西-魏斯巴赫（Darcy-Weisbach）公式（简称达西公式）计算

$$h_f = \lambda \frac{L}{D} \frac{V^2}{2g} \tag{4-8}$$

式中，λ 为沿程阻力系数，是一个无量纲参数，主要与流体的粘度、流速、管径、管壁粗糙度以及流态等因素有关，一般由实验进行确定；L 和 D 分别为管道长度和管径；V 为管道过流断面上流体的平均速度；$V^2/2g$ 为单位质量流体的动水头。

从式（4-8）中可以看到，在相同管道几何参数及流速条件下，管道越长，沿程损失越大，这是沿程损失的重要特征。

局部损失主要发生在管道配件附近流动状态急剧变化的急变流动中。管道流动中单位质量流体的局部损失可以表示为

$$h_j = \zeta \frac{V^2}{2g} \tag{4-9}$$

式中，ζ 为局部阻力系数，是一个无量纲参数，一般由实验进行确定。

由于上述单位质量流体机械能损失的量纲为长度，因此也常称之为水头损失。

第二节　圆管内的层流与湍流

在进行管路计算之前，有必要了解流体在管内流动的特点。本节采用数学分析的方法介绍管内层流流动的特点，对于湍流流动，仅介绍若干实验研究的结论。

一、圆管内的层流流动

圆管内的层流流动属于轴对称流动，因此可在柱坐标系下进行分析。

如图 4-4 所示，设有一无限长水平直圆管，其半径为 R，对称轴为 x 轴，径向为 r 轴，流体沿 x 轴方向作充分发展的定常层流流动。

沿 x 轴取一长为 dx、半径为 r 的同轴圆柱形控制体，控制面为 CS。根据定常流动的动量方程，有

$$\int_{CS} \rho \boldsymbol{v} (\boldsymbol{v} \cdot \boldsymbol{n}) dA = \sum \boldsymbol{F}$$

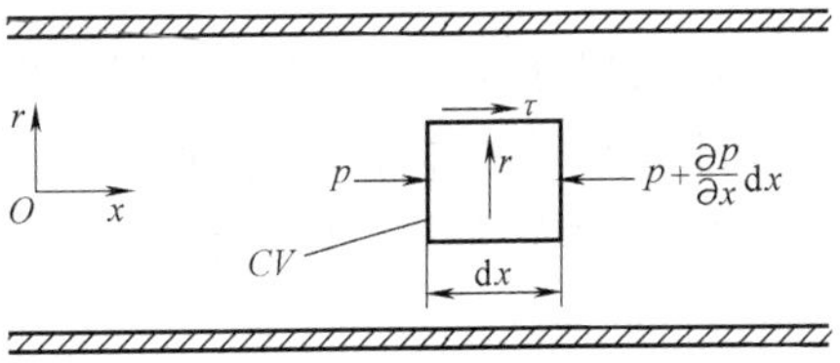

图 4-4　圆管内控制体的受力

在充分发展的定常流动条件下，流出控制体的动量的净通量为零，因此作用在控制体上的合外力为零。作用在控制体上的外力主要有控制体两个端

面上的压强力、控制体侧面上的粘性切应力以及控制体的重力。忽略控制体的流体重力，并认为两个端面上的压强分布均匀，则由上式可以写出控制体的力平衡式

$$p\pi r^2 - \left(p + \frac{\partial p}{\partial x}\mathrm{d}x\right)\pi r^2 - \tau 2\pi r \mathrm{d}r = 0 \tag{a}$$

经过整理，上式可以表示为

$$\frac{\mathrm{d}p}{\mathrm{d}x} = -\frac{2\tau}{r} \tag{b}$$

在上式中，左边项为 x 函数，而右边项与 x 无关，因此等式两边只有均为常数时才有可能相等，即

$$\frac{\mathrm{d}p}{\mathrm{d}x} = 常数 \tag{c}$$

由此可得

$$\frac{\Delta p}{l} = -\frac{\mathrm{d}p}{\mathrm{d}x} = 常数 \tag{d}$$

式中，$\Delta p/l$ 为单位管长上的压降，在圆管内流动时为常数；由于沿流动方向流体压强逐渐降低，因此压强梯度前有一负号。

根据式（b），流体内的切应力可以表示为

$$\tau = -\frac{1}{2}\frac{\mathrm{d}p}{\mathrm{d}x}r = \frac{1}{2}\frac{\Delta p}{l}r \tag{e}$$

上式表明，在圆管定常流动中，流体中的粘性切应力沿半径 r 方向为线性分布。在圆管轴线上，切应力为零；在圆管壁面上，切应力最大，称为壁面切应力

$$\tau_{\mathrm{w}} = \frac{1}{2}\frac{\Delta p}{l}R \tag{f}$$

根据柱坐标系下的牛顿粘性定律，流体中的粘性切应力可以用流体速度在径向上的梯度表示为

$$\tau = -\mu\frac{\mathrm{d}u}{\mathrm{d}r}$$

代入式（e），可得

$$\frac{\mathrm{d}u}{\mathrm{d}r} = -\frac{r}{2\mu}\frac{\Delta p}{l}$$

将上式两端对 r 进行积分，可得

$$u = -\frac{r^2}{4\mu}\frac{\Delta p}{l} + C$$

式中，C 为积分常数，可根据边界条件进行确定。

由于是粘性流体流动，因此壁面处的流体速度满足无滑移条件，即 $r = R$ 时，$u = 0$。根据壁面处的边界条件，积分常数为

$$C = \frac{R^2}{4\mu}\frac{\Delta p}{l}$$

将积分常数代入，由此可得圆管内定常层流流动时的速度分布

$$u = \frac{1}{4\mu}\frac{\Delta p}{l}(R^2 - r^2) \tag{4-10}$$

上式表明，在圆管充分发展的定常层流中，圆管截面上的速度分布为旋转抛物面。圆管充分发展定常层流时管道截面上的切应力分布和速度分布如图 4-5 所示。

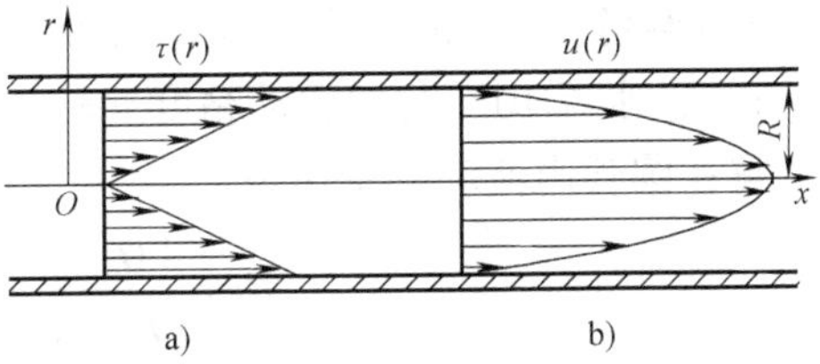

图 4-5　圆管截面上的切应力分布和速度分布

在圆管轴线上，流体的速度最大，最大速度为

$$u_{\max} = \frac{1}{4\mu}\frac{\Delta p}{l}R^2$$

将速度分布式（4-10）沿圆管截面积分，可得圆管内的流体体积流量

$$q_V = \int_0^R u2\pi r\mathrm{d}r = \frac{\pi}{2\mu}\frac{\Delta p}{l}\int_0^R (R^2 - r^2)r\mathrm{d}r = \frac{\pi}{8\mu}\frac{\Delta p}{l}R^4 \tag{g}$$

上式表明，在圆管充分发展的定常层流中，流体的体积流量与管道半径的四次方及单位长度压降成正比，与流体的动力粘度成反比。

圆管截面上的平均速度为

$$V = \frac{q_V}{\pi R^2} = \frac{1}{8\mu}\frac{\Delta p}{l}R^2 = \frac{1}{2}u_{\max}$$

即圆管截面上的平均速度为最大速度的一半。

在圆管充分发展的定常层流中，单位重量流体在管长 L 上的沿程损失，即单位质量流体的压降用管道平均速度可以表示为

$$h_{\mathrm{f}} = \frac{\Delta p}{\rho g} = \frac{8\mu L}{\rho g R^2}V = \frac{64}{Re}\frac{L}{D}\frac{V^2}{2g} \tag{4-11}$$

对比式（4-8），圆管充分发展定常层流中的沿程损失系数可以表示为

$$\lambda = \frac{64}{Re} \tag{4-12}$$

从式（4-11）可以看到，圆管充分发展定常层流时的沿程损失与平均流速的一次方成正比；沿程损失系数仅与流动雷诺数有关，而与管壁粗糙度无关。

【例 4-2】 设有一长度 $L = 1000\mathrm{m}$，直径 $D = 150\mathrm{mm}$ 的水平管道，已知管道出口压强为大气压，管道入口表压强为 $0.965\times10^6\mathrm{Pa}$；管道内的石油密度 $\rho = 920\mathrm{kg/m^3}$，运动粘度 $\nu = 4\times10^{-4}\mathrm{m^2/s}$；求管道内石油的体积流量。

解： 流体的动力粘度　$\mu = \rho\nu = 920\times4\times10^{-4}\mathrm{Pa\cdot s} = 0.368\mathrm{Pa\cdot s}$

假设管道内的石油流动为层流流动，则平均流速为

$$V = \frac{1}{8\mu}\frac{\Delta p}{L}R^2 = \frac{965000\times0.075^2}{8\times0.368\times150}\mathrm{m/s} = 1.8438\mathrm{m/s}$$

石油的体积流量为

$$q_V = \frac{\pi D^2}{4}V = \frac{\pi\times0.15^2\times1.8438}{4}\mathrm{m^3/s} = 0.0326\mathrm{m^3/s}$$

验证层流流动假设：管道内流动的雷诺数为

$$Re=\frac{VD}{\nu}=\frac{1.8438\times0.15}{4\times10^{-4}}=691<2000$$

管道内流动的雷诺数小于临界雷诺数，流动为层流流动，计算成立。

【例 4-3】 已知一圆管的管长 $L=20\text{m}$，管径 $D=20\text{mm}$；圆管中水的平均流速 $V=0.12\text{m/s}$；水温 10℃时的运动粘度 $\nu=1.306\times10^{-6}\text{m}^2/\text{s}$；求该管段的沿程损失。

解：圆管内流动的雷诺数

$$Re=\frac{VD}{\nu}=\frac{0.12\times0.02}{1.306\times10^{-6}}=1838<2000$$

圆管内的流动为层流流动，因此沿程阻力系数

$$\lambda=\frac{64}{Re}=\frac{64}{1838}=0.035$$

管道沿程能量损失

$$h_{\text{f}}=\lambda\frac{L}{D}\frac{V^2}{2g}=0.035\times\frac{20\times0.12^2}{2\times9.8\times0.02}\text{m}=0.026\text{m}$$

二、圆管中的湍流时均运动

由于湍流运动的复杂性，其时均运动至今还不能用理论方法分析其在管内流动的基本特性，下面介绍关于管内湍流时均运动的一些实验研究结论。

1. 圆管内湍流的三层结构

实验发现，在紧邻管道壁面的薄层内，流速很低，并无湍流脉动发生；此区域中的流体流动主要受流体分子粘性切应力的作用。这个薄层称为湍流粘性底层。在粘性底层内，流体的粘性对流体的流动起主要作用。虽然湍流粘性底层厚度很薄，但它对于分析计算湍流的流动阻力以及传热、传质等问题具有重要的意义。在管道内的湍流流动中，湍流粘性底层厚度通常可用如下经验公式进行计算

$$\delta=\frac{34.2D}{Re^{0.875}}\tag{4-13}$$

或

$$\delta=\frac{32.8D}{Re\sqrt{\lambda}}\tag{4-14}$$

式中，D 和 λ 分别是管径和沿程阻力系数。

往管道轴心方向紧邻粘性底层的薄层称为过渡层。在过渡层内，湍流脉动已经出现，湍流脉动对流体流动的作用与流体粘性的作用大小在同一数量级。

过渡层到管道轴心区域称为管流的湍流核心区。在湍流核心区内，湍流脉动对流体的流动起主要作用，而流体粘性的作用则可以忽略。

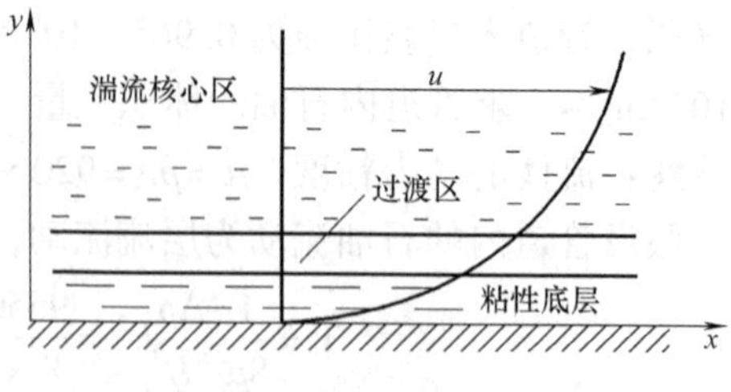

图 4-6 湍流流场区域的划分

由此，对于流经固体壁面的湍流而言，根据距壁面的距离以及流体粘性与湍流脉动影响程度的不同，可将湍流流场划分为粘性底层、过渡层以及湍流核心区等三个区域，如图 4-6 所示。

2. 管内湍流时均运动的速度分布

实验发现，圆管内湍流时均速度分布可分层表达为

粘性底层　$0<\frac{y}{y^*}<5$　$\bar{u}=u^*\frac{y}{y^*}$（线性分布）　(4-15)

过渡层　$5\leqslant\frac{y}{y^*}\leqslant30$　$\frac{\bar{u}}{u^*}=5.0\ln\frac{y}{y^*}-3.05$（对数分布）　(4-16)

湍流核心层　$\frac{y}{y^*}>30$　$\frac{\bar{u}}{u^*}=2.5\ln\frac{y}{y^*}+5.5$（对数分布）　(4-17)

式中，y 坐标自管壁指向管道中心；$y^*=\frac{\mu}{\sqrt{\tau_w\rho}}$，称为摩擦长度；$u^*=\sqrt{\frac{\tau_w}{\rho}}$，称为壁面摩擦速度；$\tau_w$ 为壁面切应力。

实验发现，在雷诺数 $4\times10^3\leqslant Re\leqslant3.2\times10^6$ 的范围内，也可将圆管截面上的湍流时均速度分布用指数函数的形式统一表示为

$$\frac{\bar{u}}{u_{max}}=\left(\frac{y}{R}\right)^{\frac{1}{n}} \tag{4-18}$$

式中，u_{max} 为圆管截面上时均速度的最大值；y 为距壁面的距离；R 为圆管半径；n 的数值随雷诺数变化，其具体数值见表 4-1。

表 4-1　雷诺数与 n 及 V/u_{max} 的关系

Re	4.0×10^3	2.3×10^4	1.1×10^5	1.1×10^6	2.0×10^6	3.2×10^6
n	6.0	6.6	7.0	8.8	10	10
V/u_{max}	0.791	0.808	0.817	0.848	0.865	0.865

在上表中，V/u_{max} 为圆管截面上平均时均速度与最大时均速度的比值。

可以看出，对于圆管内的层流流动，$V/u_{max}=0.5$；对于湍流时均流动，V/u_{max} 则一般在 0.8～0.87 之间。

图 4-7 给出的是层流流动与湍流流动时，圆管截面上速度分布的比较。从湍流流动的时均速度分布中可以看到，湍流脉动使圆管截面上的速度分布均匀化；流动雷诺数越大，时均速度分布越趋向均匀。

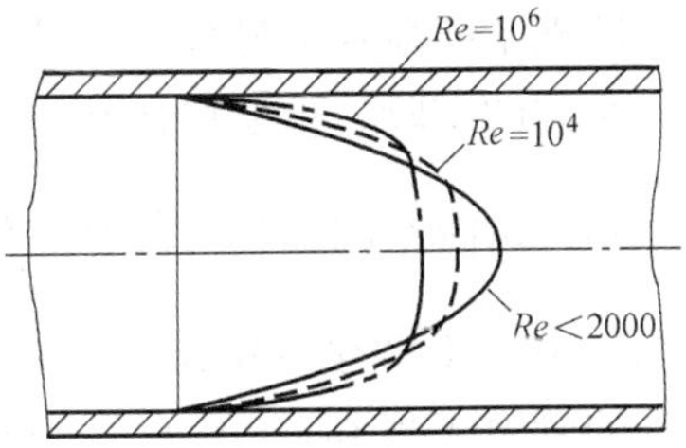

图 4-7　层流流动与湍流流动时圆管截面上速度分布的比较

【例 4-4】 圆管内定常湍流流动，已知空气运动粘度 $\nu=1.51\times10^{-5}\text{m}^2/\text{s}$，密度 $\rho=1.2\text{kg/m}^3$，管径 $D=0.14\text{m}$，体积流量 $q_V=6.4\times10^{-2}\text{m}^3/\text{s}$，单位长度上的压降 $\Delta p/l=1.77\text{Pa/m}$。求壁面上的摩擦切应力、壁面摩擦速度以及圆管轴线上的速度。

解： 式 (f) 也同样适用于湍流时均流动，由

$$\tau_w=\frac{1}{2}\frac{\Delta p}{l}R$$

可得　$\tau_w=\frac{1}{2}\frac{\Delta p}{l}\frac{D}{2}=\frac{1}{2}\times1.77\times\frac{0.14}{2}\text{Pa}=0.062\text{Pa}$

根据壁面摩擦速度的定义　$u^*=\sqrt{\frac{\tau_w}{\rho}}=\sqrt{\frac{0.062}{1.2}}\text{m/s}=0.227\text{m/s}$

根据湍流核心区速度分布公式 $\dfrac{\bar{u}}{u^*}=2.5\ln\dfrac{y}{y^*}+5.5$

可得

$$\frac{u_{max}}{u^*}=2.5\ln\frac{y}{y^*}+5.5=2.5\ln\left(\frac{D}{2}\frac{u^*}{\nu}\right)+5.5=2.5\times\ln\left(\frac{0.14}{2}\times\frac{0.227}{1.51\times10^{-5}}\right)+5.5=22.9$$

因此

$$u_{max}=22.9u^*=22.9\times0.227\text{m/s}=5.2\text{m/s}$$

第三节　管道流动阻力系数的研究

一、管内流动沿程阻力系数的实验研究

实际流体在流动过程中，不论是层流流动，还是湍流流动，沿程损失均按式（4-8）进行计算，对于确定的管道流动，管道的管径、长度都是一定的，公式中只有沿程阻力系数较难确定，所以计算沿程损失的关键是要得到沿程阻力系数。对于层流，沿程阻力系数已经用分析方法推导出来，$\lambda=64/Re$，并为实验所证实；对于湍流时均流，其沿程阻力系数由实验研究确定。国内外都对此进行了大量对实验研究，得出了具有实用价值的曲线图，也归纳出部分经验或半经验公式。

下面主要介绍尼古拉兹（J. NikuraDse）实验曲线和适用于工业管道的莫迪（L. F. MooDy）曲线图。

1. 尼古拉兹实验

长期以来，为了求得沿程阻力系数 λ 的值，人们作了大量的实验研究和理论分析，尼古拉兹实验就是其中之一，并且具有很强的代表性。1933 年尼古拉兹对不同直径、不同流量的管道流动进行了实验。为了试验管壁粗糙度对流动阻力的影响，他采用人工粗糙的方法，即把不同粒径的砂粒分别均匀地粘贴到管道内壁上，以便得到不同的相对粗糙度，进行了一系列的实验。他实验的范围很广，雷诺数为 $Re=500\sim10^6$，相对粗糙度为 $\varepsilon/D=1/1041\sim1/30$，量测不同流量时的平均流速和沿程损失，根据 $Re=\dfrac{VD}{\nu}$和 $\lambda=\dfrac{D}{l}\dfrac{2g}{V^2}h_f$ 两式，算出 λ 和 Re。在双对数坐标中绘制实验结果点，如图 4-8 所示。图中每一条曲线都表示一种相对粗糙度的管道 λ 值和 Re 的关系。通过实验中 λ 的变化，他把这些实验曲线分为五个区域：

（1）层流区（$Re<2000$）　管壁的相对粗糙度对沿程阻力系数没有影响，所有实验点均落到直线Ⅰ上，λ 只与 Re 有关，与相对粗糙度 ε/D 无关，由此证明了层流理论的正确性。此时

$$\lambda=64/Re$$

（2）过渡区（$2000<Re<4000$）　这是个由层流向湍流过渡的不稳定区域，可能是层流，也可能是湍流，如图 4-8 中的区域Ⅱ所示。

（3）湍流光滑管区[$4000<Re<26.98(D/\varepsilon)^{8/7}$]　如图中倾斜线Ⅲ所示，各种不同相对粗糙度管流的实验点都落到倾斜线Ⅲ上，只是它们在该线上所占的区段的大小不同而已。随着雷诺数 Re 的增大，相对粗糙度较大的管道，其实验点在较小的雷诺数 Re 时就偏离了曲线Ⅲ，即实验点在曲线Ⅲ上所占区域非常小；而相对粗糙度较小的管道，其实验点在较大的雷诺数 Re 时才偏离曲线Ⅲ，即实验点在曲线Ⅲ上所占区域非常大。这是因为在相同的雷诺数

Re 和相等的管径下，其层流底层的厚度也必然相等，较大的粗糙度凸出的高度 ε 必定先露出层流底层，由光滑管变为粗糙管。由图可知，沿程阻力系数 λ 与相对粗糙度 ε/D 无关，只与雷诺数 Re 有关。对于 $4\times10^3<Re<10^5$ 的这段倾斜线，勃拉休斯（H. Blasius）归纳的计算公式为

$$\lambda=\frac{0.3164}{Re^{0.25}} \tag{4-19}$$

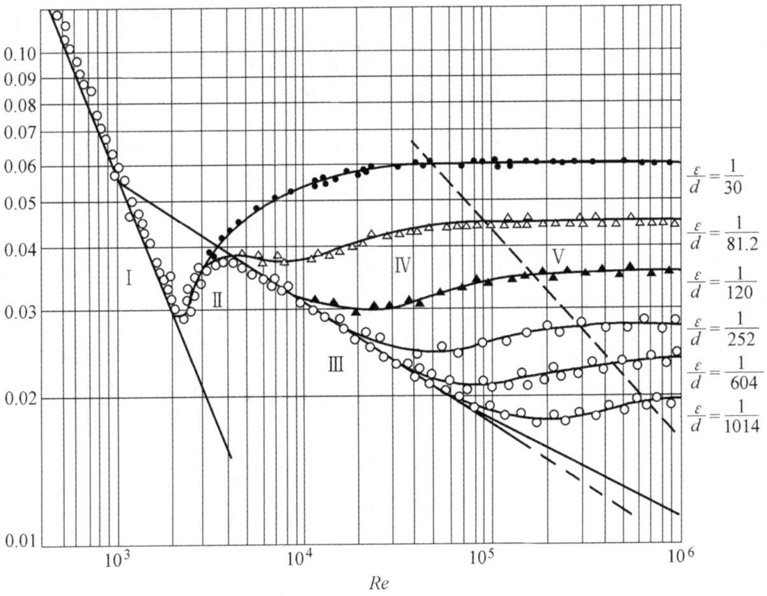

图 4-8 尼古拉兹实验曲线

当 $10^5<Re<3\times10^6$ 时，尼古拉兹归纳的计算公式为

$$\lambda=0.0032+0.221Re^{-0.237} \tag{4-20}$$

当将式（4-19）代入达西公式（4-8）去计算沿程损失时，很容易证明 h_f 与 $V^{1.75}$ 成正比，故湍流“光滑管”区又称 1.75 次方阻力区。

（4）湍流粗糙管过渡区[$26.98(D/\varepsilon)^{8/7}<Re<4160(D/2\varepsilon)^{0.85}$]

随着雷诺数 Re 的增大，湍流流动的层流底层逐渐减薄，原先为水力光滑的管子相继变为水力粗糙管，因而脱离光滑管线段Ⅲ，而进入粗糙管区Ⅳ。图 4-8 中不同相对粗糙度的管子先后偏离了光滑管区曲线Ⅲ，各自成为一条条波状的曲线，而且随着 Re 的增大，λ 也增大 。这一区域是光滑管区和粗糙管区的过渡区，其沿程阻力系数与相对粗糙度 ε/D 和雷诺数 Re 均有关，即 $\lambda=f(Re,\varepsilon/D)$。

（5）粗糙管区[湍流粗糙管平方阻力区，$4160(D/2\varepsilon)^{0.85}<Re$] 随着雷诺数的增大，湍流充分发展，流动能量的损失主要决定于脉动运动，粘性的影响可以忽略不计。不同相对粗糙度的实验曲线都与横坐标轴平行。可见，沿程阻力系数 λ 与雷诺数 Re 无关，只与相对粗糙度 ε/D 有关，流动进入区域Ⅴ。在这一区间流动的能量损失与流速的平方成正比，故称此区域为平方阻力区。湍流粗糙管过渡区Ⅳ与湍流粗糙管平方阻力区Ⅴ以图中的虚线为分界线，这条分界线的雷诺数为

$$Re = 4160\left(\frac{D}{2\varepsilon}\right)^{0.85} \tag{4-21}$$

平方阻力区的 λ 可按尼古拉兹归纳的公式进行计算

$$\lambda = \left(1.74 + 2\lg\frac{D}{2\varepsilon}\right)^{-2} \tag{4-22}$$

尼古拉兹实验揭示了管道能量损失的基本规律，比较完整的反映了沿程阻力系数 λ 随相对粗糙度 ε/D 和雷诺数 Re 的变化曲线，这样，就为这类管道的沿程阻力的计算提供了可靠的实验基础。但尼古拉兹实验曲线是在人工粗糙管道下得出的，这种管道内壁的粗糙度是均匀的，而实际工程技术中所用的管道内壁的粗糙度则是自然的非均匀的和高低不平的。因此，要把尼古拉兹实验曲线应用于工业管道，就必须用实验方法去确定工业管道与人工均匀粗糙度等值的绝对粗糙度 ε。

2. 莫迪图

实际管道并非尼古拉兹实验管道那样有着均匀的粗糙度，其凹凸具有一定的随机性，要把上述实验结果应用于实际管道中，还需进一步的深化研究。

莫迪在尼古拉兹实验的基础上，用实际工业管道进行了类似的实验研究，绘制出工业管道的沿程阻力系数 λ 曲线图，称为莫迪图。其中也应用了柯列布茹克(C. F. Colebrook)公式

$$\frac{1}{\sqrt{\lambda}} = -0.86\ln\left(\frac{\frac{\varepsilon}{d}}{3.7} + \frac{2.51}{Re\sqrt{\lambda}}\right) \tag{4-23}$$

莫迪图对于计算新的工业管道的沿程阻力系数 λ 是很方便的，如图 4-9 所示。该图按对数坐标绘制，表示沿程阻力系数 λ 与相对粗糙度 ε/D 和雷诺数 Re 之间的函数关系。

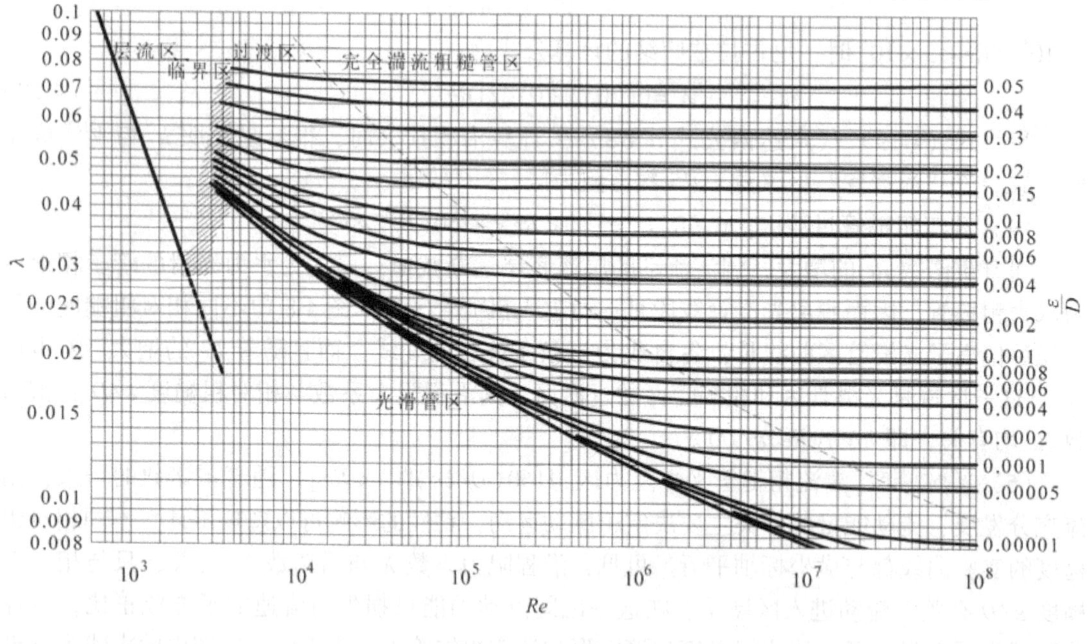

图 4-9 莫迪图

莫迪图也分为五个区域，即层流区、临界区（相当于尼古拉兹曲线的过渡区）、光滑管区、过渡区（相当于尼古拉兹曲线的湍流粗糙管过渡区）、完全湍流粗糙管区（尼古拉兹曲线的湍流粗糙管平方阻力区）。皮勾（B. J. S. Pigott）推荐的过渡区同完全湍流粗糙管区之间分界线的雷诺数为

$$Re=\frac{3500}{\varepsilon/D} \tag{4-24}$$

【例 4-5】 已知通过直径 $D=200\text{mm}$，长 $l=300\text{m}$，绝对粗糙度 $\varepsilon=0.4\text{mm}$ 的铸铁管道的体积流量 $q_V=1000\text{m}^3/\text{h}$，运动粘度 $\nu=2.5\times10^{-6}\text{m}^2/\text{s}$，试求单位质量流体的能量损失 h_f。

解：油在管道内的平均流速 $V=\frac{4q_V}{\pi D^2}=\frac{4}{3.14\times0.2^2}\times\frac{1000}{3600}\text{m/s}=8.84\text{m/s}$

雷诺数
$$Re=\frac{VD}{\nu}=\frac{8.84\times0.2}{2.5\times10^{-6}}=70800$$

而
$$4610\left(\frac{D}{2\varepsilon}\right)^{0.85}=4160\times\left(\frac{200}{2\times0.4}\right)^{0.85}=458000<Re$$

所以流动处于湍流粗糙管平方阻力区，沿程阻力系数

$$\lambda=\left(1.74+2\lg\frac{D}{2\varepsilon}\right)^{-2}=(1.74+2\lg250)^{-2}=0.0234$$

代入式（4-8），得　$h_f=\lambda\frac{l}{D}\frac{V^2}{2g}=0.0234\times\frac{300}{0.2}\times\frac{(8.84)^2}{2\times9.806}\text{m}=140\text{m}$

由上例可以知道，在已知管道尺寸（l、D、ε）、流体性质（ν）和流量（q_V）的条件下，要求水头损失（h_f），是容易求得的。只需算出 Re、ε/D，由莫迪图查得 λ，代入式（4-8）中即可求得。

【例 4-6】 15℃的水，流过一直径 $D=300\text{mm}$ 的铆接钢管。已知绝对粗糙度 $\varepsilon=3\text{mm}$，在长 $l=300\text{m}$ 的管道上水头损失 $h_f=6\text{m}$，试求水的流量 q_V。

解：管道的相对粗糙度 $\varepsilon/D=0.01$。由莫迪图试取 $\lambda=0.038$，将已知数据代入式（4-8），并稍加整理，得

$$V=\sqrt{\frac{h_f\times2g}{\lambda l}}=\sqrt{\frac{6\times0.3\times2\times9.806}{0.038\times300}}\text{m/s}=1.76\text{m/s}$$

由于15℃的水的运动粘度 $\nu=1.13\times10^{-6}\text{m}^2/\text{s}$，于是

$$Re=\frac{VD}{\nu}=\frac{1.76\times0.3}{1.13\times10^{-6}}=46700$$

根据 Re 与 ε/D 由莫迪图查得 $\lambda=0.038$，且流动处于平方阻力区，λ 不随 Re 而变，故水的流量

$$q_V=AV=\frac{\pi}{4}\times0.3^2\times1.76\text{m}^3/\text{s}=0.1245\text{m}^3/\text{s}$$

假如根据 Re 与 ε/D 由莫迪图查与试选的 λ 值不相符合时，则应以查得的为改进的 λ 值，再

按上述步骤进行计算，直至最后由莫迪图查得的 λ 值与改进的 λ 值相符合为止。可见，在已知管道尺寸（D、l、ε）、流体性质（ν）和水头损失（h_f）的条件下，要求通过管道的流量（q_V），则需采用试算的方法。

3. 非圆管流的沿程损失

前面已分析和研究了圆管中流体在两种不同流态时的沿程损失，但是在工程应用中输送流体的管道不一定都是圆形截面，例如通风、空调系统的管道大多都采用矩形截面，有些场合还会遇到圆环形管道。在锅炉或其他换热器中还会遇到沿管束流动等更为复杂的情况。对于这些非圆形管道的沿程损失计算问题，沿程损失的计算公式（4-8）和雷诺数的计算公式 $Re = VD\rho/\mu = VD/\nu$ 仍然可以应用，但要把公式中的直径 D 用当量直径 D_e 来代替，即

$$h_f = \lambda \frac{l}{D_e}\frac{V^2}{2g} \tag{4-25}$$

$$Re = \frac{VD_e}{\mu/\rho} \tag{4-26}$$

【例 4-7】 用镀锌钢板制成的矩形风道长 $l = 20\text{m}$，截面积为 $A = 0.4\text{m}\times1.0\text{m}$，风速 $V = 14\text{m/s}$，风温 $t = 20℃$，试求沿程损失 h_f。设若风道入口截面 1 处的风压 $p_1 = 980.6\text{Pa}$，而风道出口截面 2 比截面 1 的位置高 10m，求截面 2 处的风压 p_2。

解：风道的当量直径 $D_e = \dfrac{2ab}{a+b} = \dfrac{2\times0.4\times1.0}{0.4+1.0}\text{m} = 0.57\text{m}$

20℃空气的运动粘度 $\nu = 1.63\times10^{-5}\text{m}^2/\text{s}$，故雷诺数

$$Re = \frac{VD_e}{\nu} = \frac{14\times0.57}{1.63\times10^{-5}} = 489440$$

由于镀锌钢板的绝对粗糙度 $\varepsilon = 0.15\text{mm}$，则相对粗糙度

$$\varepsilon/D_e = 0.15/375 = 0.0004$$

由图 4-31 查得 $\lambda = 0.026$，故沿程损失

$$h_f = 0.026\times\frac{30}{0.375}\times\frac{(14)^2}{2\times9.806}\text{m} = 14.8\text{m}$$

在等截面管道中动能没有变化，20℃空气的密度 $\rho = 1.2\text{kg/m}^3$，故由粘性总流的能量方程求得截面 2 处的压强

$$\begin{aligned} p_2 &= p_1 - pg(z_2 - z_1) - \rho g h_f \\ &= (100\times9.806 - 1.2\times9.806\times10 - 1.2\times9.806\times14.8)\text{Pa} \\ &= 689\text{Pa} \end{aligned}$$

二、管内流动局部阻力系数的实验研究

实际的管道系统由于运行和安装的需要，需安装一些管道配件，如变径管、阀门、弯管、三通等，流体经过这些管道配件时，由于流体的相互碰撞和旋涡的形成等原因，将造成在局部管段的能量损失，这种损失称为局部阻力损失或局部损失，其用速度水头公式（4-9）表示。局部阻力的计算问题归结为寻求局部阻力系数 ζ 的问题。

管道配件种类繁多，形状各异。在管道配件附近，流体的流动状态发生急剧改变。局部阻力系数都是由实验测定的。

下面结合几类不同的流道变化介绍一些管道配件对应的局部阻力系数。

1. 管道截面突然扩大

图 4-10 所示为圆管突然扩大处的流动，流体从小截面管道流往大截面管道，由于流体的惯性作用，主流与固体边壁分离，在管壁拐角与流束之间形成漩涡区，在漩涡区内的流体作回转运动要消耗能量，主流束把能量传递给漩涡区的流体，这些流体又把得到的能量消耗在旋转运动中，并以热能的形式不可逆地消耗掉。另外，从小截面管道中流出的流体有较高的速度，必然要碰撞大截面管道中流速较低的流体，从而产生碰撞损失。

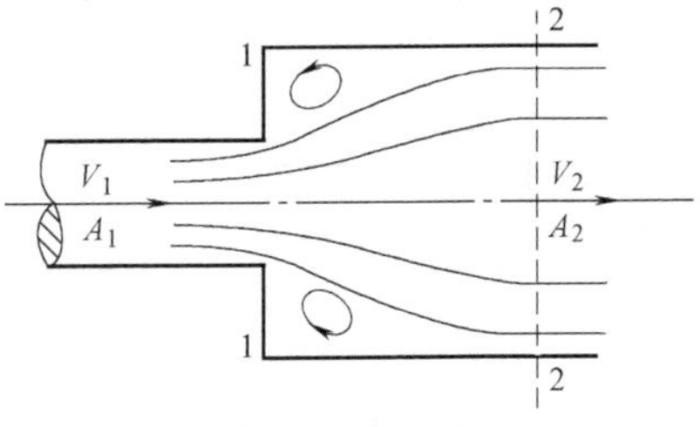

图 4-10　管道截面突然扩大

管道出口与大面积的水池相连也属于流道断面突然扩大的情形（图 4-11）。这时，管道中的速度水头完全消散于池水之中，其局部阻力系数 $\zeta=1$。

需要说明的是，管道突然扩大的损失较大，在实际工程应用中，需要改变管径时，一般用渐扩管（图 4-12），损失将很大程度地减少。

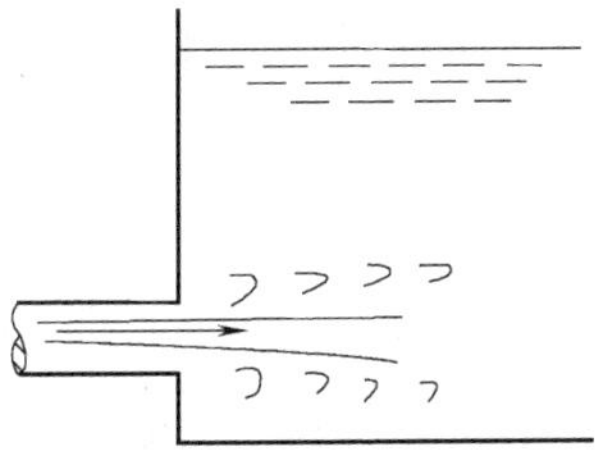
图 4-11　管道出口损失

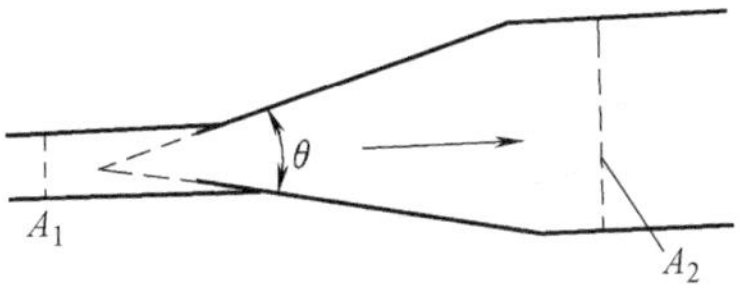

图 4-12　渐扩管

2. 管道截面突然缩小

图 4-13 所示是流体通过管道截面突然缩小时的流动，流体从大截面管道流往小截面管道，流线必须弯曲，流束必定收缩。当流体进入小直径管道后，由于流体的惯性，流束将继续收缩直至最小截面 A_c（称为缩颈），而后又逐渐扩大，直至充满整个小截面管道 A_2。这样，流体主流和管壁之间在小截面管道的缩径处会有一定的分离，在缩颈附近的流束与管壁之间有一充满小漩涡的低压区。在大截面管道与小截面管道连接的凸肩处，也会形成漩涡区。所有漩涡运动都要消耗能量，这些能量都不可逆地以热量的形式散发掉。而在流线弯曲、流体的加速和减速过程中，由于流体质点碰撞等原因也都有碰撞损失。

由于管道突然缩小所造成的能量损失较大，所以，在实际工程安装中，管道截面面积需要减小时，常用的是渐缩管（图 4-14），这样可以大大减小此处的局部阻力损失。

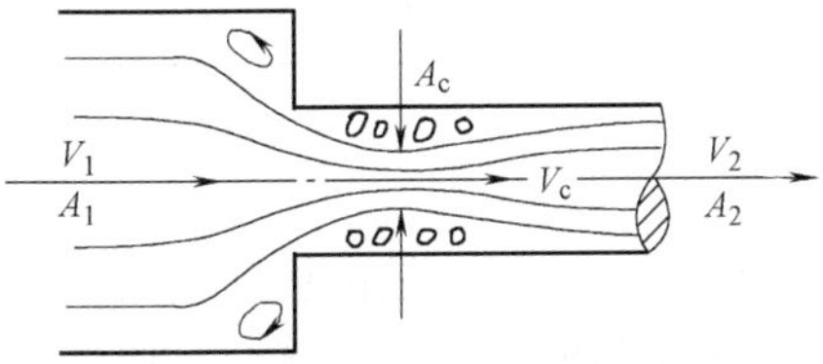

图 4-13　管道截面突然缩小

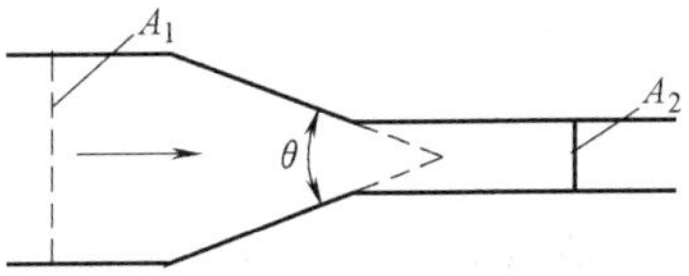

图 4-14　渐缩管

几种管道截面突然变化的配件对应的局部阻力系数的实测值列于表 4-2。

表 4-2　局部阻力系数的实测值

类型	示意图	局部阻力系数 ζ										
截面突然缩小	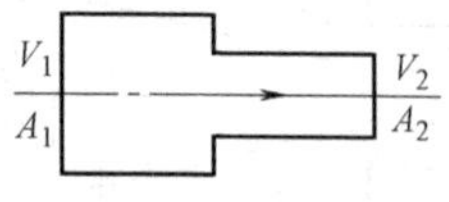	A_2/A_1	0.01	0.1	0.2	0.3	0.4	0.5	0.6	0.7	0.8	0.9	1
		ζ_2	0.5	0.47	0.45	0.38	0.34	0.30	0.25	0.20	0.15	0.09	0
截面突然扩大	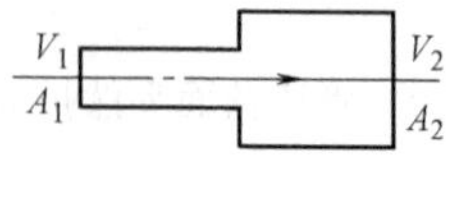	A_1/A_2	1	0.9	0.8	0.7	0.6	0.5	0.4	0.3	0.2	0.1	0
		ζ_1	0	0.01	0.04	0.09	0.16	0.25	0.36	0.49	0.64	0.81	1
		ζ_2	0	0.0123	0.0625	0.184	0.444	1	2.25	5.44	16	81	∞
渐缩管	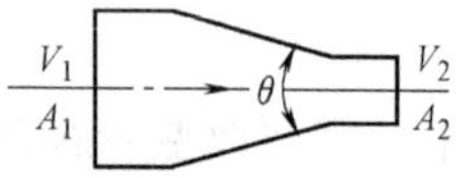	$\zeta_2 = \dfrac{\lambda}{8\sin\dfrac{\theta}{2}}\left[1-\left(\dfrac{A_2}{A_1}\right)^2\right]$										
渐扩管	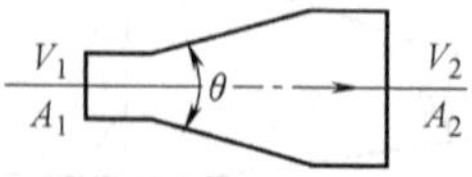	$\zeta_2 = \dfrac{\lambda}{8\sin\dfrac{\theta}{2}}\left[1-\left(\dfrac{A_1}{A_2}\right)^2\right]+K\left(1-\dfrac{A_1}{A_2}\right)$　当 $A_1/A_2=\dfrac{1}{4}$ 时										
		$\theta/(^\circ)$	2	4	6	8	10	12	14	16	20	25	
		K	0.027	0.048	0.072	0.103	0.138	0.177	0.221	0.270	0.386	0.645	

3. 阀门

管路中的阀门可视作流动截面的改变，不同的阀门有不同的局部阻力系数，其局部阻力系数与阀门的开度（h/d）或转角（α）有关具体数据可参考表 4-3。图 4-15 给出了几种常见的阀门。

表 4-3　闸阀、旋塞阀、碟阀的局部阻力系数

闸阀	h/D	全开	7/8	6/8	5/8	4/8	3/8	2/8	1/8	
	ζ	0.05	0.07	0.26	0.81	2.06	5.52	17	97.8	
旋塞阀	$\theta/(^\circ)$	5	10	15	20	25	30	40	50	60
	ζ	0.05	0.29	0.75	1.56	3.1	5.47	17.3	52.6	206
碟阀	$\theta/(^\circ)$	5	10	15	20	25	30	40	50	60
	ζ	0.25	0.52	0.9	1.54	2.51	3.91	10.8	32.6	118

4. 弯管

流体在弯管处流向改变，产生损失。损失由三部分组成：一部分是由切向应力产生的沿程损失，特别是在流动方向改变、流速分布变化中产生的这种损失；另一部分是由于曲面附面层分离所产生的损失；第三部分是由二次流形成的双螺旋流动所产生的损失。

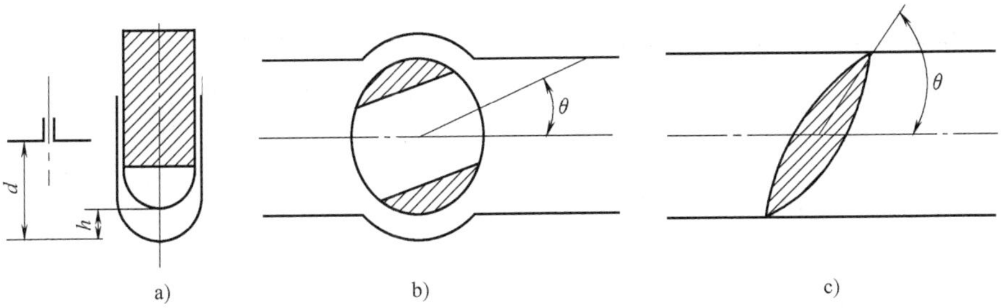

图 4-15　常见的阀门

a）闸阀　b）旋塞阀　c）碟阀

在前面的内容中已经讨论过理想流体沿流线法线方向上的速度压强分布变化的情况。由于这种变化将增加由切向应力所产生的沿程损失。

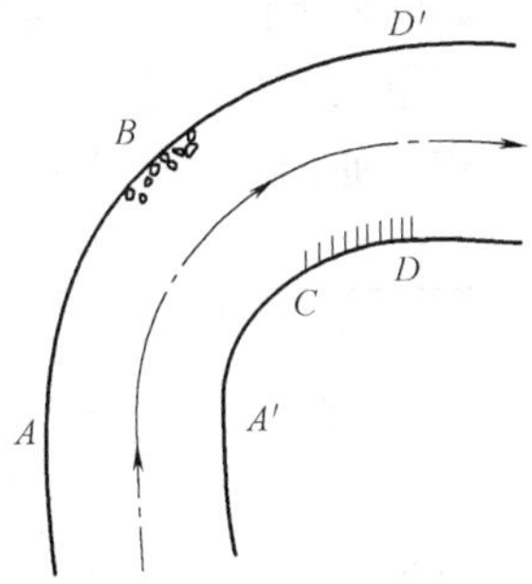

图 4-16　弯管中附面层的分离

通过前面的分析已知，沿流线法线方向的流动中，流速与曲率半径成反比，压强与曲率半径成正比。所以，当流体沿弯管流动时，弯管外侧的压强高，内侧的压强低。流体由直管进入弯管前，在截面 AA'（图 4-16）的压强是相等的。流体进入弯管后，在外侧由 A 到 B 流动为增压过程（压强梯度为正），B 点压强最高，从 B 到 D' 压强又逐渐下降；在内侧正好相反，由 A' 到 C 压强逐渐下降，C 点压强最低，从 C 到 D 流动又为增压过程，直至流体进入直管后，在截面 DD' 上压强又变为相等值。在 AB 和 CD 这两段增压过程中，流体的动能都是在相应地减小，所以，就有可能因附面层能量被粘性力所消耗，而出现曲面附面层分离，形成漩涡，造成损失。

在流管的弯曲段中，由于受到离心力的作用，使弯管外侧压强增大，内侧压强减小，从而引起一对从属于主流的涡流，如图 4-17 所示，称之为二次流。二次流与主流结合在一起称之为双螺旋流动，加大了弯管的能量损失，并可往下游延续 $(50\sim75)D$（管径）的距离。双螺旋流动必然在主流之外增加了局部流速，从而增加了额外的损耗。

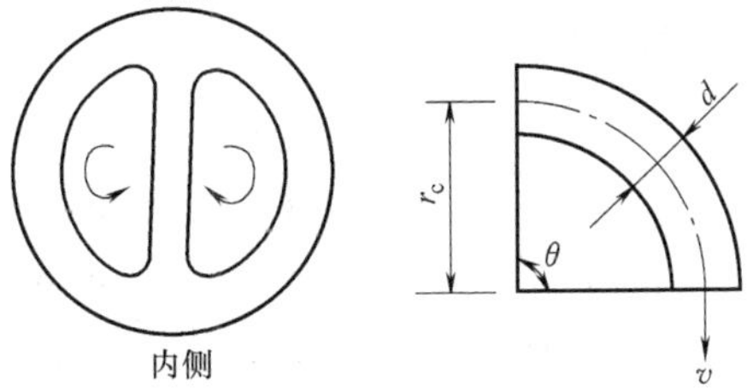

图 4-17　弯管流动中的二次流

弯管的局部阻力系数 ζ 随弯管的总弯角 θ、弯管中心线的曲率半径与管径的比值 R/D 而变化。

5. 三通

流体流经三通等管件时，流体的流量将发生变化，从而使流动速度发生变化，所以可引起局部能量损失。三通的形式很多，但一般情况下，根据流量变化的特征，把它分为分流式和汇流式两种，如图 4-18 所示。

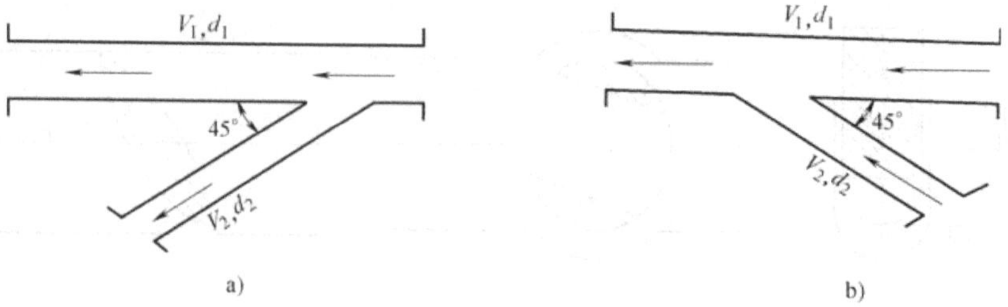

图 4-18 三通示意图
a）分流式 b）汇流式

三通的局部阻力一方面取决于它的几何参数（截面比、角度等），另一方面还取决于三通前后流量的变化。表 4-4 和表 4-5 给出了 $\alpha=45°$（支流管与总流管之间的夹角）时分流式和汇流式三通的局部阻力系数值。

表 4-4 分流式三通管的局部阻力系数 ζ 值

d_1/d_2 \ ζ \ V_1/V_2	0.35	0.58	1.0	0.35	0.58	1.0
	ζ_1（直通管，对应于 V_1 速头）			ζ_2（分支管，对应于 V_2 速头）		
0.6	-0.03	-0.06	0.11	1.44	1.80	3.60
0.8	-0.04	-0.08	0.06	0.57	0.82	2.20
1.0	-0.04	-0.08	-0.04	0.13	0.18	1.60
1.2	-0.05	-0.08	0.15	0.09	0.13	1.20
1.4	-0.05	-0.08	0.30	0.14	0.28	0.90
1.6	-0.05	-0.07	0.48	0.23	0.28	0.80

表 4-5 汇流式三通管的局部阻力系数 ζ 值

d_1/d_2 \ ζ \ V_1/V_2	0.35	0.58	1.0	0.35	0.58	1.0
	ζ_1（直通管，对应于 V_1 速头）			ζ_2（分支管，对应于 V_2 速头）		
0.6	0.15	0.18	0.51	-0.64	-1.60	-0.35
0.8	0.17	0.08	0.65	0.19	-0.50	0.15
1.0	0.15	0.02	0.72	0.50	0.16	0.40
1.2	0.13	-0.08	0.58	0.55	0.20	0.50
1.4	0.08	-0.15	0.35	0.70	0.22	0.56
1.6	0.08	-0.26	0.20	0.74	0.37	0.58

从表中可发现，某个分支的局部阻力系数可能出现负值。这是因为两股不同流速的流体汇流时，或者流体分流为两股不同流速的流体时，高速支流将其部分能量传递给了低速支流，使低速支流能量有所增加。如果低速支流获得的能量大于它通过三通时损失掉的能量，则表现出的局部阻力系数就是负值。但是三通中两支流的阻力系数不可能同时为负值，即两

支流的能量损失之和为正，总能量只能减少，不能增加。

以上讨论的都是单个管件的局部阻力，但在实际工程中，管道的安装中会有很多的管道配件，也就是说流体在同一管道系统中，存在许多的局部阻力损失，当两个管件非常靠近时，由于相互影响的存在，如果把两个管件的局部阻力相叠加，则常比实际的阻力大。这样去计算管道系统所需的动力，肯定是不安全的。如果要较精确地确定两相邻管件的能量损失，则要通过实验去测定它们总的压强损失，而不应简单叠加。

表4-6给出了常用的各种局部管件的局部阻力系数ζ值。实际工程设计时，可查阅有关的设计手册和专业著作。

表4-6　各种局部管件的局部阻力系数ζ值

<table>
<tr><td>（1）突然扩大</td><td>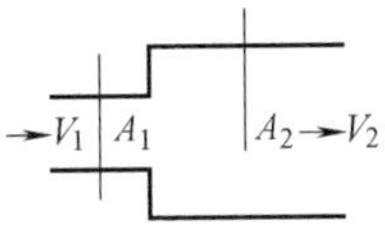</td><td colspan="12">$\zeta_1=\left(1-\frac{A_1}{A_2}\right)^2$　应用公式 $h_j=\zeta_1\frac{V_2^2}{2g}$
$\zeta_2=\left(\frac{A_2}{A_1}-1\right)^2$　应用公式 $h_j=\zeta_2\frac{V_2^2}{2g}$</td></tr>
<tr><td rowspan="9">（2）逐渐扩大</td><td rowspan="9">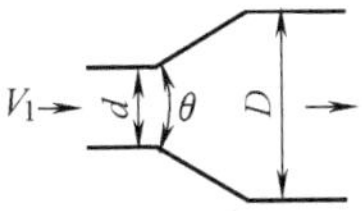$h_j=\zeta\frac{V_1^2}{2g}$，$\zeta$值见右表</td><td rowspan="2">D/d</td><td colspan="11">圆锥体角度θ</td></tr>
<tr><td><4°</td><td>6°</td><td>8°</td><td>10°</td><td>15°</td><td>20°</td><td>25°</td><td>30°</td><td>40°</td><td>50°</td><td>60°</td></tr>
<tr><td>1.1</td><td>0.01</td><td>0.01</td><td>0.02</td><td>0.03</td><td>0.05</td><td>0.10</td><td>0.13</td><td>0.16</td><td>0.19</td><td>0.21</td><td>0.23</td></tr>
<tr><td>1.2</td><td>0.02</td><td>0.02</td><td>0.03</td><td>0.04</td><td>0.06</td><td>0.16</td><td>0.21</td><td>0.25</td><td>0.31</td><td>0.35</td><td>0.37</td></tr>
<tr><td>1.4</td><td>0.03</td><td>0.03</td><td>0.04</td><td>0.06</td><td>0.12</td><td>0.23</td><td>0.30</td><td>0.36</td><td>0.44</td><td>0.50</td><td>0.53</td></tr>
<tr><td>1.6</td><td>0.03</td><td>0.04</td><td>0.05</td><td>0.07</td><td>0.14</td><td>0.26</td><td>0.35</td><td>0.42</td><td>0.51</td><td>0.57</td><td>0.61</td></tr>
<tr><td>1.8</td><td>0.04</td><td>0.04</td><td>0.05</td><td>0.07</td><td>0.15</td><td>0.28</td><td>0.37</td><td>0.44</td><td>0.54</td><td>0.61</td><td>0.65</td></tr>
<tr><td>2.0</td><td>0.04</td><td>0.04</td><td>0.05</td><td>0.07</td><td>0.16</td><td>0.29</td><td>0.38</td><td>0.45</td><td>0.56</td><td>0.63</td><td>0.68</td></tr>
<tr><td>3.0</td><td>0.04</td><td>0.04</td><td>0.05</td><td>0.08</td><td>0.16</td><td>0.31</td><td>0.40</td><td>0.48</td><td>0.59</td><td>0.66</td><td>0.71</td></tr>
<tr><td>（3）突然缩小</td><td>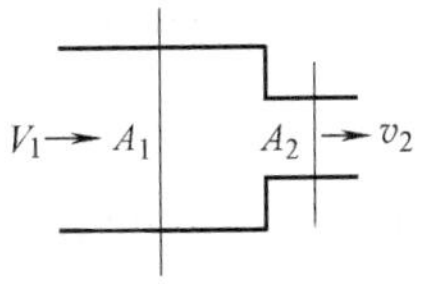</td><td colspan="12">$h_j=\zeta\frac{V_2^2}{2g}$，$\zeta=0.5\left(1-\frac{A_2}{A_1}\right)$</td></tr>
<tr><td>（4）逐渐缩小</td><td>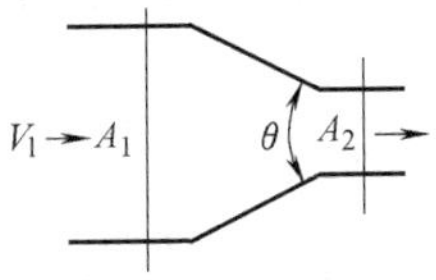$h_j=\zeta\frac{V_2^2}{2g}$，$\zeta$值见右图</td><td colspan="12">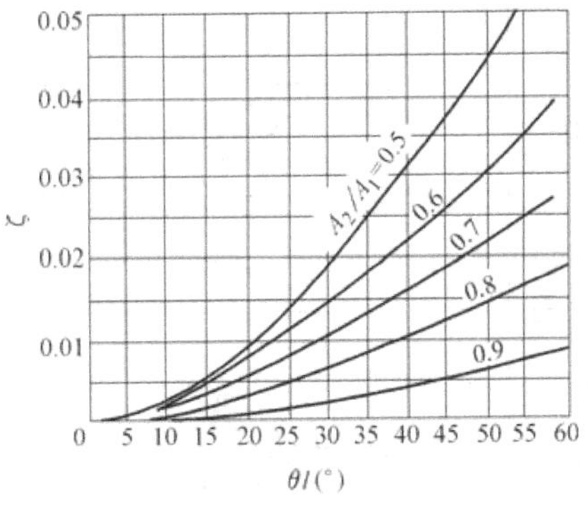</td></tr>
</table>

（续）

<table>
<tr><td rowspan="3">（5）进口</td><td>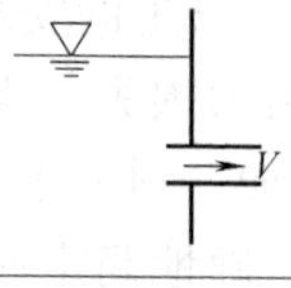</td><td>内插进口
$\zeta=1.0$</td><td>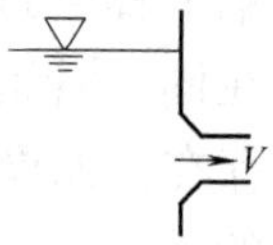</td><td>切角进口
$\zeta=0.25$</td></tr>
<tr><td>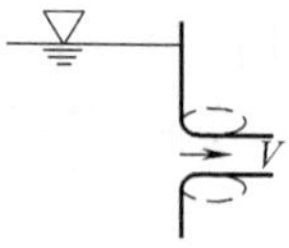</td><td>喇叭口
$\zeta=0.01\sim0.05$</td><td>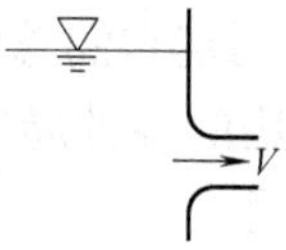</td><td>圆角进口
圆管 $\zeta=0.1$
方管 $\zeta=0.2$</td></tr>
<tr><td>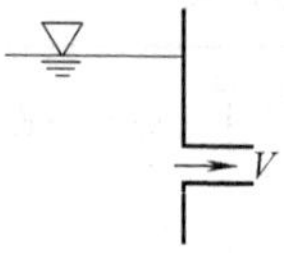</td><td>直角进口
$\zeta=0.5$</td><td>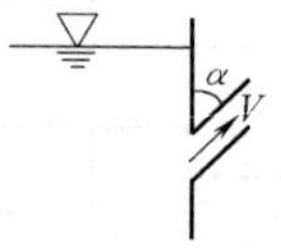</td><td>斜角进口
$\zeta=0.5+0.3\cos\alpha+0.2\cos^2\alpha$</td></tr>
<tr><td rowspan="2">（6）出口</td><td>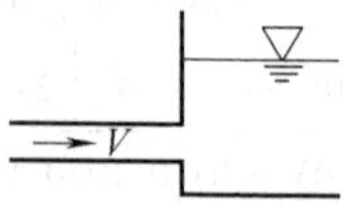</td><td colspan="3">流入水池或水库 $\zeta=1.0$</td></tr>
<tr><td>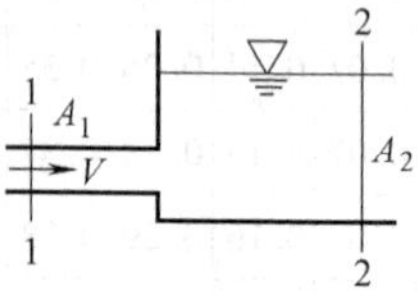</td><td colspan="3">流入明渠，ζ 值见下表<table>
<tr><td>A_1/A_2</td><td>0.1</td><td>0.2</td><td>0.3</td><td>0.4</td><td>0.5</td><td>0.6</td><td>0.7</td><td>0.8</td><td>0.9</td></tr>
<tr><td>ζ</td><td>0.81</td><td>0.64</td><td>0.49</td><td>0.36</td><td>0.25</td><td>0.16</td><td>0.09</td><td>0.04</td><td>0.01</td></tr>
</table></td></tr>
<tr><td>（7）弯管</td><td></td><td colspan="3">$\theta=90°$<table>
<tr><td>R/d</td><td>0.5</td><td>1.0</td><td>1.5</td><td>2.0</td><td>3.0</td><td>4.0</td><td>5.0</td></tr>
<tr><td>$\zeta_{90°}$</td><td>1.2</td><td>0.80</td><td>0.60</td><td>0.48</td><td>0.36</td><td>0.30</td><td>0.29</td></tr>
</table>任意角度 $\zeta_d=\beta\cdot\zeta_{90°}$<table>
<tr><td>θ</td><td>20°</td><td>30°</td><td>40°</td><td>50°</td><td>60°</td><td>70°</td><td>80°</td><td>90°</td><td>100°</td><td>120°</td><td>140°</td><td>160°</td><td>180°</td></tr>
<tr><td>β</td><td>0.40</td><td>0.55</td><td>0.65</td><td>0.75</td><td>0.83</td><td>0.88</td><td>0.95</td><td>1.00</td><td>1.05</td><td>1.13</td><td>1.20</td><td>1.27</td><td>1.33</td></tr>
</table></td></tr>
<tr><td>（8）折管</td><td>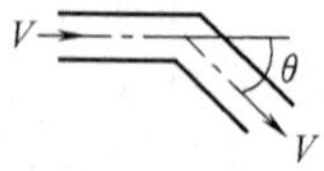</td><td colspan="3">圆形管<table>
<tr><td>θ</td><td>30°</td><td>40°</td><td>50°</td><td>60°</td><td>70°</td><td>80°</td><td>90°</td></tr>
<tr><td>ζ</td><td>0.20</td><td>0.30</td><td>0.40</td><td>0.55</td><td>0.70</td><td>0.90</td><td>1.10</td></tr>
</table>矩形管<table>
<tr><td>θ</td><td>15°</td><td>30°</td><td>45°</td><td>60°</td><td>90°</td></tr>
<tr><td>ζ</td><td>0.025</td><td>0.11</td><td>0.26</td><td>0.49</td><td>1.20</td></tr>
</table></td></tr>
<tr><td>（9）岔管</td><td>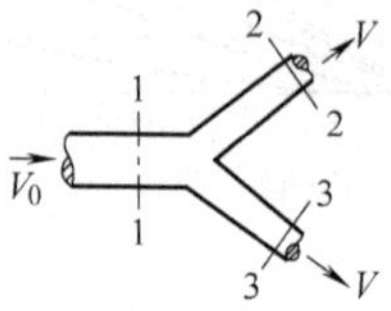</td><td colspan="3">$h_j=\zeta\dfrac{V_0^2}{2g}$ 普通 Y 形对称分岔管
$\zeta=0.75$</td></tr>
</table>

（续）

<table>
<tr><td>（9）岔管</td><td>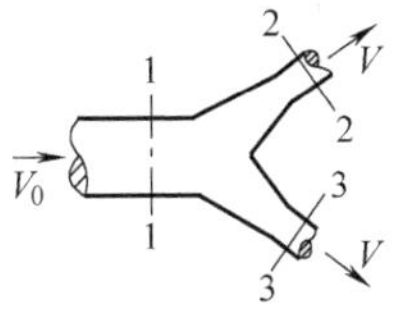</td><td>圆锥状 Y 形对称分岔管
$h_j=\zeta\frac{V_0^2}{2g}$ （分岔开始后形成逐渐收缩的圆锥形）
$\zeta=0.50$</td></tr>
<tr><td>（10）闸板式闸门</td><td>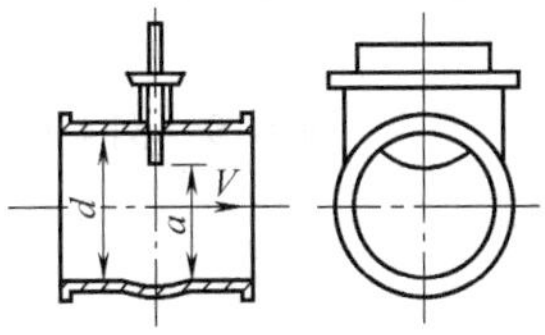</td><td><table><tr><td>a/d</td><td>0</td><td>0.125</td><td>0.2</td><td>0.3</td><td>0.4</td><td>0.5</td><td>0.6</td><td>0.7</td><td>0.8</td><td>0.9</td><td>1.0</td></tr><tr><td>ζ</td><td>∞</td><td>97.3</td><td>35.0</td><td>10.0</td><td>4.60</td><td>2.06</td><td>0.98</td><td>0.44</td><td>0.17</td><td>0.06</td><td>0</td></tr></table></td></tr>
<tr><td rowspan="2">（11）蝶形阀</td><td>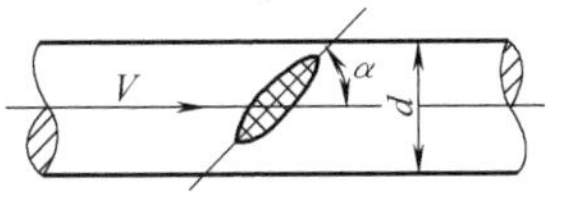</td><td>部分开启<table><tr><td>α</td><td>5°</td><td>10°</td><td>15°</td><td>20°</td><td>25°</td><td>30°</td><td>35°</td></tr><tr><td>ζ</td><td>0.24</td><td>0.52</td><td>0.90</td><td>1.54</td><td>2.51</td><td>3.91</td><td>6.22</td></tr></table><table><tr><td>α</td><td>40°</td><td>45°</td><td>50°</td><td>55°</td><td>60°</td><td>65°</td><td>70°</td><td>90°</td></tr><tr><td>ζ</td><td>10.8</td><td>18.7</td><td>32.6</td><td>58.8</td><td>118.0</td><td>256.0</td><td>751.0</td><td>∞</td></tr></table></td></tr>
<tr><td>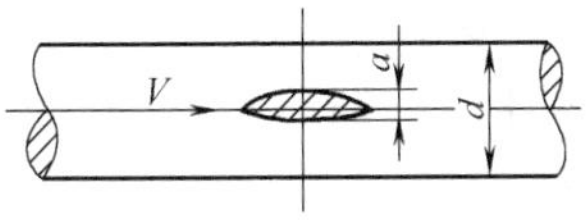</td><td>全　开<table><tr><td>a/d</td><td>0.10</td><td>0.15</td><td>0.20</td><td>0.25</td></tr><tr><td>ζ</td><td>0.05～0.10</td><td>0.10～0.16</td><td>0.17～0.24</td><td>0.25～0.35</td></tr></table></td></tr>
<tr><td>（12）截止阀</td><td>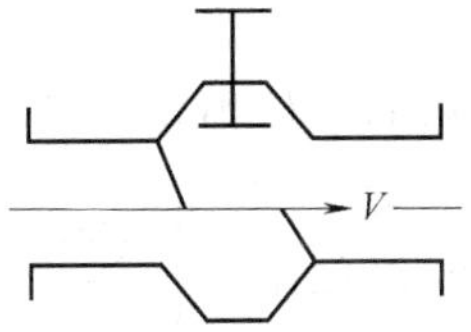</td><td>$\zeta=4.3\sim6.1$（全开）</td></tr>
<tr><td>（13）平板闸门</td><td>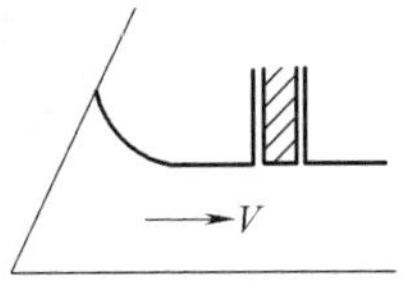</td><td>$\zeta=0.2\sim0.4$（闸门全开）</td></tr>
<tr><td>（14）弧形闸门</td><td>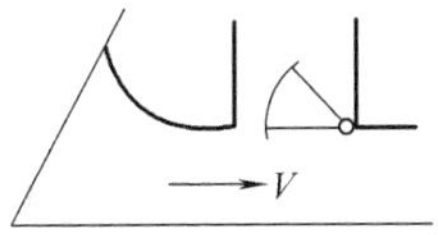</td><td>$\zeta=0.2$（闸门全开）</td></tr>
<tr><td>（15）滤水阀
（莲蓬头）</td><td>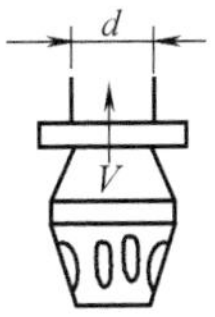</td><td>无底阀　$\zeta=2\sim3$
有底阀（见下表）<table><tr><td>d/mm</td><td>40</td><td>50</td><td>75</td><td>100</td><td>150</td><td>200</td><td>250</td><td>300</td><td>350</td><td>400</td><td>500</td><td>750</td></tr><tr><td>ζ</td><td>12.0</td><td>10.0</td><td>8.5</td><td>7.0</td><td>6.0</td><td>5.2</td><td>4.4</td><td>3.7</td><td>3.4</td><td>3.1</td><td>2.5</td><td>1.6</td></tr></table></td></tr>
</table>

【例 4-8】 如图 4-19 所示，两水箱被两段不同直径的管道相连，已知：$l_{1-3}=10$mm，$D_1=200$mm，$\lambda_1=0.019$；$l_{3-6}=10$m，$D_2=100$mm，$\lambda_2=0.018$。管路中的局部管件有：1 为管道入口，2 和 5 为 90°弯头，3 为渐缩管（$\theta=8°$），4 为闸阀，5 为管道出口。若两水箱水面的高差 $H=1.21$m，求输送流体流量 q_V。

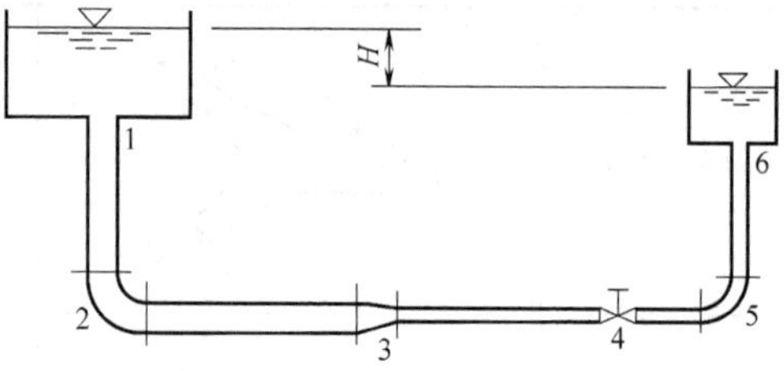

图 4-19 例 4-8 图

解：以水箱中的低液面为基准列两个液面的能量方程

$$H+0+0=0+0+0+h_w$$

其中 $$h_w=\sum h_f+\sum h_j=h_{f1-3}+h_{f3-6}+h_{j1-3}+h_{j3-6}$$

$$=\left(\lambda_1\frac{l_{1-3}}{d_1}+\zeta_1+\zeta_2\right)\frac{V_1^2}{2g}+\left(\lambda_2\frac{l_{3-6}}{d_1}+\zeta_3+\zeta_4+\zeta_5+\zeta_6\right)\frac{V_2^2}{2g} \quad \text{(a)}$$

由连续性方程得 $$V_1A_1=V_2A_2$$

$$V_1\frac{\pi D_1^2}{4}=V_2\frac{\pi D_2^2}{4} \quad \text{(b)}$$

即 $$1.21=\left(0.019\times\frac{10}{0.2}+0.5+0.5\right)\frac{V_1^2}{2g}+\left(0.018\times\frac{10}{0.1}+0.01+0.5+0.5+0.1\right)\frac{V_2^2}{2g}$$

$$V_1\frac{\pi\times0.2^2}{4}=V_2\frac{\pi\times0.1^2}{4}$$

两式联立得 $$V_1=0.64\text{m/s},V_2=2.56\text{m/s}$$

所以 $$q_V=0.02\text{m}^3/\text{s}$$

【例 4-9】 如图 4-20 所示，水从水箱中流出，设水箱的水位恒定，$H=15$m。管道直径 $D=100$mm，管长 $l=12$m，沿程阻力系数 $\lambda=0.02$。每个弯管的曲率半径 $R=125$mm。喷嘴出口直径 $D_2=50$mm，喷嘴的局部阻力系数 $\zeta_2=0.5$（对于喷嘴出口流速而言）。若不计水在空气中的流动阻力。试求：

1）水从喷嘴喷出的水流速度。

2）距喷嘴下方 $h=1$m 处的水流速度。

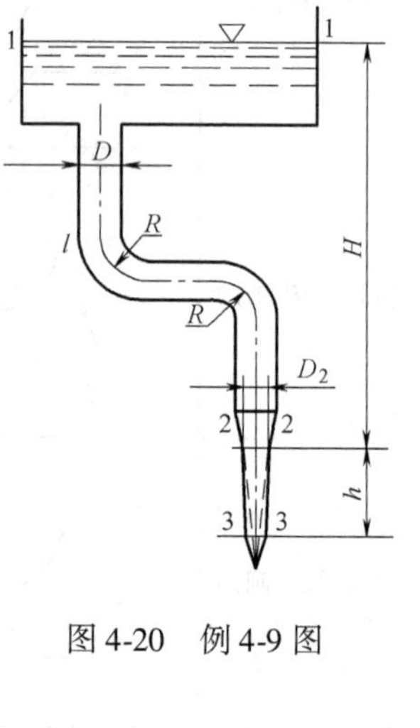

图 4-20 例 4-9 图

解：1）以截面 2-2 为基准，列 1-1 截面和 2-2 截面的伯努利方程，取 $\alpha_2=1$，得

$$H+0+0=0+0+\frac{V_2^2}{2g}+h_w$$

$$H+0+0=0+0+\frac{V_2^2}{2g}+\lambda\frac{l}{D}\frac{V^2}{2g}+(\zeta_0+2\zeta_1)\frac{V_2^2}{2g}+\zeta_2\frac{V_2^2}{2g} \quad \text{(a)}$$

由连续性方程得 $$V=V_2\frac{A_2}{A}=V_2\left(\frac{D_2}{D}\right)^2 \quad \text{(b)}$$

管道入口局部阻力系数 $\zeta_0=0.5$

查表 4-7 知弯管局部阻力系数 $\zeta_1=0.21$

将式（b）代入式（a），得

$$V_2 = \sqrt{\frac{2gH}{1+\left(\lambda\,\frac{l}{D}+\zeta_0+2\zeta_1\right)\left(\frac{D_2}{D}\right)^4+\zeta_2}}$$

$$= \sqrt{\frac{2\times 9.807\times 15}{1+\left(0.02\times\frac{12}{0.1}+0.5+2\times 0.21\right)\times\left(\frac{50}{100}\right)^4+0.5}}\text{m/s}$$

$$= 13.07\text{m/s}$$

2）以 2-2 截面为基准，列 2-2 截面和 3-3 截面的能量方程，取 $\alpha_2=\alpha_1=1$，得

$$0+0+\frac{V_2^2}{2g} = -h+0+\frac{V_3^2}{2g}$$

$$V_3 = \sqrt{V_2^3+2gh} = \sqrt{13.07^2+2\times 9.807\times 1}\text{m/s} = 11.75\text{m/s}$$

第四节　管路的水力计算

在生产或生活中输送流体的各种管路，如供热管路、给水管路、通风除尘的送排风管路等，都会遇到管路计算问题，即确定流量、水头损失及管道的几何尺寸之间的相互关系，工程上称之为管路的水力计算。

一、管路分类

在实际的工程中，大多数管流都属于湍流状态。本节将主要讨论在恒定湍流状态下的管路水力计算问题。在管路计算中，常根据计算的要求将管路流动作如下的分类。

1. 长管和短管

流体流动的总能量损失由沿程损失和局部损失两部分组成。但是由于管流的具体条件不同，这两部分损失在总损失中所占比例不会相同。因此，在进行水力计算时，为了便于处理，通常按照这两类损失在总损失中所占的比例大小而将管路分为“长管”和“短管”两种。

“长管”是指局部损失与沿程损失比较起来很小（例如不超过沿程损失的 10%），而计算时可将局部损失完全忽略不计，或按沿程损失的某以百分数（5% ~10%）估算的管路，如城市集中供热干管、给水干管及长距离输油管的水力计算均属此类。

“短管”是指局部损失在总损失中占的比例较大（如达到或超过延长损失的 10%）的管路，这时两部分损失必须同时考虑。在实际的工程管道中，很多管路，如室内供热管网、通风空调管道等都必须按“短管”对待。

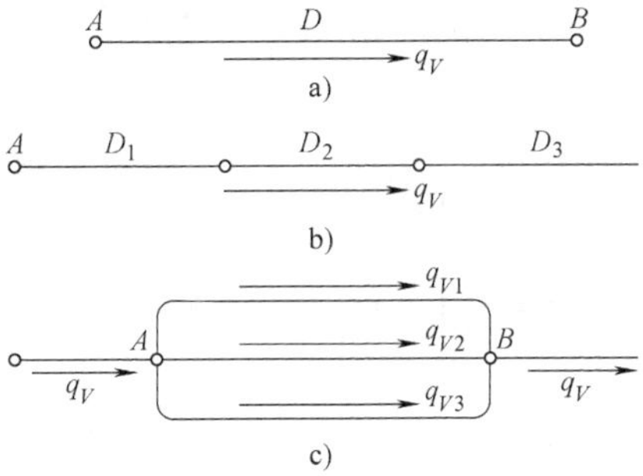

图 4-21　管路系统类型

a）简单管路系统　b）串联管路系统　c）并联管路系统

2. 简单管路和复杂管路

按管路系统的构成可分为：

（1）简单管路　管径及流量没有变化的管路系统统称为简单管路，如图 4-21a 所示。

（2）复杂管路　管径及流量沿程发生变化的管路系统称为复杂管路。按其布置情况可分为串联、并联

及分支管路，如图 4-21b、c 所示。又根据分支的特点可将分支管路化为枝状管网和环状管网。复杂管路是由许多简单管路以一定方式组合而成的。

管路水力计算的目的在于合理地设计管路系统、减小动力消耗、最大限度地节约原材料、降低成本。管路水力计算的任务主要有三种：

1）已知管径 D、流量 q_V，求管路系统中的阻力损失 h_w。

2）已知流量 q_V、阻力损失 h_w 确定管径 D。

3）已知管径 D、阻力损失 h_w 核算管路系统通过流体的能力 q_V。

前两类计算称为设计计算，后一类计算称为校核计算。

二、简单管路及其水力计算

简单管路是组成各种复杂管路的基本单元。

1. 短管的计算

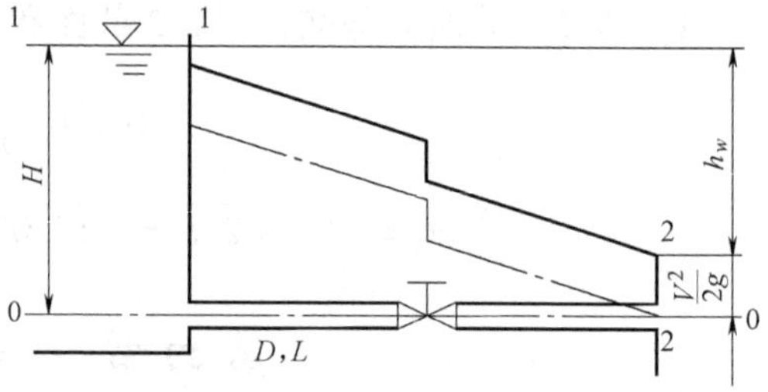

图 4-22　短管的自由出流

图 4-22 所示为水箱中的水径短管的自由出流（指管中的水流入大气）。水箱水面到管流轴线的高度差为 H，以 0-0 为基准面，列水箱水面 1-1 和管道出口断面 2-2 的能量方程

$$H=\frac{V^2}{2g}+h_{w1-2}=\left(1+\lambda\frac{l}{D}+\sum\zeta'\right)\frac{V^2}{2g}$$

将 $V=\dfrac{4q_V}{\pi D^2}$代入 $H=\left[8\left(1+\lambda\dfrac{l}{D}+\sum\zeta\right)\Big/(g\pi^2D^4)\right]q_V^2$

令
$$S_H=8\left(1+\lambda\frac{l}{D}+\sum\zeta\right)\Big/(g\pi^2D^4) \tag{4-27}$$

则得水箱的水位高度 H，又称为管流的作用水头为

$$H=S_Hq_V^2 \tag{4-28}$$

式中，S_H 为综合反映管道流动阻力情况的系数，称为管道阻抗，单位为 s^2/m^5。

同理，对于图 4-23 所示的气体管路，通过列 1-1 和 4-4 断面的气流能量方程，得

$$p=\left(1+\lambda\frac{l}{D}+\sum\zeta\right)\frac{\rho V^2}{2}$$

将 $V=\dfrac{4q_V}{\pi D^2}$代入上式，整理后得

$$p=8\left(1+\lambda\frac{l}{D}+\sum\zeta\right)\rho/(\pi^2D^4)q_V^2$$

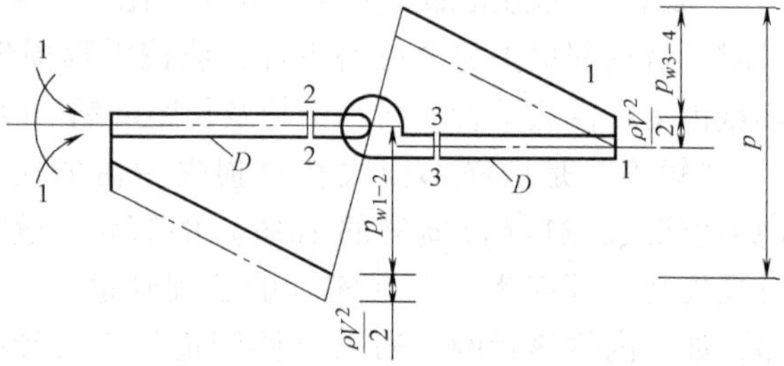

图 4-23　气体管路

令
$$S_p=8\left(1+\lambda\frac{l}{D}+\sum\zeta\right)\rho/(\pi^2D^4) \tag{4-29}$$

于是
$$p=S_pq_V^2 \tag{4-30}$$

式中，$\sum\zeta$ 为同样包含了风管出口处的局部阻力系数；p 为管流风机的作用压头，单位为 Pa；S_p 为气体管道阻抗，单位为 kg/m^7。

阻抗 S_H 或 S_p 又称管路特性系数。对于给定的管路系统，D、L 为一定值，阻抗只随 λ 和 $\sum\zeta$ 变化。其中，λ 与流动状态及管道粗糙状况有关，当流动处于阻力平方区时，λ 仅与相对粗糙度 ε/D 有关，所以在管材已定的情况下，λ 值可视为常数。$\sum\zeta$ 项中只有进行调节的阀门的 ζ 可以改变，而其他局部构件已确定时，其局部阻力系数是不变的。管路特性系数对已给定的管路而言，它综合反映了管路上沿程阻力和局部阻力的情况。其物理意义可以解释为：管路通过单位流量的流体时的能量损失，故称为管路的阻抗。引入这一概念大大方便了管流的分析，因为阻抗综合反映了管路上沿程阻力和局部阻力的情况，阻抗的变化，也就体现了管路中沿程阻力和局部阻力的变化。因此式（4-28）和式（4-30）分别表示了如图4-22 和图4-23 所示两类简单管路流动阻力损失与流量成平方比变化的特性关系，故又称此两式为管路特性方程。它表明，在简单管路中，总能量损失与体积流量的平方成正比。这一规律在管路计算和泵与风机输送流体的分析计算中尤为重要。

在图4-22 和图4-23 中还分别作出了液流系统的总水头线和测压管水头线及气体系统的全压线（总压线）和静压线。这里要注意的是：气流系统中的能量线在风机处有“跃升”，因为气流通过风机时获得的能量，对于水泵系统也有类似的表现。

【例 4-10】 某矿渣混凝土矩形风道，绝对粗糙度 $\varepsilon = 1.5\text{mm}$，断面面积为 $1\text{m}\times1.2\text{m}$，长为 50m，局部阻力系数 $\sum\zeta = 2.5$，流量为 $14\text{m}^3/\text{s}$，空气温度为20℃，求风压损失。

解：1. 确定沿程阻力损失系数 λ

查表知：20℃空气的运动粘度　$\nu = 15.7\times10^{-6}\text{m}^2/\text{s}$

矩形风道的当量直径　$D_e = \dfrac{2ab}{a+b} = \dfrac{2\times1\times1.2}{1+1.2}\text{m} = 1.09\text{m}$

气体在管路中的流动速度 $V = \dfrac{q_V}{A} = \dfrac{14}{1\times1.2}\text{m/s} = 11.65\text{m/s}$

求雷诺数 Re　$Re = \dfrac{VD_e}{\nu} = \dfrac{11.65\times1.09}{15.7\times10^{-6}} = 8\times10^5$

相对粗糙度　$\dfrac{\varepsilon}{D_e} = \dfrac{1.5}{1.09\times10^3} = 1.38\times10^{-3}$

查莫迪图得　$\lambda = 0.021$

2. 计算 S_p 值，求风压损失 p

对矩形风道
$$S_p = \frac{8\left(\lambda\dfrac{L}{D_e}+\sum\zeta\right)\rho}{g\pi^2D^4}$$
$$p = S_pq_V^2$$

矩形风道的风压损失为
$$p = \frac{8\times\left(0.021\times\dfrac{50}{1.09}+2.5\right)\times1.2}{9.81\times(3.14)^2\times(1.09)^4}\times14^2\text{Pa}$$
$$=282.84\text{Pa}$$

【例 4-11】 虹吸管系统如图 4-24 所示，已知上下游液面差 $H = 2\text{m}$，管道直径 $D = 200\text{mm}$，$l_1 = 15\text{m}$，$l_2 = 20\text{m}$。设管道进出口的局部阻力系数均为 $\zeta = 1$，弯管的局部阻力系数为 $\zeta_b = 0.2$，沿程阻力系数 $\lambda = 0.025$，试求虹吸管的过流能力及管顶 C 的最大允许安装高度 h_{max}。

解：1）由两水面之间的机械能关系，可写出

$$H = h_{w1\text{-}2} = S_H q_V^2$$

上式说明，虹吸管的上下游液面差就是用于克服管流阻力，从而使水从上游自动流向下游，故称 H 为虹吸管的作用水头。由上式可得

$$q_V = \sqrt{\frac{H}{S_H}}$$

式中

$$S_H = \frac{8\left(\lambda \dfrac{l_1 + l_2}{D} + 2\zeta + 3\zeta_b\right)}{8\pi^2 D^4}$$

$$= \frac{8\left(0.025 \times \dfrac{15 + 20}{0.2} + 2 + 3 \times 0.2\right)}{9.8 \times 3.14^2 \times 0.2^4} s^2/m^5$$

$$\approx 360 s^2/m^5$$

则流量为

$$q_V = \sqrt{\frac{2}{360}} m^3/s \approx 0.0745 m^3/s$$

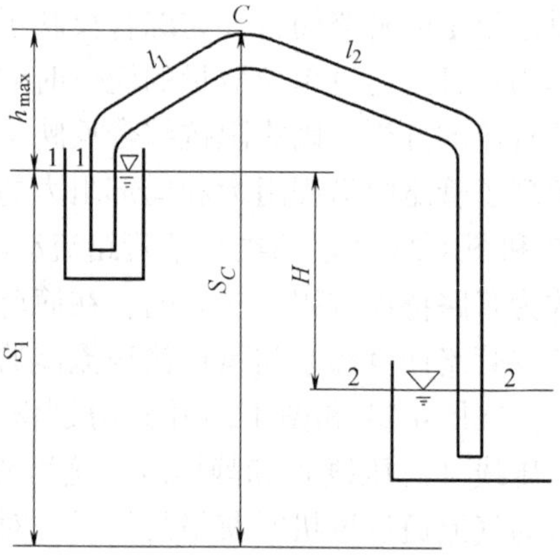

图 4-24　例 4-11 图

2）求允许的安装高度 h_{max}。能够分析得出最高点 C 是虹吸管内压强最低的点。因此列 1-1 和 C 点所在断面的能量方程，以 1-1 为基准面得

$$z_1 = z_C + \frac{p_C}{\rho g} + \frac{V^2}{2g} + h_{w1\text{-}2}$$

式中，$z_C - z_1 = h_{max}$。可见 C 点的压强必为负值。其实，高于上游液面的管内各点压强均为负压，由于虹吸管内形成了真空，使水在大气压的作用下连续不断流进虹吸管。管内的真空度是有限制的，不能无限增大。真空的出现使溶解在水中的部分空气分离出来。如数量不大，它会被水流带走；如真空度过大，分离出来的空气急剧增多，将聚集在 C 断面处，形成气塞，严重影响虹吸管的过流能力，甚至可能导致断流。工程尚未保证通过虹吸管的流量，一般限制管内最大真空度 $[p_v]$ 不得超过 7～8mH_2O，因此，虹吸管设定的最大允许安装高度为

$$h_{max} = \left[-\frac{p_C}{\rho g}\right] - \frac{V^2}{2g} - h_{w1\text{-}2}$$

$$= [p_v] - \left(1 + \lambda \frac{l_1}{D} + \zeta + 2\zeta_b\right)\frac{V^2}{2g}$$

$$= \left[7 - \left(1 + 0.025 \frac{15}{0.2} + 1 + 2 \times 0.2\right)\left(\frac{0.0745}{0.785 \times 0.2^2}\right)^2 \times \frac{1}{2 \times 9.8}\right] m$$

$$= 5.78 m$$

【例 4-12】 如图 4-25 所示，一简单管路系统借助于一台泵将低压容器 A 中的液体送到高压容器 B 中，若已知吸水池与压水池液面压力分别为 $p_A = 0.2 \times 10^6 Pa$，$p_B = 1.6 \times 10^6 Pa$，$z_A = 3m$，$z_B = 14m$，管路系统的总长度 $L = 30m$，管路直径 $D = 200mm$。设管道进口的局部阻力系数均为 $\zeta_1 = 0.5$，出口的局部阻力系数为 $\zeta_2 = 1$，弯管的局部阻力系数为 $\zeta_b = 0.2$，沿程阻力系数 $\lambda = 0.025$，管路系统输送的流量为 $q_V = 0.04 m^3/s$。求管路系统所需求的能头 H。

解：列吸水池液面 A 与压水池液面 B 的能量方程式，经整理得

$$H=(z_B-z_A)+\frac{p_B-p_A}{\rho g}+h_w=H_z+H_p+h_w$$

式中，H_z 为管路系统所要提高的位能；H_p 为管路系统中所要提高的压能；h_w 为管路系统中所要克服的阻力损失。

由简单管路的定义可知，管路系统具有相同的流量和管径，所以各过流断面平均流速均相等。

因此，该简单管路中总阻力损失

$$\begin{aligned}h_w&=\sum h_f+\sum h_j\\&=S_H q_V^2\\&=\frac{8}{\pi^2D^4g}\left(\sum\lambda\frac{L}{D}+\sum\zeta\right)q_V^2\\&=\frac{8\times\left[0.025\times\frac{30}{0.2}+(0.5+2\times0.2+1)\right]}{3.14^2\times0.2^4\times9.8}\times 0.04^2\mathrm{m}=0.47\mathrm{m}\end{aligned}$$

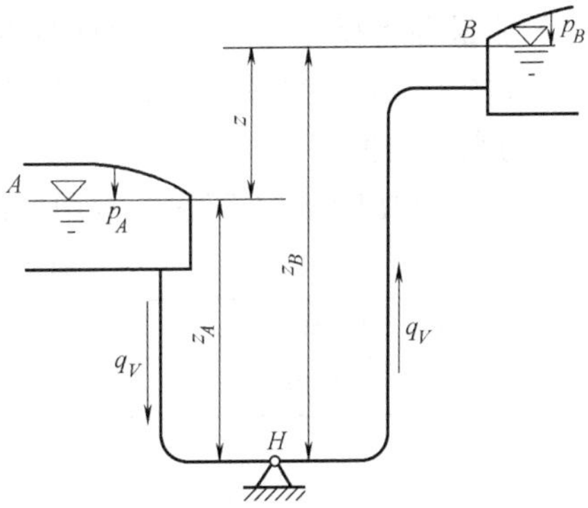

图 4-25　例 4-12 图

$$H=H_z+H_p+Sq_V^2=\left[(14-3)+\frac{(1.6-0.2)\times10^6}{10^3\times9.8}+0.47\right]\mathrm{m}=154.33\mathrm{m}$$

2. 长管的计算

图 4-26 为一等直径长管，在水头 H 作用下，作恒定自由出流，已知管长为 L，直径为 D，流量为 q_V。以 0-0 为基准面，列 1-1 与 2-2 两断面的能量方程式

$$H=\frac{V^2}{2g}+\lambda\frac{l}{D}\frac{V^2}{2g}+\zeta_{进}\frac{V^2}{2g}$$

对于长管来说，其管中局部损失比沿程损失小得多，可忽略不计。故上述能量方程可以简化为

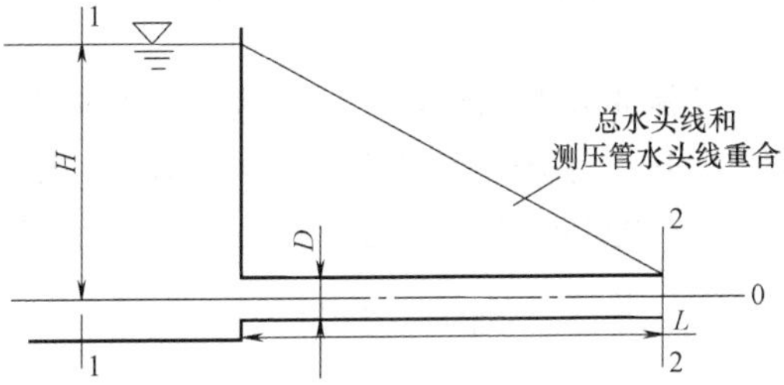

图 4-26　等直径长管

$$h_f=\lambda\frac{L}{D}\frac{V^2}{2g},\ V=\frac{q_V}{A},\ A=\frac{\pi D^2}{4}$$

$$H=\lambda\frac{l}{D}\frac{V^2}{2g}=h_f=S_H'q_V^2 \tag{4-31}$$

式中

$$S_H'=\frac{8\lambda l}{g\pi^2D^5} \tag{4-32}$$

S_H'可称为长管的阻抗，其物理意义同短管阻抗。因不计局部损失，所以图 4-26 中总水头现在管道入口处不突降；又因略去流速水头，故测压管水头线和总水头线重合。

令
$$A=\frac{8\lambda}{\pi^2D^5g} \tag{4-33}$$

$$R_{\mathrm{m}}=\frac{h_f}{l} \tag{4-34}$$

则
$$H=h_w=Alq_V^2=R_{\mathrm{m}}l \tag{4-35}$$

$$q_V = \sqrt{\frac{h_w}{Al}} = \sqrt{\frac{R_m}{A}} \tag{4-36}$$

式中，R_m 为单位管长上的阻力损失。它与管路的材料、流量及管径有关。当管路材料一定，R_m 随流量和管径变化。在水力计算手册中可查到有关 R_m 的数值。式（4-35）是长管管路特性方程的另一种表达式，又称安比阻计算关系式。比阻 A 表示单位管长通过单位流量时所消耗的水头损失。

表 4-7 列出了给水工程中常用的部分铸铁和钢管的比阻 A 值。

表 4-7 铸铁和钢管的比阻 A 值

管径/mm	50	75	100	125	150	175	200	250	300	350	400
$A/(\mathrm{s/m^3})$	15190	1709	365.3	110.8	41.85	18.96	9.029	2.752	1.025	0.453	0.223

注意：在表 4-7 中的数值对平均流速 $V>1.2\mathrm{m/s}$ 时才正确，这时管流处于阻力平方区；若 $V<1.2\mathrm{m/s}$，管流就会处于湍流过渡区或者光滑管区，这时若仍用表 4-7 中的数据，则须将其乘以修正系数 k，k 与流量具有相同的量纲，称为流量模数。它与沿程阻力系数及管径有关，与平均流速的关系见表 4-8。

表 4-8 比阻 A 值的修正系数

$V/(\mathrm{m/s})$	0.2	0.3	0.4	0.5	0.6	0.7	0.8	0.9	1.0	1.1	≥1.2
k	1.41	1.28	1.20	1.15	1.12	1.09	1.06	1.04	1.03	1.02	1.00

【例 4-13】 图 4-27 所示为一水塔向车间供水的简单管路系统。全长 $L=2\mathrm{km}$，水塔高度 $H_b=20\mathrm{m}$，水塔处地面标高 $z_b=110\mathrm{m}$，用户要求自由水头 $H_c=5\mathrm{m}$，车间的地面标高 $z_c=100\mathrm{m}$，设计流量 $q_V=30\mathrm{L/s}$，试确定给水管道的直径 D（按长管计算）。

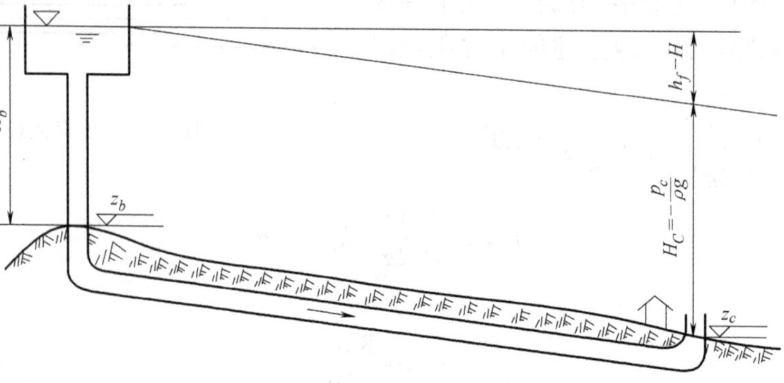

图 4-27 例 4-13 图

解：列水塔水面和用水点的能量方程

$$z_b + H_b = z_c + H_c + h_f$$

则作用水头 $H = h_f = (z_b + H_b) - (z_c + H_c) = [(110+20)-(100+5)\mathrm{m}] = 25\mathrm{m}$

可求得管道的比阻 A $A = \dfrac{H}{Lq_V^2} = \dfrac{25}{2000 \times 0.03^2}\mathrm{s^2/m^6} = 13.39\mathrm{s^2/m^6}$

由表 4-7 可知：当取 $D=175\mathrm{mm}$ 时，$A=18.96\mathrm{s^2/m^6}$；当取 $D=200\mathrm{mm}$ 时，$A=9.029\mathrm{s^2/m^6}$。

当作用水头 H 和管长 L 一定时，若采用较小的管径，比阻 A 会大于计算结果，从而使流量减少。为了保证设计流量，就得选用 $D=200\text{mm}$ 管径的管道。

三、管路的串联与并联

实际工程应用中，管路都是由简单管路经串联、并联组合而成的复杂管路，所以分析研究串联、并联管路的流动规律具有更实际的意义。

1. 串联管路及其计算特点

串联管路是由许多不同的简单管路首尾按顺序连接而成的，如图 4-28 所示。它由直径分别为 D_1、D_2 及 D_3 的三段简单管路组成。

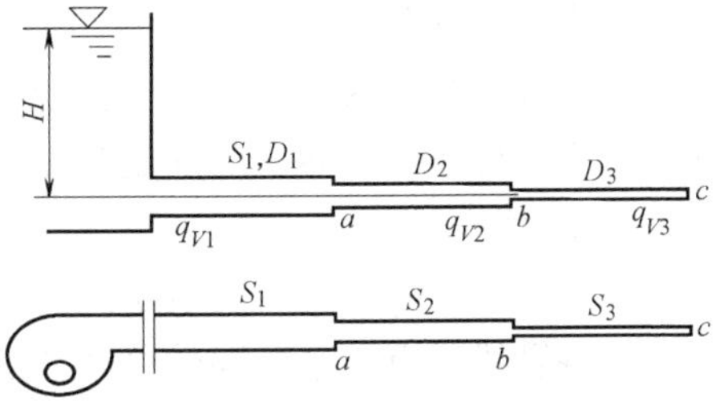

图 4-28　串联管路

管段相接点称为节点，如图 4-28 中的 a 点和 b 点。在每一节点上，都遵循质量平衡原理，即流入与流出的质量流量相等，当流体为不可压缩流体时，流入节点的体积流量等于流出节点的体积流量，取流入流量为正，流出流量为负，则对于每一个节点可写出 $\sum q_V=0$。若串联管路各管段之间没有流量流出或流入，则有

$$q_{V1}=q_{V2}=q_{V3} \tag{4-37}$$

串联管路阻力损失，按阻力叠加原理有

$$H=h_w=h_{w1}+h_{w2}+h_{w3}=S_1q_{V1}^2+S_2q_{V2}^2+S_3q_{V3}^3 \tag{4-38}$$

因各段流量相等，于是得

$$S=S_1+S_2+S_3$$

$$h_w=Sq_V^2$$

由此得出串联管路的计算原则：各管段流量相等，总损失为各串联管段的损失之和，全管路总的阻抗 S 等于各管段阻抗之和。

【例 4-14】 在例 4-13 中，在保证供水前提下，为节约管材，拟采用两种不同管径的管段串联。试确定两段管长度为多少？

解： 设 $D_1=200\text{mm}$ 的管段长为 l_1，$D_2=175\text{mm}$ 的管段长为 l_2，则有

$$l_1+l_2=2000\text{m} \tag{a}$$

根据式（4-35）得

$$H=S_1q_{V1}^2+S_2q_{V2}^2=(A_1l_1+A_2l_2)q_V^2 \tag{b}$$

校核流速

$$V_1=\frac{q_V}{\pi/4D_1^2}=\frac{0.03}{0.785\times0.2^2}\text{m/s}=0.96\text{m/s}<1.2\text{m/s}$$

$$V_1=\frac{q_V}{\pi/4D_2^2}=\frac{0.03}{0.785\times0.175^2}=1.25\text{m/s}>1.2\text{m/s}$$

所以 A_1 需修正，查表 4-8，$k_1=1.035$，即式（b）应改写为

$$H=(k_1A_1l_1+A_2l_2)q_V^2$$

即

$$25\text{m}=(1.035\times9.029l_1+18.96l_2)\times0.03^2$$

$$=0.00864l_1+0.01706l_2 \tag{c}$$

联立式（a）、式（c），解得

$$l_1 = 1080\text{m},\ l_2 = 980\text{m}$$

2. 并联管路及其计算特点

流体从总管路节点 a 上分出两根以上的管段，而这些管段同时有汇集到另一节点 b 上，在节点 a 和节点 b 之间的管段称为并联管路，如图 4-29 所示。在电厂中锅炉的水冷壁、省煤器、过热器，它们的入口与出口均由联箱联接在一起，构成并联管路。

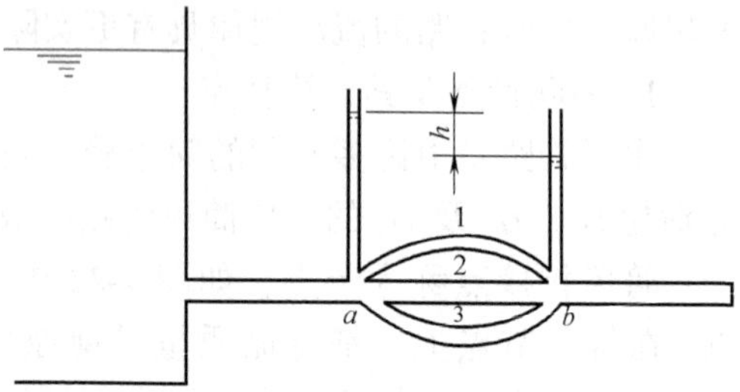

图 4-29 并联管路

并联管路与串联管路一样，遵循质量平衡原理，对于不可压缩流体，应满足 $\sum q_V = 0$，则节点 a 点上流量为

$$q_V = q_{V1} + q_{V2} + q_{V3} \tag{4-39}$$

因各管段都有一个共同的分开节点 a 及汇合节点 b。所以 1、2、3 管段单位重量液体的能量损失都等于 a、b 两节点的压力差。于是

$$h_w = h_{w1} = h_{w2} = h_{w3} \tag{4-40}$$

设 S 为并联管路的总阻抗，因并联的每一管段都是一条简单短管，则有

$$Sq_V^2 = S_1 q_{V1}^2 = S_2 q_{V2}^2 = S_3 q_{V3}^2 \tag{4-41}$$

而

$$q_V = \frac{\sqrt{h_w}}{\sqrt{S}},\ q_{V1} = \frac{\sqrt{h_{w1}}}{\sqrt{S_1}},$$

$$q_{V2} = \frac{\sqrt{h_{w2}}}{\sqrt{S_2}},\ q_{V3} = \frac{\sqrt{h_{w3}}}{\sqrt{S_3}}$$

将上式和式（4-40）代入式（4-39）中得

$$\frac{1}{\sqrt{S}} = \frac{1}{\sqrt{S_1}} + \frac{1}{\sqrt{S_2}} + \frac{1}{\sqrt{S_3}} \tag{4-42}$$

由此得出并联管路计算原则：并联节点上的总流量为各支管中流量之和；并联各支管上的单位重量流体的阻力损失相等，总管路的阻抗平方根的倒数等于各支管阻抗平方根倒数之和。

现进一步分析式（4-42），将它变为

$$\frac{q_{V1}}{q_{V2}} = \sqrt{\frac{S_2}{S_1}};\ \frac{q_{V2}}{q_{V3}} = \sqrt{\frac{S_3}{S_2}};\ \frac{q_{V3}}{q_{V1}} = \sqrt{\frac{S_1}{S_3}} \tag{4-43}$$

又可写为

$$q_{V1} : q_{V2} : q_{V3} = \frac{1}{\sqrt{S_1}} : \frac{1}{\sqrt{S_2}} : \frac{1}{\sqrt{S_3}} \tag{4-44}$$

此两式为并联管路流量分配规律。式（4-44）的意义在于，各分支管路的几何尺寸、局部管件确定后，按照管段阻力损失相等来分配管段上的流量，管路阻抗 S 大的管段其流量小，阻抗 S 小的管段其流量大。在各种专业的并联管路设计计算中，就是按照并联管路中流量分配规律，在满足用户需要的流量下，设计合适的管路尺寸及局部构件，使各支管上阻力

损失相等，这就是管路水力计算中所谓“阻力平衡”。“阻力平衡”是专业水力计算过程中必不可少的过程。

【例 4-15】 如图 4-30 所示，某两层楼的供暖立管，管段 1 的直径为 20mm，总长 20m，$\sum\zeta_1=15$。管段 2 的直径为 20mm，总长为 10mm，$\sum\zeta_2=15$，管路的 $\lambda=0.025$，干管中的流量 $q_V=1\times10^{-5}\text{m}^3/\text{s}$，求 q_{V1} 和 q_{V2}。

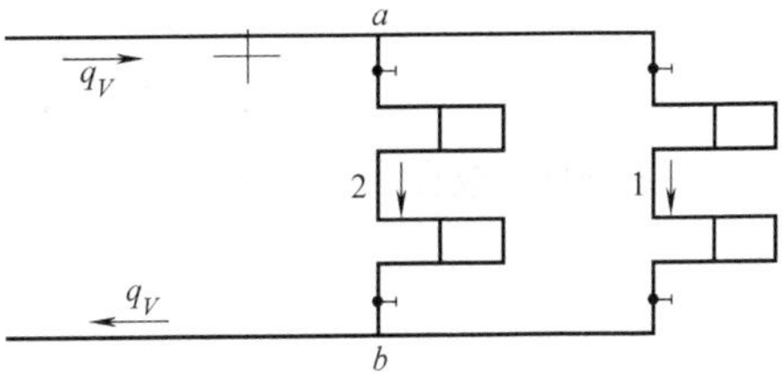

图 4-30 例 4-15 图

解：从图中可知，节点 a、b 间并联有 1、2 两管段。由 $S_1q_{V1}^2=S_2q_{V2}^2$ 得

$$\frac{q_{V1}}{q_{V2}}=\sqrt{\frac{S_2}{S_1}}$$

计算 S_1、S_2，有

$$S_1=\left(\lambda_1\frac{L_1}{D_1}+\sum\zeta_1\right)\frac{8}{\pi^2D^4g}=\left(0.025\times\frac{20}{0.02}+15\right)\frac{8}{3.14^2\times0.02^4\times9.81}\text{kg/m}^7=2.1\times10^7\text{kg/m}^7$$

$$S_2=\left(0.025\times\frac{10}{0.02}+15\right)\frac{8}{3.14^2\times0.02^4\times9.81}\text{kg/m}^7=1.4\times10^7\text{kg/m}^7$$

所以 $$\frac{q_{V1}}{q_{V2}}=\sqrt{\frac{1.4\times10^7}{2.1\times10^7}}=0.828$$

则 $$q_{V1}=0.828q_{V2}$$

又因 $$q_V=q_{V1}+q_{V2}=0.828q_{V2}+q_{V2}=1.828q_{V2}$$

$$q_{V2}=\frac{1}{1.828}q_V=0.55\times10^{-3}\text{m}^3/\text{s}$$

$$q_{V1}=0.828q_{V2}=0.828\times0.55\times10^{-3}\text{m}^3/\text{s}=0.45\times10^{-3}\text{m}^3/\text{s}$$

从计算看出：支管 1 中，管路阻抗 S_1 比支管 2 中 S_2 大，所以流量分配是支管 1 中的小于支管 2 中的流量。如果要求两管段中流量相等，显然现有的管径 D 及 $\sum\zeta$ 必须进行改变，使阻抗相等才能达到流量相等。这种重新改变 D 及 $\sum\zeta$，使在 $q_{V1}=q_{V2}$ 下达到 $S_1=S_2$、$h_{w1}=h_{w2}$ 的计算，就是“阻力平衡”的计算。

【例 4-16】 图 4-31 所示为某电厂循环水系统的主要部分。已知循环水泵出口至凝汽器的压出管长 $L_1=40\text{m}$，且有 90°弯管两个。由凝汽器至冷水塔的排水管长 $L_2=350\text{m}$，有 4 个 90°弯管。所有弯管的弯曲半径 $R=820\text{mm}$，压水管和排水管直径相同，均为 $D=820\text{mm}$，管道沿程阻力系数 $\lambda_1=\lambda_2=0.025$。循环水泵出口中心至排水管在冷水塔内出口中心高差 $\Delta z=15\text{m}$，流量为 $q_V=4675\text{m}^3/\text{h}$。设凝汽器铜管数 $n=2868$ 根，每根铜管长 $L=6.5\text{m}$，直径 $D=23\text{mm}$，沿程阻力系数 $\lambda=0.02$。凝汽器为双流程。凝汽器水室的过流断面面积为压出管的 4 倍，凝汽器水室内连续两个 90°转弯的

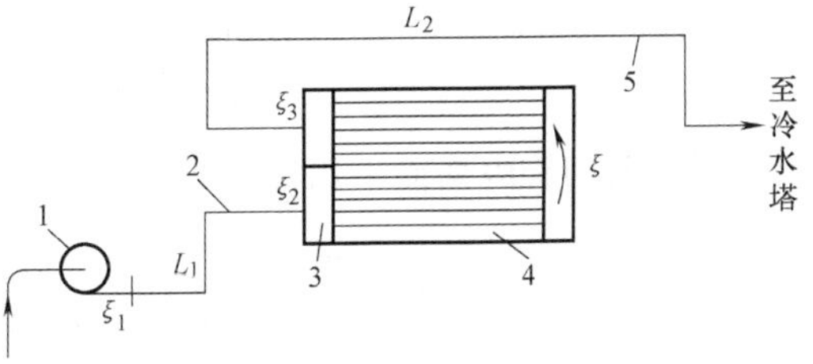

图 4-31 例 4-18 图

1—循环水泵 2—压出管道 3—凝汽器 4—凝汽器铜管 5—排水管道

$\sum\zeta_3=1.5$。试求循环水泵出口冷却水所必须具有的总能头 H 为多少？

解：取循环水泵出口中心的水平线为基准面 0-0，列泵出口断面 1-1 与排水管出口断面 2-2 的能量方程为

$$z_1+\frac{p_{g1}}{\rho g}+\frac{V_1^2}{2g}=z_2+\frac{p_{g2}}{\rho g}+\frac{V_2^2}{2g}+h_{w1\text{-}2}$$

式中，$z_1=0$，故循环水泵出口冷却水所必须具有的总水头

$$H=\frac{p_{g1}}{\rho g}+\frac{V_1^2}{2g}$$

又因冷却塔内的压力接近当地大气压力，所以 $p_{g2}=0$，则

$$H=z_2+\frac{V_2^2}{2g}+h_{w1\text{-}2}$$

由图可知，断面 1-2 之间的管道系统是由压出水管、凝汽器和排出水管组成的复杂管道系统。其中在凝汽器内部由上、下两部分铜管分别并联后通过水室串联组成一个复杂管路系统。因此，整个系统的水力特点是通过压出水管、凝汽器和排出水管的流量均相等，三者总水头损失之和等于系统的总水头损失。其中，凝汽器内的总水头损失等于两个突然扩大、两个突然缩小、水室内连续两个 90°转弯以及上、下各一根铜管的沿程损失之和，即

$$q_{V1}=q_{V2}=q_{V3}$$

$$\begin{aligned}h_{w1\text{-}2}&=h_{w1}+h_w+h_{w2}\\&=\left(\lambda_1\frac{L_1}{d_1}+2\zeta_{90}+\zeta_k\right)\frac{V_1^2}{2g}+\left(\lambda\frac{2L}{d}+2\zeta_k+2\zeta_s+\zeta_3\right)\frac{V^2}{2g}\\&\quad+\left(\lambda_2\frac{L_2}{d_2}+4\zeta_{90}+\zeta_s\right)\frac{V_2^2}{2g}\end{aligned}$$

查局部阻力系数表可知，当 $D_1/R=0.82/0.82=1$ 时，90°弯管的局部阻力系数 $\zeta_{90}=0.29$。

按截面突然扩大 4 倍计算局部阻力系数，则

$$\zeta_k=\left(1-\frac{A_1}{A_2}\right)^2=\left(1-\frac{1}{4}\right)^2=0.564$$

截面突然缩小 4 倍的局部阻力系数 ζ_s，查局部阻力系数表得 $\zeta_s=0.375$。

因为压、排水管管径相同且通过的流量相等，故断面平均流速为

$$V_1=V_2=\frac{4q_V}{\pi D_1^2}=\frac{4\times4675}{3.14\times0.82^2\times3600}\text{m/s}=2.46\text{m/s}$$

凝汽器铜管内断面平均流速为

$$V=\frac{4q_V}{\pi D^2n/2}=\frac{8\times4675}{3.14\times0.023^2\times2868\times3600}\text{m/s}=2.18\text{m/s}$$

将计算各值和题中已知数值代入 $h_{w1\text{-}2}$ 计算式中并整理可得

$$\begin{aligned}h_{w1\text{-}2}&=\left(0.025\times\frac{40+350}{0.82}+0.29\times6+0.564+0.375\right)\times\frac{2.46^2}{2\times9.81}\text{m}\\&\quad+\left(0.02\times\frac{6.5\times2}{0.023}+0.564\times2+0.375\times2+1.5\right)\times\frac{2.18^2}{2\times9.81}\text{m}=8.05\text{m}\end{aligned}$$

循环水泵出口冷却水必须具有的总水头为

$$H=\left(15+\frac{2.46^2}{2\times9.81}+8.05\right)\text{m}=23.36\text{m}$$

下面应用串、并联管路的流动规律，分析一个工程实例。图 4-32 所示是室内热水采暖管路系统。被锅炉加热后的热水经管路 123 流到节点 3，开始分流，分出流量 $q_{V\text{I}}$，经水平管段 3-4、立管 4-5（带两组散热器）、水平管段 5-6 流到节点 6；另一分支流量 $q_{V\text{II}}$ 经立管 3-6（带两组散热器）也汇入节点 6。两股流量合流后，经管段 6-7、7-8 流至循环水泵，并经水泵加压送入锅炉重新加热，被加热的水再次进入管路系统，如此不断地循环流动，流动所需的动力由循环水泵提供。以下着重讨论这种循环管路系统中，各点的压力分布状况，即定性地绘制该系统的水压图（测压管水头线）以及确定循环泵所应提供的扬程。

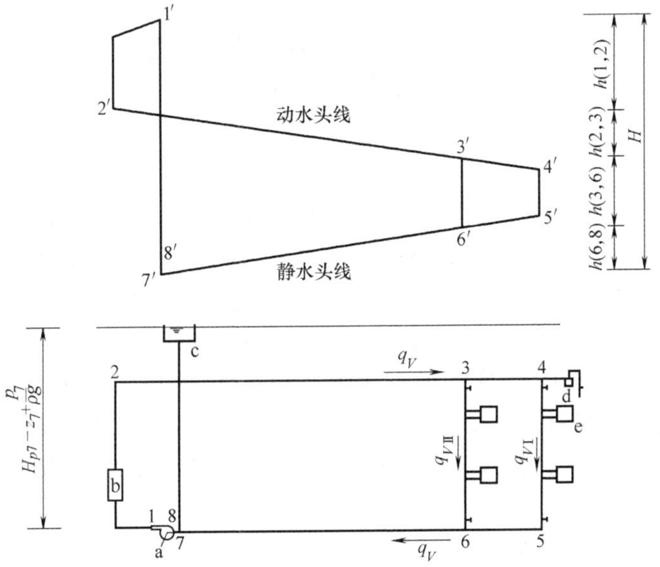

图 4-32　热水采暖管路系统及水压图

a—循环水泵　b—锅炉　c—膨胀水箱　d—集气罐　e—散热器

在图 4-32 中，由于节点 7 连接膨胀水箱，而水箱的水面通大气，这就相当于在节点 7 安装了测压管，其测压管高度为

$$H_{p7}=z_7+\frac{p_7}{\rho g}$$

假设系统中水温保持供水温度。当水泵不运转，则系统中的水处于静止状态，在这个大的连通器中，各点的测压管水头均应相等，均为 H_{p7}。据此，可画出静水头线如图 4-32 所示。当水泵运转时，根据液体的不可压缩性，点 7 的测压管水面仍为 H_{p7} 不变，即节点 7 的测压管水头值恒定，与水泵运转与否无关。因此，称膨胀水箱的连结点为管路的恒压点。

以恒压点 7 为基准，水在流动时，由于有流动阻力，沿流动方向，点 7 以前的各点，测压管水头值大于 H_{p7}；而点 7 以后的各点，测压管水头值小于 H_{p7}。据此，可定性绘制循环系统的测压管水头线——水压图，如图 4-32 所示。可以看出，沿流动方向 1→2→3→4→5→6→7 为水泵供水增压区，各点动水头线均高于静水头线，而管段 7-8 为水泵吸水减压区，动水头线低于静水头线。采暖系统的水压图是工程上分析水力工况的重要依据。

现在来讨论循环水泵应提供的总水头（扬程）H 值的大小。设系统中任一点所在断面的总水头为 H_i，即

$$H_i = \left(z + \frac{p}{\rho g} + \frac{\alpha V^2}{2g}\right)_i$$

先沿流向 1→8 列 1、8 两断面的能量方程

$$H_1 = H_8 + h_{w1\text{-}8} \tag{a}$$

应注意到，点 3、6 为并联节点，所以

$$h_{w1\text{-}8} = h_{w1\text{-}2} + h_{w2\text{-}3} + h_{w3\text{-}6} + h_{w6\text{-}8}$$

式中，$h_{w3\text{-}4} + h_{w4\text{-}5} + h_{w5\text{-}6} = h_{w3\text{-}6}$。整个系统在进行阻力迭加时，对并联管路，只能写入一个并联分支的阻力损失。

再沿流向 8→1 列包括水泵在内的 8、1 两断面的能量方程，则有

$$H_8 = H_1 - H \tag{b}$$

结合式（a）、式（b）得

$$H = h_{w1\text{-}8} \tag{4-45}$$

此式表明，循环管路（即闭合管路）系统中，水泵应提供的总水头（扬程）H 只是用来克服管路因流动阻力造成的全部水头损失。它与系统中各设备（如水箱、散热器、管道）的安装高度无关。这里要提醒注意的是，系统在进行充水时，给水泵的扬程就与安装高度无关，而这属于运行前的充水工况，与循环流动工况截然不同。

【例 4-17】 按例 4-16 的计算结果，在图 4-32 所示的热水采暖系统中，若管段长度 $h_{l(1\text{-}2\text{-}3)} = 120\text{m}$，$h_{l(6\text{-}7\text{-}8)} = 80\text{m}$；管径均为 25mm；局部阻力系数 $\sum\zeta_{(1\text{-}2\text{-}3)} = 20$，$\sum\zeta_{(6\text{-}7\text{-}8)} = 12$，沿程阻力系数 $\lambda = 0.025$。试确定该系统中循环水泵应提供的总水头 H（取水的密度为 $\rho = 980\text{kg/m}^3$）。

解：因为管段 1-2-3 和管段 6-7-8 种的流量相等，则可将它们的阻抗迭加，即

$$S_{(1\text{-}2\text{-}3)} + S_{(6\text{-}7\text{-}8)} = \frac{8\rho\left(\lambda\dfrac{\sum l}{d} + \sum\zeta\right)}{\pi^2 D^4}$$

$$= \frac{8 \times 980 \times \left(0.025 \times \dfrac{200}{0.025} + 20 + 12\right)}{\pi^2 \times 0.025^4}\text{kg/m}^7$$

$$= 4.72 \times 10^{11}\text{kg/m}^7$$

$$S_{(1\text{-}2\text{-}3)} + S_{(6\text{-}7\text{-}8)} = \frac{8 \times 980\left(0.025 \times \dfrac{\sum l10}{0.02} + 15\right)}{\pi^2 \times 0.02^4}\text{kg/m}^7$$

$$= 1.36 \times 10^{11}\text{kg/m}^7$$

由例 4-16 知，$q_{V2} = 0.55 \times 10^{-3}\text{m}^3/\text{s}$，$q_V = 1 \times 10^{-3}\text{m}^3/\text{s}$ 根据式（4-43），循环水泵应提供的总压头

$$p_H = [S_{(1\text{-}2\text{-}3)} + S_{(6\text{-}7\text{-}8)}]q_V^2 + S_{(3\text{-}6)}q_{V2}^2$$

$$= (4.72 \times 10^{11} \times 1^2 \times 10^{-6} + 1.36 \times 10^{11} \times 0.55^2 \times 10^{-6})\text{kPa}$$

$$= 51.3\text{kPa}$$

故总水头为

$$H=\frac{p_H}{\rho g}=\frac{52.3}{1000\times9.8}\mathrm{m}=5.23\mathrm{m}$$

四、管网计算基础

管网是由不同的简单管路以并联和串联管路组合而成，根据管路布置方式差别，可分为枝状管网和环状管网两种，如图4-33、图4-34所示。

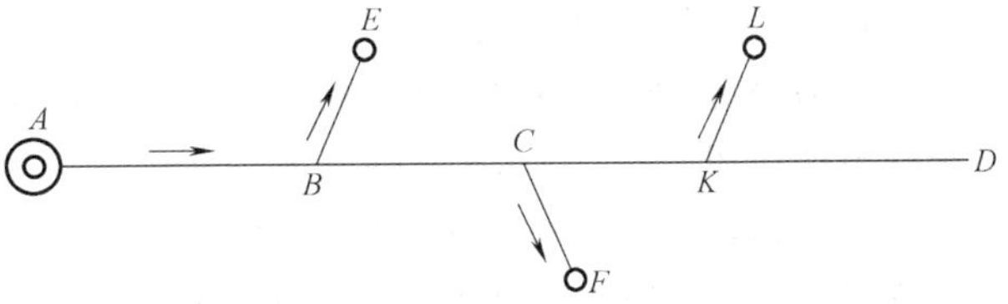

图4-33　枝状管网

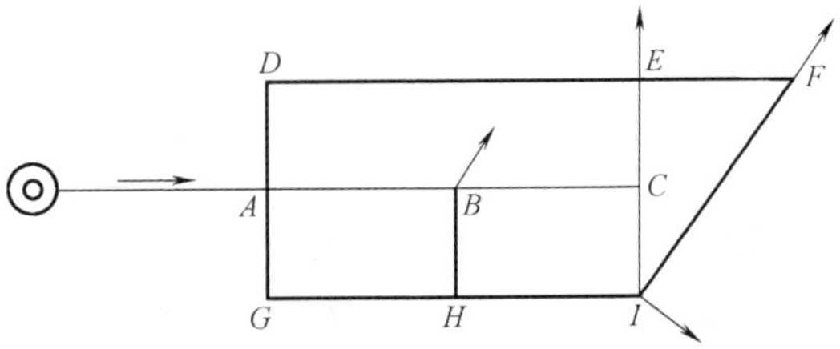

图4-34　环状管网

管网水力计算问题，基本上可分为两类：

1）对已建成的管网进行流量和能量损失的计算，应校核动力设备（泵或风机）的容量。

2）设计新管网时，根据实际所需要的流量，布置管网系统，确定管径，进行阻力平衡和能量损失计算，选择合适的动力设备。

1. 枝状管网

（1）枝状管网的特点　枝状管网的特点是管线于某点分开后不再汇合到一起，呈树枝形状，一般情况下，枝状管网的总长度较短，建造费用较低，工程上大都采用此种管网，但当某处发生事故切断管路时，就要影响到一些用户，所以枝状管网的安全性能较低，但是运行控制较简单。

（2）枝状管网的水力计算　枝状管网是由干管将流量分配至每个支管，且不再汇合的管路系统。图4-35所示为一枝状管网，显然有

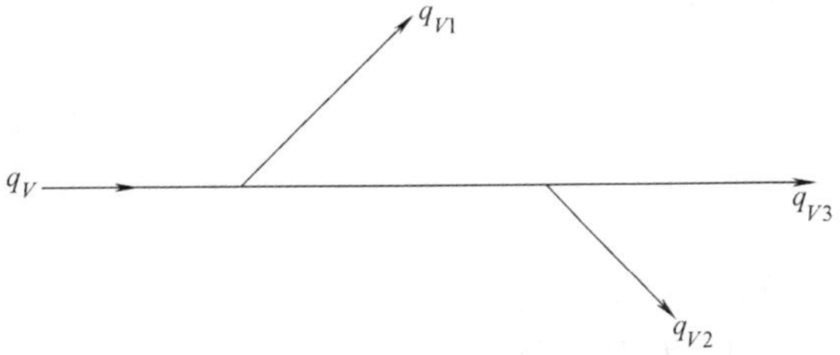

图4-35　枝状管网

$$q_V=q_{V1}+q_{V2}+q_{V3}$$

对于每一个节点则有

$$\sum q_{Vi入}=\sum q_{Vi出} \tag{4-46}$$

如设 H 为管路输送一定流量流体时所需的总水头，在忽略局部损失（若不能忽略计算时，折算为一定比例的沿程损失）和出口端速度水头的情况下，则有

$$H=h_w+h_e+\Delta z \tag{4-47}$$

式中，h_w 为干管的起点（即供流体源）至某支管的终点的沿程损失之和，通常以管段最长，局部构件最多的一支（最不利管路）参加阻力叠加；h_e 为该支管的出口端所需保留的压力水头；Δz 为出水端与供水点的位置高度差。

枝状管网的水力计算，基本有两类：

1）管路布置已定，则管长 L 和局部构件的形式和数量均已确定。在已知各用户所需流量 q_V 及支管出口要求的压力水头 h_e 的条件下，求管径 D 和压头 H。

这类问题先按流量 q_V 和限定流速 v 求管径。所谓限定流速（又称经济流速），是专业中根据技术、经济要求所规定的合适速度，在这个速度下输送流量经济合理。例如，供热管道中需有一最大流速，以保证供热效果；通风除尘管道中需有一最小流速，以保证粉尘不会堵塞管道，等等。各类管路有不同的经济流速，可在设计手册中查得。

因在流量 q_V 已确定的情况下，流速 v 大小仅取决于管径 D。管径的选择，一方面要降低运行费用的降低；另一方面，也要尽量降低投资费用；同时，也要达到经济流速的要求，所以管道管径的选择非常重要。

在管径 D 确定之后，对枝状管网便可按式（4-46）进行计算，然后按扬程或全压及总流量选择泵或风机。

2）已知泵或风机的压头 H、用户所需流量 q_V、支管出口所需压头 h_e，以及在管路布置之后的管长 L，求管径 D。这类问题首先求单位管长上允许的总比阻 A，即

$$A=\frac{h_w}{L+L_{\mathrm{d}}} \tag{4-48}$$

$$L_{\mathrm{d}}=\sum\zeta\frac{d}{\lambda} \tag{4-49}$$

式中，L_{d} 为局部阻力损失的当量长度。

在管径 D 尚不知的情况下，L_{d} 难以确切得出。所以当量长度 L_{d} 可按专业手册中查得估计各种局部构件的当量长度后，再代入式（4-49）。

在求出 A 之后，根据

$$A=\frac{\lambda}{d}\frac{V^2}{2g}=\frac{\lambda}{d}\frac{1}{2g}\left(\frac{q_V}{\frac{\pi d^2}{4}}\right)^2 \tag{4-50}$$

求出管径 D，并定出局部构件型式及尺寸。

最后进行校核计算，计算出总损失求出压头与已知压头 H 核对。

【例 4-18】 如图 4-36 所示的管路系统中，已知流量 $q_{V1}=2500\mathrm{m^3/h}$，$q_{V2}=5000\mathrm{m^3/h}$，$q_{V3}=2500\mathrm{m^3/h}$；主管线各管段长度 $l_{14}=6\mathrm{m}$，$l_{45}=8\mathrm{m}$，$l_{56}=4\mathrm{m}$，$l_{78}=10\mathrm{m}$，沿程阻力系数 $\lambda=0.02$；各管段局部阻力系数 $\sum\zeta_{14}=1.5$，$\sum\zeta_{45}=1.0$，$\sum\zeta_{56}=1.15$，$\sum\zeta_{78}=0.5$。试确定主管线各管段的管径及压强损失，并计算通风机应具有的总压头。

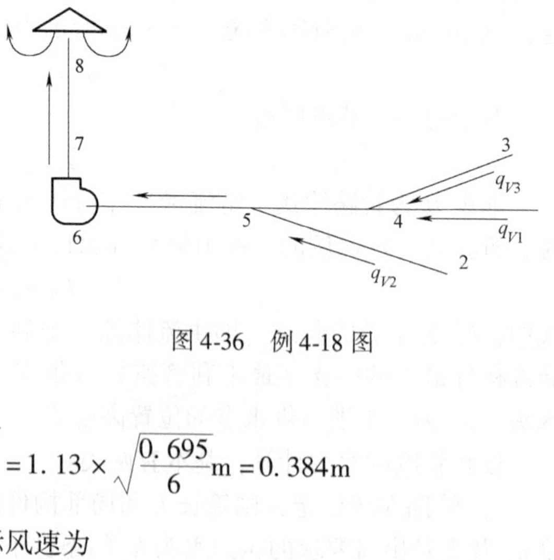

图 4-36　例 4-18 图

解：从末端起，逐段向前进行计算。

管段 1-4：$q_{V1}=2500\mathrm{m^3/h}=0.695\mathrm{m^3/s}$，取限定流速 $[V]_{14}=6\mathrm{m/s}$，初选管径

$$D'_{14}=\sqrt{\frac{4q_{V1}}{\pi[V]_{14}}}=1.13\sqrt{\frac{q_{V1}}{[V]_{14}}}=1.13\times\sqrt{\frac{0.695}{6}}\mathrm{m}=0.384\mathrm{m}$$

根据管材规格，选用 $D_{14}=380\mathrm{mm}$，则管内实际风速为

$$V_{14}=\frac{4q_{V1}}{\pi D_{14}^2}=(1.13)^2\frac{q_{V1}}{D_{14}^2}=1.277\times\frac{0.695}{(0.38)^2}\text{m/s}=6.15\text{m/s}>6\text{m/s}$$

管径选择合适。应当注意，此管段在选用标准管径时，应使 $D_{14}<D'_{14}$。因流量一提高，流速将提高，这样保证不低于下限流速。

管段的阻抗为

$$S_{14}=\frac{8\rho}{\pi^2}\left(\frac{\frac{\lambda l}{d}+\sum\zeta}{D^4}\right)_{14}=1.05\times\left[\frac{0.02\times\frac{6}{0.38}+1.5}{(0.38)^4}\right]\text{kg/m}^7=90.99\text{kg/m}^7$$

管段的压强损失为

$$p_{l(14)}=S_{14}q_{V1}^2=9.99\times(0.695)^2\text{Pa}=43.95\text{Pa}$$

为便于计算,将上述数据列于表 4-9。

管段 4-5：$q_{V45}=q_{V1}+q_{V3}=5000\text{m}^3/\text{h}=1.39\text{m}^3/\text{s}$,取限定流速$[V]_{45}=8\text{m/s}$，初选管径

$$D'_{45}=\sqrt{\frac{4q_{V45}}{\pi[V]_{45}}}=1.13\sqrt{\frac{q_{V45}}{[V]_{45}}}=1.13\times\sqrt{\frac{1.39}{8}}\text{m}=0.47\text{m}$$

此计算结果，恰与标准管径吻合。故采用 $D_{45}=470\text{mm}$。其余计算结果见表 4-9。

管段 5-6 和 7-8 属于同一单管路，流量为

$$q_{V4}=q_{V1}+q_{V2}+q_{V3}=10000\text{m}^3=2.78\text{m}^3/\text{s}$$

若取限定流速 $[V]_{45}=8\text{m/s}$，则初选管径

$$D'_{56}=D'_{78}=\sqrt{\frac{4q_{V4}}{\pi[V]_{45}}}=1.13\sqrt{\frac{q_{V4}}{[V]_{45}}}=1.13\times\sqrt{\frac{2.78}{8}}\text{m}=0.596\text{m}$$

因为实际风速 $V_{56}=V_{78}=1.277\frac{q_{V4}}{D_{56}^2}$，故在选用标准管径时，应使 $D_{56}>D'_{56}$，以保证不高于上限流速。所以采用 $D_{56}=D_{78}=600\text{mm}$。

最后，将主管线各管段的压强损失按串联管路规律迭加，即可得通风机所需的总压头

$$\begin{aligned}p&=\sum p_{li}=p_{l(14)}+p_{l(45)}+p_{l(56)}+p_{l(78)}\\&=(43.95+34.86+57.45)\text{Pa}=136.26\text{Pa}\end{aligned}$$

表 4-9　枝状管网水力计算表

管段编号	设计流量 $q_V/(\text{m}^3/\text{s})$	限定风速 $[V]/(\text{m/s})$	初选管径 D'/mm	实际管径 D/mm	实际风速 $V/(\text{m/s})$	阻抗 $S/(\text{kg/m}^7)$	压强损失 p_{li}/Pa
1-4	0.695	6	384	380	6.15	90.99	43.95
4-5	1.39	8	470	470	8	18.08	34.85
5-8	2.78	10	596	600	9.83	7.43	57.45

2. 环状管网

（1）环状管网的特点　环状管网的特点是管线在一公共节点汇合形成一封闭管路。这种管网工作的可靠性高，不会因某段管路发生故障切断时而中断其余管线的供给，即运行的

安全性强。因此，一般比较重要的场合，如城市集中供热管网、城市给水管网等常采用环状管网。但这种管网规模大，需管材多，故造价较高，运行控制较复杂。

（2）环状管网的水力计算

1）计算条件。如图 4-37 所示，环状管网是管段在某一共同的节点分支，然后又在另一共同节点汇合的管网系统，由很多个并联管路组合而成。因此环状管网遵循串联和并联管路的计算原则，并存在下列两个条件：

①任一节点（如 G 点）流入和流出的流量相等。即

$$\sum q_{VG}=0 \tag{4-51}$$

②任一闭合环路（$ABGFA$）中，如果规定顺时针方向流动的阻力损失为正，反之为负，则各管段阻力损失的代数和必等于零。即

$$\sum{}_{hwABGFA}=0 \tag{4-52}$$

这是并联管路节点间各分支管段阻力损失相等的反映。

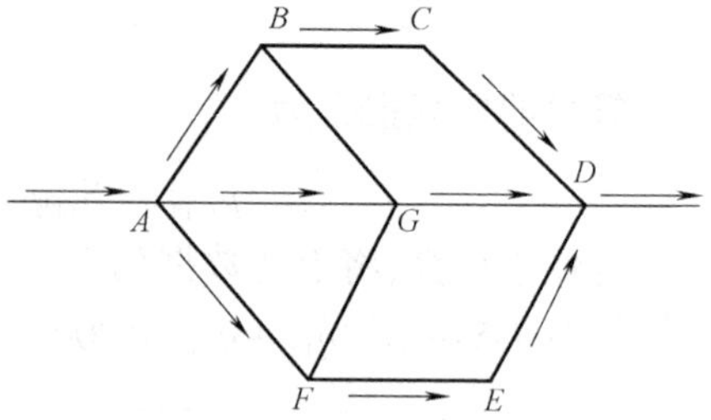

图 4-37　环状管网

环状管网根据上述两个条件进行计算，理论上看似很简单，但在实际计算程序上是相当繁琐的。因此环状管网的计算方法较多，这里仅对哈迪·克罗斯的方法做一简单介绍，采用此方法，易于编制计算机程序。

2）计算方法。哈迪·克罗斯的计算方法步骤如下：

①将管网分成若干环路，如图 4-38 所示，将环路划分成Ⅰ、Ⅱ、Ⅲ三个闭合环路。按节点流量平衡的原则确定流量 q_V，选取限定流速 v，定出管径 D。

②按照上面规定的流量与损失在环路中的正负值，求出每一环路的总损失 $\sum h_{wi}$。

③根据上面给定的流量 q_V，若计算出来的 $\sum h_{wi}$ 不为零，则每段管路应加校正流量 Δq_V，而与此相适应的阻力损失修正值为 Δh_{wi}。所以

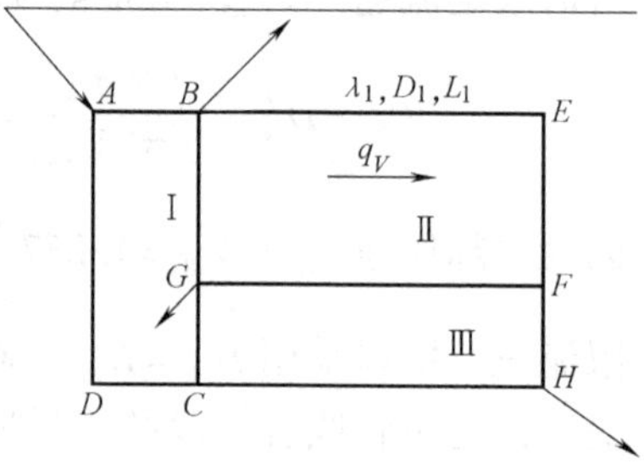

图 4-38　环路划分

$$h_{wi}+\Delta h_{wi}=S_i(q_{Vi}+\Delta q_V)^2=S_i q_{Vi}^2+2S_i q_{Vi}\Delta q+S_i\Delta q_V^2$$

略去二阶微量 Δq_V^2，得

$$h_{wi}+\Delta h_{wi}=S_i q_{Vi}^2+2S_i q_{Vi}\Delta q_V$$

因为

$$h_{wi}=S_i q_{Vi}^2$$

所以

$$\Delta h_{wi}=2S_i q_{Vi}\Delta q_V \tag{4-53}$$

对于整个环路应满足 $\sum h_{wi}=0$，则

$$\sum(h_{wi}+\Delta h_{wi})=\sum h_{wi}+\sum\Delta h_{wi}=\sum h_{wi}+2\sum S_i q_{Vi}\Delta q_V=0$$

根据上式便得出闭合环路的校正流量 Δq_V 的计算公式

$$\Delta q_V=-\frac{\sum h_{wi}}{2\sum S_i q_{Vi}}=\frac{-\sum h_{wi}}{2\sum\frac{S_i q_{Vi}^2}{q_{Vi}}}=\frac{-\sum h_{wi}}{2\sum\frac{h_{wi}}{q_{Vi}}} \tag{4-54}$$

式中，$\sum h_{wi}$为整个环路的阻力损失之和。计算时，需注意各管段损失的正负号。当计算出环路的 Δq_V 之后，加到每一管段原来的流量 q_V 上，便得到第一次校正后的流量 q_{V1}。

④用同样的程序，计算出第二次校正后的流量 q_{V2}，第三次校正后的流量 q_{V3}，……，直至$\sum h_{wi}=0$ 满足工程精度要求为止。

3）计算举例。对于环状管网，根据输送的流体种类的不同，在水力计算的细节上存在某些小的差别，下面通过燃气管网的实例予以说明。在环状管网计算中，大量的工作是消除管网中不同气流方向的压力降差值，此亦是一般所称的管网水力平差计算。

①如前所述，在燃气环状管网中，不论采取何种方法进行计算，同样都必须满足以下两个条件：

a. 流向节点的流量和流出节点的流量，如分别取不同的正负号时，节点处流量的代数和为零，即$\sum q_V=0$。

b. 在任何封闭环网中，燃气按顺时针方向流动的管段压力降定为正值，逆时针方向流动的管段压力降为负值，则环网的压力降之和等于零（或称闭合），即

$$\sum \Delta p=0 \tag{4-55}$$

要做到$\sum \Delta p=0$ 实际上是非常困难的，一般是规定一个允许闭合差的范围。允许闭合差值一般不大于 10% 或$\sum \Delta p\pm 10\text{Pa}$。各环的闭合差可由下式求得

$$\frac{\sum \Delta p}{0.5\sum |\Delta p|}\times 100\% \tag{4-56}$$

各环的闭合差应满足下列要求

$$\frac{\sum \Delta p}{0.5\sum |\Delta p|}\times 100\% \leqslant 10\% \tag{4-57}$$

②计算天燃气环状管网的方法有几种，这里简要介绍一下表格法的步骤。具体如下：

a. 布置管网，绘制管网平面示意图。管网布置应尽量使每环的燃气负荷接近，使管道负荷比较均匀。图上应注明节点编号和环号、管段长度、气源或调压站位置。

b. 计算管网各管段的途泄流量。一般在计算中除大型用户的集中负荷外，为简化计算，均假定途泄流量是沿管道长度方向均匀分布的。途泄流量的计算方法是将环网的燃气总负荷除以环网的计算长度。得到单位计算长度的燃气负荷。每段管段的途泄流量为该管段的计算长度与单位长燃气负荷乘积。

c. 假定各管段的气流方向并选择零速点。气流方向是流离供气点，而不应逆向流动。选择零速点应使从供气点到用户的燃气流经距离为最短，且不同气流方向输送距离应大体相同，同一环内必须有两个相反的流向，至少有一根管段与其他管段流向相反。气流方向一般以顺时针方向为正，逆时针方向为负。

d. 求管网各管段的计算流量。各管段的计算流量等于该管段终点节点的所有管段途泄流量的 0.55，加上流出该管段终点节点的所有转输流量 q_{Vz}，即

$$q_{Vz}=0.55q_{Vt}+q_{Vz} \tag{4-58}$$

式中，q_{Vz}为管段的计算流量；q_{Vt}为流至管段终节点的途泄流量；q_{Vz}为流出终点节点的转输流量。

e. 选择管径。由给定的允许压力降和供气点至零速点的管道长度，求得单位长度平均压力降 $\Delta p/l$，根据 $\Delta p/l$ 和管段计算流量查水力计算图表，选择各管段的管径。低压管道的局部阻力损失一般取管道长度阻力损失的 10%。

f. 进行初步计算。由于所选择的管径，对于每根管段不可能完全符合单位长度平均压力降的要求，因此初步计算也不可能符合环网 $\sum \Delta p = 0$ 的条件。初步计算可以了解闭合差的程度，以便进一步进行平差计算。

g. 进行校正计算，即水力平差计算。水力平差计算的目的是为了使管网中选定管径满足管网压力降闭合差为零的条件。为此，必须进行流量的再分配。为了不破坏节点上流量的平衡，流量再分配的手段是采用校正流量 Δq_V，以消除环网的闭合差。校正流量可由下式计算

$$\Delta q_V' = \frac{\sum \Delta p}{1.75 \sum \frac{\Delta p}{q_V}}; \qquad \Delta q_V'' = \frac{\sum \Delta q_{V\mathrm{nn}}' \left(\frac{\Delta p}{q_V}\right)_{\mathrm{ns}}}{\sum \frac{\Delta p}{q_V}} \tag{4-59}$$

式中，$\Delta q_V'$为校正流量的第一近似值；$\Delta q_V''$为 $\Delta q_V'$值上的附加项；Δp 为管段压力降；$\Delta q_{V\mathrm{nn}}$为邻环校正流量的第一个近似值；$\left(\frac{\Delta p}{q_V}\right)_{\mathrm{ns}}$ 为与该邻环共用管段的$\frac{\Delta p}{q_V}$值。

由此可得

$$\Delta q_V = \Delta q_V' + \Delta q_V'' \tag{4-60}$$

【例 4-19】 图 4-39 所示为两个闭合环路构成的管网。管段的长度 L、直径 D 及进出流量 q_V 已标在图上。忽略局部阻力，试求第一次校正后各管段的流量。

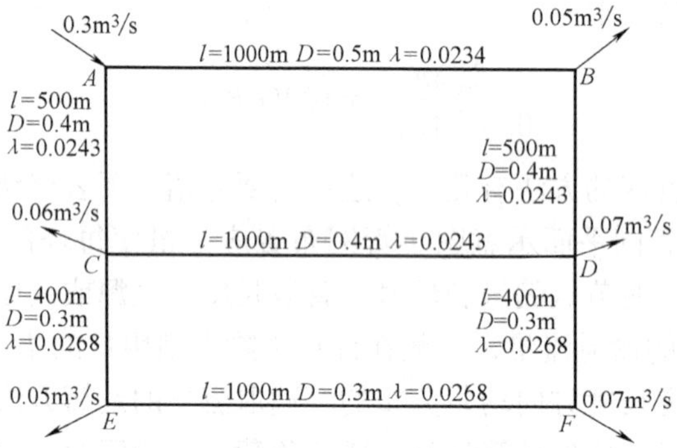

图 4-39 例 4-19 图

解：1）按节点 $\sum q_{Vi} = 0$ 试分配各管段的流量，列在表中假定流量栏内（表 4-10）。

2）计算各管段阻力损失 h_{wi}

$$h_{wi} = \lambda_i \frac{l_i}{D_i} \frac{1}{2g} \left(\frac{4}{\pi D_i^2}\right)^2 q_{Vi}^2 = S_i q_{Vi}^2$$

$$S_i = \lambda_i \frac{l_i}{D_i} \frac{1}{2g} \left(\frac{4}{\pi D_i^2}\right)^2 = \frac{8\lambda_i l_i}{\pi^2 g D_i^5}$$

λ_i 在图的各管段上已标出。先算出 S_i 填入表 4-10 中 S_i 栏中，再计算出 h_{wi} 填入相应栏内。列出各管段 h_{wi}/q_{Vi}之比值，并计算$\sum h_{wi}$、$\sum h_{wi}/q_{Vi}$。

3）按校正流量 Δq_V 公式，计算出环路中的校正流量 Δq_V

$$\Delta q_V = \frac{-\sum h_{wi}}{2\sum h_{wi}/q_{Vi}}$$

4）将求得的 Δq_V 加到原假定流量上，便得出第一次校正后流量。

注意：在两环路的共同管段上，相邻环路的 Δq_V 符号应反号再加上去。

表 4-10　例 4-19 环状管网计算表

环路	管段	假定流量 $q_{Vi}/(m^3/s)$	$S_i/(s^2/m^5)$	h_{wi}/m	$(h_{wi}/q_{Vi})/(s/m^2)$	$\Delta q_V/(m^3/s)$	校正流量 $\Delta q_{Vi}/(m^3/s)$	校正后流量 $q_{Vi}/(m^3/s)$	备注
Ⅰ	AB	+0.15	59.76	+1.3346	8.897	$\frac{-\sum h_{wi}}{2\sum h_{wi}/q_{Vi}}$ −0.0014	−0.0014	0.1486	
	BC	+0.10	98.21	+0.9821	9.821		−0.0014	0.0986	
	DC	−0.01	196.42	−0.0196	1.960		−0.0014	−0.0289	
	CA	−0.15	98.21	−2.2097	14.731		−0.0014	−0.1514	
	共计(Σ)			0.0874	35.410				
Ⅱ	CD	+0.01	196.42	+0.0196	1.960	0.0175	+0.0175	0.0289	
	DF	+0.04	364.42	+0.5830	14.575		+0.0175	0.0575	
	FE	−0.03	911.05	−0.8199	27.330		+0.0175	−0.0125	
	EC	−0.08	364.42	−2.3323	29.154		+0.0175	−0.0625	
	共计(Σ)			−2.5496	73.019				

第五节　管内流动的阻力特性曲线

管路流动的阻力特性曲线就是流体在管路系统中通过的流量与所需要的水头之间的关系曲线。

如图 4-40 所示，为以液体输送系统，由贮液槽、受液槽、泵和管路组成。假设贮液槽和受液槽的压力分别为 p_1 和 p_2，两个液面之间的高度差为 h，则可列出两个断面 1-1 和 2-2 之间的能量方程

$$z_1 + \frac{p_1}{\rho g} + \frac{V_1^2}{2g} + H = z_2 + \frac{p_2}{\rho g} + \frac{V_2^2}{2g} + h_{w1-2}$$

式中，H 为水泵的提供的扬程，也即流体在管路系统中流动时所需的能量。

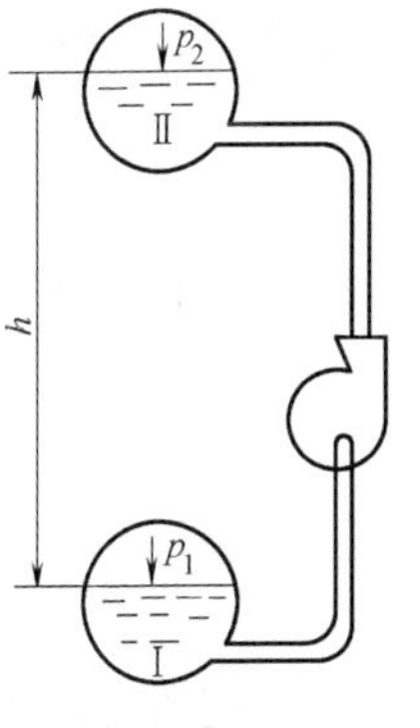

图 4-40　液体输送系统

由上式可得

$$H = (z_2 - z_1) + \frac{p_2 - p_1}{\rho g} + \frac{V_2^2 - V_1^2}{2g} + h_{w1-2}$$

设 $\Delta z = z_2 - z_1$，且 $v_1 = 0$，所以

$$H = \Delta z + \frac{p_2 - p_1}{\rho g} + \frac{V_2^2}{2g} + h_{w1-2}$$

令

$$H_1 = \Delta z + \frac{p_2 - p_1}{\rho g} \tag{4-61}$$

$$H_2 = \frac{V_2^2}{2g} + h_{w1-2} = S_H q_V^2 \tag{4-62}$$

式中，S_H 为管路阻抗。

由此可得

$$H = H_1 + H_2 = H_1 + S_H q_V^2 \tag{4-63}$$

上式为管路的阻力特性曲线，表示特定管路系统中、恒定流动条件下，动力设备所提供的能量和管路系统流量之间的关系，可以看出，提供的能量 H 随系统流量的平方而变化，将此关系绘制在流量 q_V 和压头 H 为坐标的直角坐标系中，如图 4-41 所示。它是一条在纵轴上截距为 H_1 的抛物线。

根据式（4-63）计算不同流量 q_V 下的压头 H 值，得到 n 组对应的 q_V 和 H 的值，就可以绘出管路阻力的特性曲线。形状取决于管路布置和操作条件，与所应用的离心泵的性能无关。

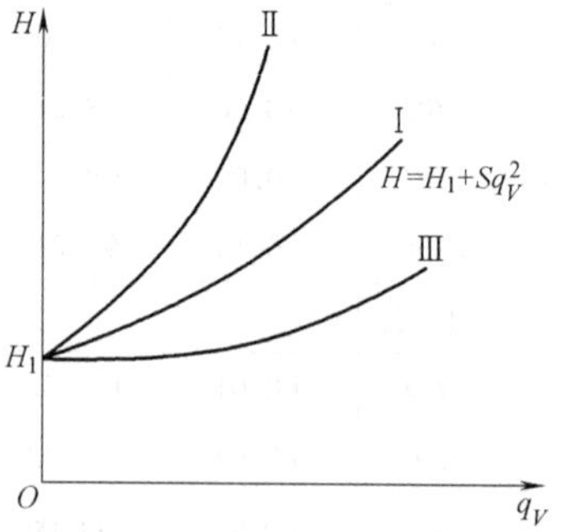

图 4-41　液体管路特性曲线

同一管路系统中，恒定操作条件下，管路阻抗 S_H 为一常数。若操作条件改变，则管路阻力会发生变化，S_H 随之变化，q_V-H 曲线也会相应变化。例如将离心式泵的出口管路上的节流阀关小时，管路的阻力将增大，管路阻力特性曲线将变陡，如图 4-41 中的曲线Ⅱ。当阀门开大时，管路阻力将减小，管路阻力特性曲线将平缓，如图 4-41 中的曲线Ⅲ。

管路系统中若进出口高度差和压力均为零，则 $H_1=0$，管路特性曲线的截距为零，变为更简单的形式，这种情况也是常有的。

相应的气体管路的特性曲线方程为

$$p = p_1 + S_p q_V^2 \tag{4-64}$$

式中，p 为风机提供的有效压力，即风机的全压；$p_1=\rho g(z_2-z_1)+(p_2-p_1)$；$S_p$ 为气体管路阻抗。

当 $p_1=0$ 时，式（4-64）可简化为

$$p = S_p q_V^2 \tag{4-65}$$

【例 4-20】 某管路系统风量为 500m³/s 时，系统阻力为 300Pa，试绘出管路阻力特性曲线。假定管路阻力特性曲线中 $p_1=0$。

解：由于 $p_1=0$，风机的全压就等于管路系统的阻力，即 $p=300\text{Pa}$。管路阻力特性曲线为

$$p = S_p q_V^2$$

1）气体管路的阻抗为

$$S_p = \frac{p}{q_V^2} = \frac{300}{(500)^2}\text{kg/m}^7 = 0.0012\text{kg/m}^7$$

则该管路系统的阻力特性曲线为

$$p = 0.0012 q_V^2$$

2）绘制管路阻力特性曲线，如图 4-42 所示。

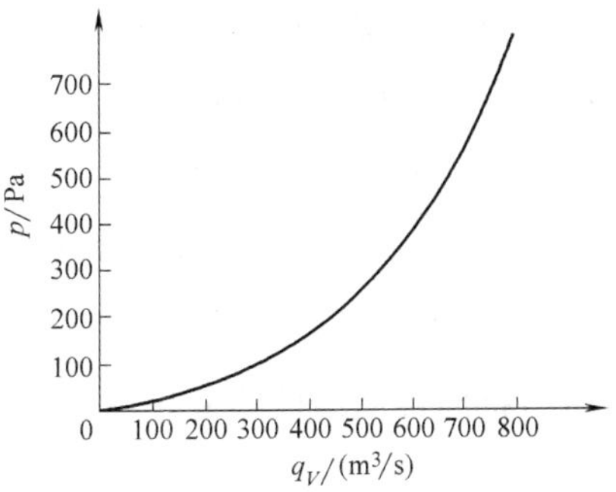

图 4-42　气体管路阻力特性曲线

第六节　有压管中的水击

前面讨论的都是不可压缩性流体的稳定流动，没有考虑流体的压缩性。但液体在有压管道中发生的水击现象，则必须考虑液体的压缩性，同时还要考虑管壁材料的弹性。

一、水击现象

当液体在压力管道中流动时，由于某种外界原因（如阀门的突然开启或关闭，或者水泵的突然停车或启动，以及其他一些特殊情况），液体流动速度突然改变，引起管道中压力产生反复的、急剧的变化，这种现象称为水击（或水锤）。

水击现象发生后，引起压力升高的数值，可能达到正常压力的几十倍甚至几百倍，而且增压和减压交替频率很高，其危害性很大，会使管壁材料及管道上的设备承受很大的应力，产生变形，严重时会造成管道或附件的破裂。压力的反复变化会使管壁及设备受到反复的冲击，发出强烈的振动和噪声，犹如管道受到锤击一样，故又称为水锤。这种反复的冲击还会使金属表面损坏，打出许多麻点，轻者增大了流动阻力，重者损坏管道及设备。所以水击对各种工业管道和生活中的供水管道、水泵及其连接的有关设备的安全运行都是有害的，特别是在大流量、高流速的长管中以及输送水温高、流量大的水泵中更为严重。但水击也有可利用的一面，如水锤泵（又称水锤扬水机）就是利用水击压力变化反复工作的，且不需要任何其他动力设备。

如图 4-43 所示，液体沿直径不变的管道 MN 流动。假定容器内液面高度 H 不变，管道断面面积为 A。当 N 处阀门突然关闭，瞬间邻近阀门处厚度为 dl 的一层液体首先停止了流动。由原来的流速 V 变为零。流速的突变又引起动量发生了很大的变化。按照动量定理，液体动量的变化是受到外力作用的结果。而这里外力是由阀门作用给液体的，使靠近阀门处的液体受到这个外力的作用压力突然升高。若原来的正常压力为 p，阀门突然关闭

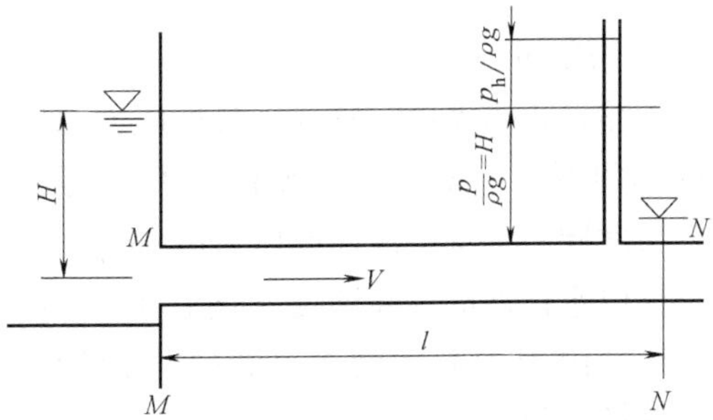

图 4-43　连接大容器的阀前管段

后压力 p 骤然升高到 $p+p_h$。突然增加的压力 p_h 称为水击压力。液体在水击压力的作用下，体积压缩，管壁膨胀，腾出极少的空间，使靠近 N-N 断面的液体以速度 V 继续向阀门流动。

由动量定理推导可得出水击压力 p_h 的计算公式为

$$p_h = \rho V a \tag{4-66}$$

式中，ρ 为液体的密度；V 为液体的运动流速；a 为水击波的传播速度：$a=\dfrac{dl}{dt}$。

二、水击的传播过程

水击现象发生后，管道中压力将出现周期性的变化，而每一个周期中又可以分为四个过程。

1. 压缩过程

如图 4-44 所示，长度为 l 的管道上当阀门突然关闭后，首先在 N-N 断面上液体停止了流动，同时压力升高 p_h。然后相邻的另一层液体也停止了流动，压力也相应升高 p_h。这种压力升高以水击波的传播速度 a 由阀门处一直向管道进口传播，如图 4-44a 所示。经时间 $t_2=l/a$ 传到管道进口，这时整个管道中压力都升高到 $p+p_h$。液体受到压缩，密度增高，管壁膨胀，这是一个减速增压的压缩过程。

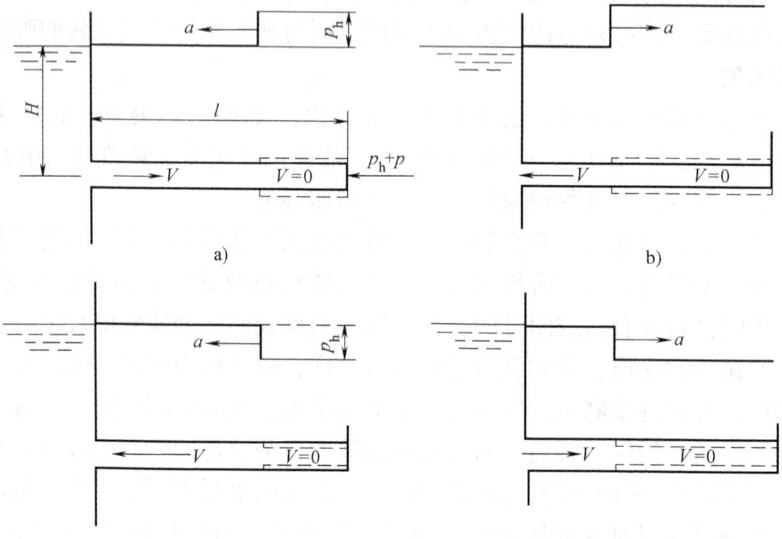

图 4-44　水击波的传播过程示意图

2. 恢复过程

压缩过程结束后，管道中各处压力都比 M-M 断面的左侧容器中压力高了 p_h。在压力差 p_h 的作用下，M-M 断面右侧相邻的一层液体将以速度 V 由管道流回容器内，如图 4-44b 所示。与此同时，这层液体的压力由 $p+p_h$ 恢复到正常的压力 p，管壁的膨胀也得到恢复，这种恢复以水击波的传播速度 a 向管道末端 N-N 传播。从阀门关闭时间算起，经过 $t_2=2l/a$ 时间后，由 M-M 传播到 N-N 断面，使整个管道都恢复到正常数值。该过程是一个增速减压的压缩恢复过程。

3. 膨胀过程

压缩恢复过程结束后，液体并不能停止流动，在惯性的作用下，液体还将以速度 V 继续向容器内流动，阀门 N-N 处液体首先减少，使其压力由 p 降低到 p-p_h。因而液体密度减小，体积膨胀，管壁相应收缩，同时液体的流动速度也降为零。这一膨胀仍以水击波速度 a 向 M-M 断面传播，如图 4-44c 所示。从阀门关闭时间算起，经过 $t_2 = 3l/a$ 时间后，使管道中的液体都处于膨胀状态，压力比正常情况下的压力降低了 p_h。此过程为减速减压的膨胀过程。

4. 恢复过程

膨胀恢复过程结束后，由于容器内的压力高于管道内的压力，在压差的作用下，液体以速度 V 流向管内，如图 4-44d 所示。最先使管道进口 M-M 处的压力恢复到正常情况下的压力，管壁也恢复到正常情况。然后压力的恢复由 M-M 断面以水击波的传播速度 a 向 N-N 断面传播。从关闭阀门时算起，经过 $t_2 = 4l/a$ 时间，完成了增速增压的膨胀的过程，使整个管道中液体的压力、密度都恢复到了正常值，从而结束了一个周期的水击变化过程。

若不考虑水击传播过程中的能量损耗，在 t_4 时间后，管道中的压力又要重复上述变化过程将一直周期地进行下去，如图 4-45a 所示。实际由于流动的阻力及管壁变形的能量耗损，水击压力将迅速衰减，直至消失，如图 4-45b 所示。

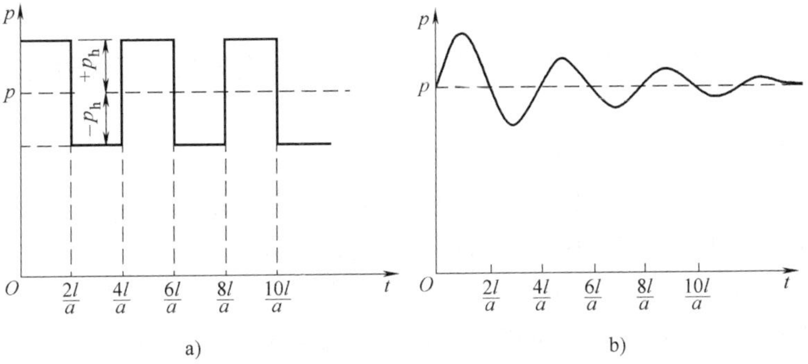

图 4-45 断面 N 处水击压力随时间的变化情况

综观上述分析不难得出：引起管路中速度突然变化的因素（如阀门突然关闭），这只是水击现象产生的外界条件，而液体本身具有可压缩性和惯性是发生水击的内在原因。

由图 4-45 可见，阀门 N-N 处在 $t = 0$ 到 $t_2 = 2l/a$ 时段内，压力比正常压力升高了 p_h；在 $t_2 = 2l/a$ 到 $t_2 = 4l/a$ 的时段内，压力比正常压力降低了 p_h。压力变化的时间间隔为 $t_2 = 2l/a$。若用 T 表示，则 $T = 2l/a$ 称为水击的相长，两个相长 $2T$ 则为一个周期。

三、水击的类型

若阀门迅速关小，流量急剧减少，表现为管道中压力骤然升高的水击称为正水击，若阀门迅速开大，流量急剧增大，表现为管道中压力骤然下降的水击称为负水击。

以上分析是在管路阀门瞬间关闭时产生的水击。若阀门不是突然开或关，水击压力 p_h 将会有很大的削弱，因此按阀门关闭时间 T' 大小分：当 $T' > T$ 时，为间接水击；当 $T' < T$ 时，为直接水击。间接水击的危害比直接水击小。因实际上在阀门关闭时间内，阀门处压力是不断升高的，并且不断向管道进口传播，最先关闭时所产生的反射减压波与阀门关闭过程中产生的升压波在阀门处相遇时，压力的升高必然会降低。

四、消除水击的措施

水击现象发生，对管路系统十分有害，为了避免或者减轻水击带来的危害，可采取如下措施：

1）尽可能地延长阀门的启闭时间，缩短管道长度，避免直接水击发生。

2）减小流速，从而降低水击压力。可采用增大管道直径或限制流速的办法（一般液压系统中最大流速限制在 5 ~ 7m/s）。

3）采用过载保护，在可能产生水击的管道中装设溢流阀、调压塔和蓄能器等以缓冲水击压力。

4）增加管道弹性，例如液压系统中，铜管和铝管就比钢管有更好的防水击性能，或采用弹性较大的软管，如橡胶或尼龙管吸收冲击能量，则可更明显地减轻水击。

小　　结

本章应用流体力学基本方程导出的总流质量守恒、机械能关系式，结合流体在管道中流动的特点，从工程应用的角度，介绍了管路水力计算的方法，并简单介绍了管道内的水击现象。

1）管内流动造成的机械能损耗可分为直管段的沿程损失和连接件附近区域的局部损失两部分。

2）非圆形管道可按当量直径折合成圆管进行计算。

3）圆管中层流的速度随管径呈二次方规律分布；湍流分粘性底层、过渡层及湍流核心层，各层呈不同分布规律，工程中大致可按指数规律计算。

4）沿程阻力系数在层流区、临界区、水力光滑管区、过渡区、完全湍流粗糙管区，各区具有不同的变化及取值规律；局部阻力系数主要取决于连接件的形状。

5）串联管路中，流量处处相等，单位重量流体的机械能损失各段相加；并联管路中，单位重量流体的机械能损失各段相等，流量相加得到总流量；分支管路的水力计算围绕最不利分支进行；网状管路的水力计算需要按环路用迭代法。

6）对短管作水力计算时，沿程损失和局部损失都要计入；对长管作水力计算时，局部损失与沿程损失相比很小，可按沿程损失的某一百分比估算或忽略不计。

7）水击是有压管道中发生的弹性波传播过程，分析水击时，需要考虑液体的压缩性及管道壁面的弹性。

思　考　题

4-1　能量损失有几种形式？产生的原因是什么？减少阻力损失的方法有哪些？

4-2　尼古拉兹实验解释了什么？证明有哪些流动区域？特点是什么？

4-3　解释长管和短管的定义，其阻抗有哪些特点？

4-4　串联和并联管路的特点是什么？

4-5　管路特性曲线计算公式的物理意义是什么？如何绘制管路特性曲线？管路特性曲线的作用是什么？

4-6　什么是水击现象？有何危害？应如何避免水击现象的产生？

习　题

4-1　输油管道长 $l=150\text{m}$，管径 $d=0.1\text{m}$，已知油的动力粘度 $\mu=0.072\text{Pa}\cdot\text{s}$，密度 $\rho=930\text{kg/m}^3$，流量 $q_V=0.009\text{m}^3/\text{s}$。求输油管的沿程损失、管壁切应力及管内轴线上的流速。

4-2　在长 $l=150\text{m}$，管径 $d=0.1\text{m}$ 的输油管道中，油的动力粘度 $\mu=0.072\text{Pa}\cdot\text{s}$，密度 $\rho=930\text{kg/m}^3$，流量 $q_V=0.009\text{m}^3/\text{s}$。求输油管道内油的流动保持层流时的最大流量及沿程损失。

4-3　两个容器用两条液面下的管道连接起来，假定两条管道的沿程阻力系数和局部阻力系数相同，管道长度也一样（图 4-46），问：

1）若直径 D_1 和 D_2 相等，q_{V1} 与 q_{V2} 相等吗？为什么？

2）若直径 $D_1=2D_2$ 时，q_{V1} 与 q_{V2} 的比值应为多少？

4-4　有两长度相同的支管并联，如图 4-47 所示。如果在支管 2 中加一个调节阀（局部阻力系数为 ζ），则 q_{V1} 与 q_{V2} 哪个大些？阻力损失 h_{w1} 和 h_{w2} 哪个大些？

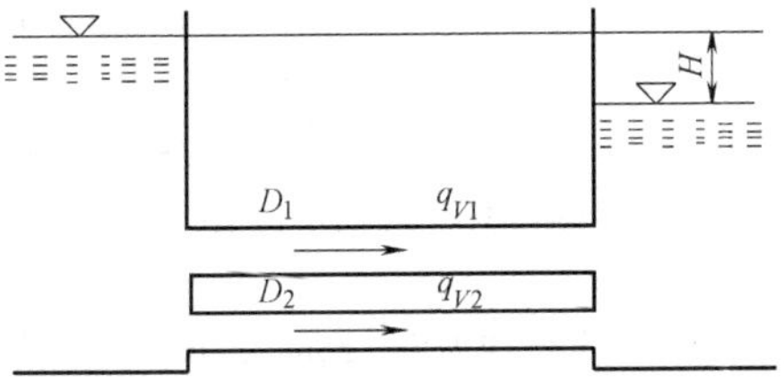

图 4-46　习题 4-3 图

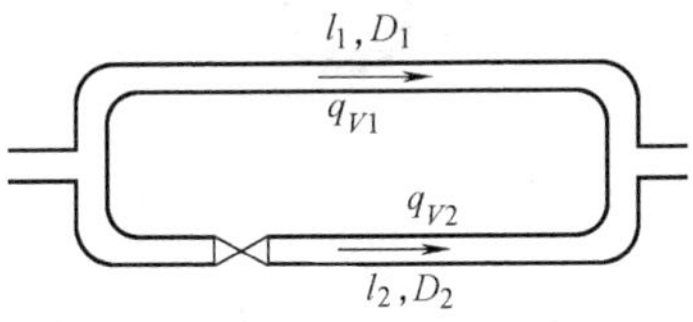

图 4-47　习题 4-4 图

4-5　两容器用两段新的低碳钢管连接起来，如图 4-48 所示，已知 $D_1=20\text{cm}$，$L_1=30\text{m}$，$D_2=30\text{cm}$，$L_2=60\text{m}$，管 1 锐边入口和管 2 上阀门的局部阻力系数均为 $\xi=3.5$。当流量 $q_V=0.2\text{m}^3/\text{s}$ 时，求所需的总水头 H。

4-6　欲使雷诺数 $Re=3.5\times10^5$ 的镀锌铁管内的流动是水力光滑的，求管子的最小直径。

4-7　有一直径为 30cm 的水平放置的管道，在其上用水作沿程阻力实验，相距 120mm 的两点用水银测压计（上面为水）测得的压差为 33cm，已知流量为 $0.23\text{m}^2/\text{s}$，求沿程阻力系数。

4-8　在直径为 $D=1\text{cm}$ 的管内，运动粘度 $\nu=4\times10^{-5}\text{m}^2/\text{s}$ 的流体以 $V=4\text{m/s}$ 的速度流动，求每米管长上的沿程损失。

4-9　已知某水管直径 $D=250\text{mm}$，长度 $l=300\text{m}$，绝对粗糙度 $\varepsilon=0.25\text{mm}$。设流量 $q_V=95\text{L/s}$，运动粘度 $\nu=1\times10^{-6}\text{m}^2/\text{s}$，求沿程损失。

4-10　图 4-49 所示为一并联管路，已知总流量 $q_V=80\text{L/s}$，$\lambda=0.02$，第一支路 $D_1=200\text{mm}$，$l_1=600\text{m}$，第二支路 $D_2=200\text{mm}$，$l_2=360\text{m}$。求分支管的流量及两节点间的损失（按长管计算）。

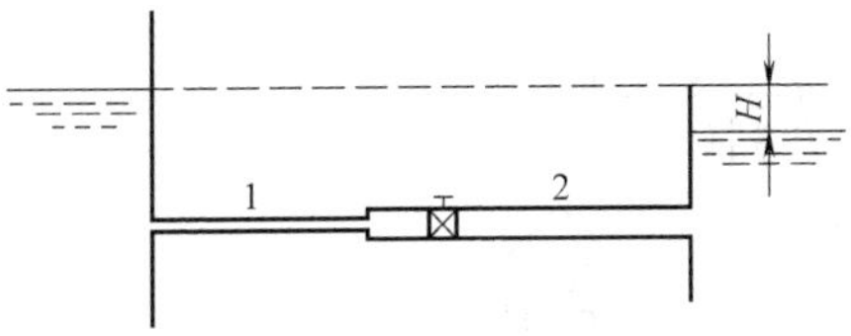

图 4-48　习题 4-5 图

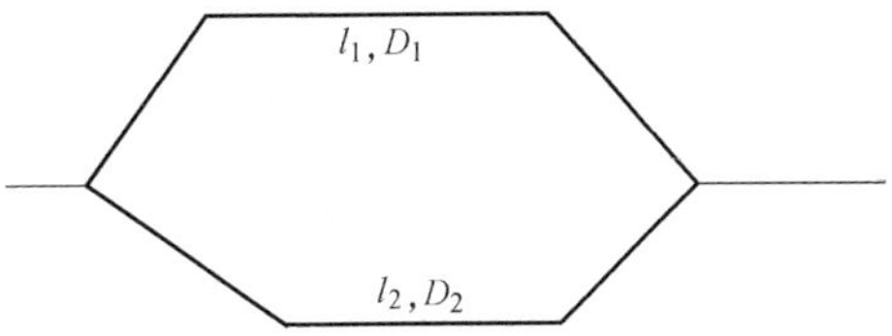

图 4-49　习题 4-10 图

4-11　流量 $q_V=15\text{m}^3/\text{h}$ 的水在一 90°弯管中流动，如图 4-50 所示，其直径 $D=50\text{mm}$，管壁绝对粗糙度

$\varepsilon=0.2\text{mm}$，水的运动粘度 $\nu=1.515\times10^{-6}\text{m}^2/\text{s}$。设水银差压计连接点之间的距离 $l=0.8\text{m}$，差压计中水银面高差 $h=20\text{m}$，求弯管的阻力系数。

4-12　A、B、C 三个水箱如图 4-51 所示，B、C 水箱为开式，A 水箱为密闭。已知：$l_1=75\text{m}$，$l_2=l_3=100\text{m}$，$D_1=75\text{mm}$，$D_2=D_3=50\text{mm}$，$H=10\text{m}$，$\lambda_1=\lambda_2=\lambda_3=0.03$，$\zeta_{阀}=15$，其他局部阻力忽略。求：

1）$q_{V2}=5\text{L/s}$ 时，q_{V3} 和表 M 的读数。

2）$q_{V2}=0$ 时，q_{V3} 和表 M 的读数。

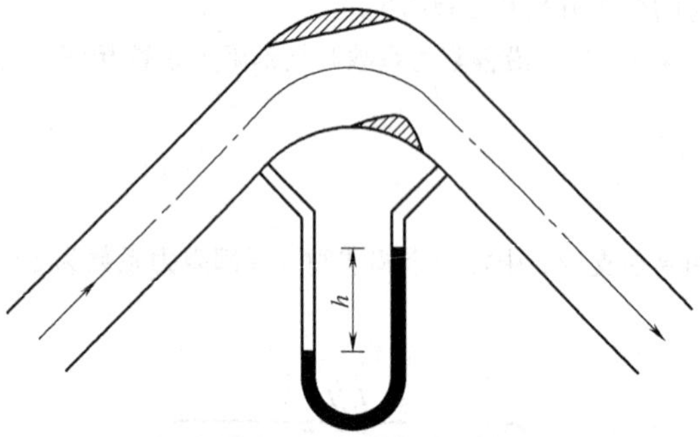

图 4-50　习题 4-11 图

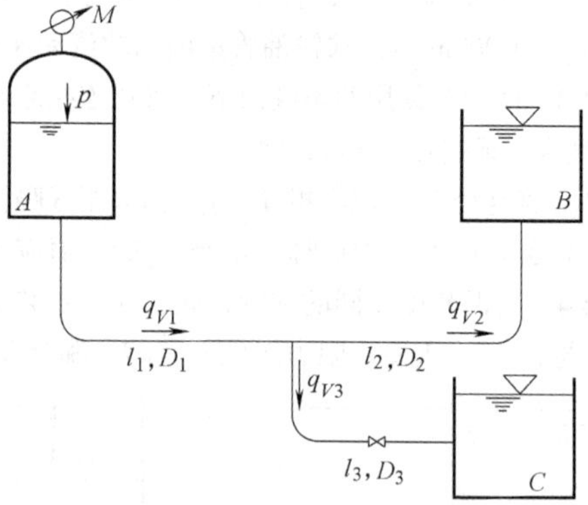

图 4-51　习题 4-12 图

4-13　图 4-52 所示为一个并联的热水采暖系统。并联的两段管道直径均为 $D=25\text{mm}$，长度分别为 $L_1=25\text{m}$，$L_2=10\text{m}$。第一段管路的阀门全开时，所有的局部阻力系数之和 $\sum\zeta=15$，第二段管道上除开调节阀外的局部阻力系数之和 $\sum\zeta_2=10$。试问第二段管道上的调节阀局部阻力系数 ζ 为多少时，方能使两段管道上的流量 q_{V1} 与 q_{V2} 相同？

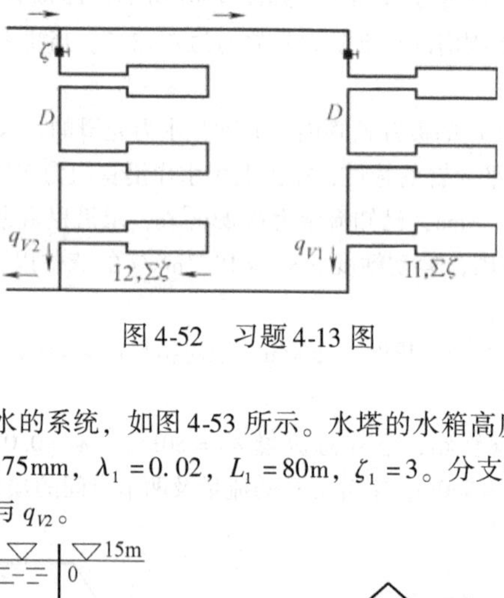

图 4-52　习题 4-13 图

4-14　一水塔给两座小楼供水的系统，如图 4-53 所示。水塔的水箱高度 $H=15\text{m}$，干管道的损失为 $h_w=8\text{mH}_2\text{O}$。分支管 1 的直径 $D_1=75\text{mm}$，$\lambda_1=0.02$，$L_1=80\text{m}$，$\zeta_1=3$。分支管道 2 的直径 $D_2=50\text{mm}$，$\lambda_2=0.02$，$L_2=100\text{m}$，$\zeta_2=5$。求 q_{V1} 与 q_{V2}。

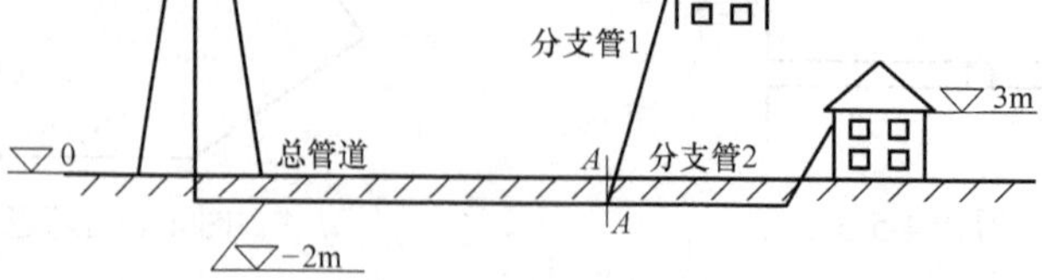

图 4-53　习题 4-14 图

4-15　图4-54所示为一枝状管网，从水塔0沿0-1干线输送用水，各节点要求供水量如图中所示。每一段管路长度见表4-11。水塔0处的地形标高和节点4、节点7的地形标高相同，节点4和节点7要求的自由水头 H_c 同为20m求各管段的直径、水头损失及水塔应有的高度。

表4-11　枝状管网各管段长度

管段	1-2	2-3	3-4	1-5	5-6	6-7	0-1
管段长度/m	200	350	350	300	200	500	400

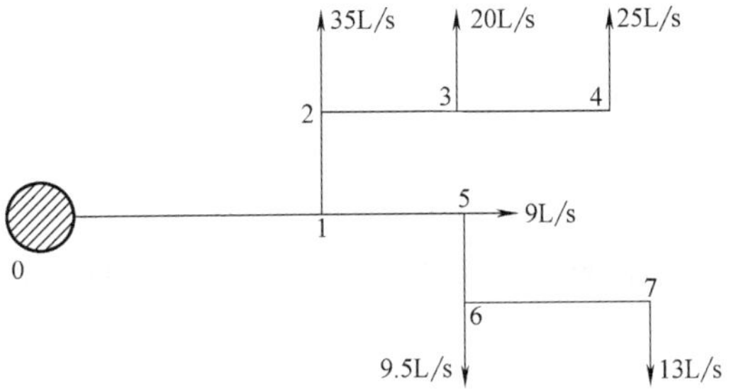

图4-54　习题4-15图

4-16　图4-55所示为两个环的环网，节点流量标于图上，按照环网计算步骤，在各管段注明初次拟定的流量分配值，以及由限定流速选定的管径所算出的阻抗值。为简便计算，各项值均取整数，且不需标出单位。按照环网计算步骤进行校正计算，直至得到要求的结果。

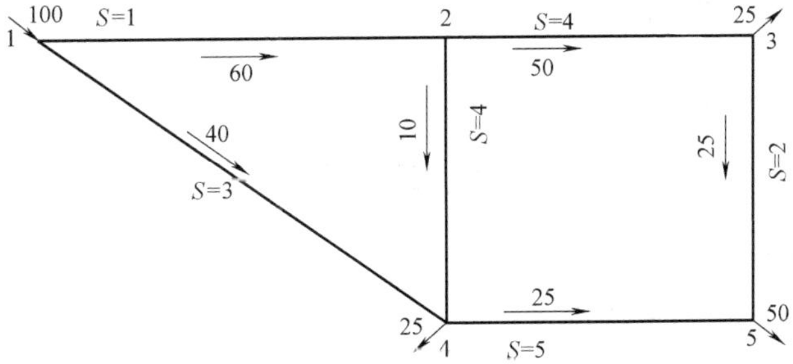

图4-55　习题4-16图

习题参考答案

第 一 章

1-1 13590kg/m^3，13.59

1-2 1.341kg/m^3

1-3 2.5×10^8Pa

1-4 1）1500Pa，1500Pa；2）2292Pa

1-5 0.3456N，处于中间位置（距离上下板5cm位置）时，阻力最小

1-6 150m^3

1-7 8.58N

1-8 12.1转

1-9 6.40N·m

1-10 49.9m/s

1-11 0.0708Pa·s

1-12 1）$\frac{32M\delta}{\pi\mu d^4}$；2）7.44N·m

1-13 水：3cm，水银：1.1cm

第 二 章

2-1 $p_8 = 823.2$Pa

2-2 $p = 87266$Pa，$p_v = 14059$Pa

2-3 $p_0 = 114731$Pa

2-4 $\Delta p = 166.6$Pa

2-5 $p = 63289.2$Pa，$p_v = 27055.8$Pa

2-6 $\Delta h = 0.164$m

2-7 $h_2 = 0.46$m

2-8 $h_2 = 0.62$m

2-9 $h_4 = 1.86$m

2-10 $\Delta p = 18522$Pa

2-11 （略）

2-12 $p_A - p_B = 54253$Pa

2-13 $p = 128.5$Pa

2-14 1）$\Delta p = 1386$Pa；2）$L = 0.35$m

2-15 1）$\Delta h = \frac{h(\rho_2 - \rho_1)}{2\rho_2}$；2）$\Delta h = \frac{h(\rho_2 - \rho_1)}{2\rho_2}$

2-16 $p_A - p_B = 68796\text{Pa}$

2-17 $F = 59\text{kN}$

2-18 $h > 1.33\text{m}$

2-19 $F_z \geqslant 32.2\text{kN}$

2-20 （略）

2-21 $F_x = 598\text{kN}$，$F_z = 920\text{kN}$

2-22 $F_{pz1} = 6579\text{N}$，$F_{pz2} = 3049\text{N}$，$F_{px3} = 4814\text{N}$，$F_{pz3} = 321\text{N}$

第 三 章

3-1 $a = 34i + 3j + 11k$

3-2 $a = (3 - t)i + (1 + t)j + 2k$

3-3 $xy = 1, z = 0$

3-4 1）$\frac{2}{9}y^3 - \frac{4}{3}y^2 + 2y - x^2 = 0$；2）$x = \frac{1}{t}\left(y - \frac{y^2}{2}\right)$

3-5 $V_2 = 24\text{m/s}$，$V_3 = 37.5\text{m/s}$

3-6 $V_2 = 11.7\text{m/s}$，$p_A = 23.1 \times 10^3\text{Pa}$

3-7 $G_2 = 36.12\text{kg/m}^3$，$q_{V2} = 30.0\text{m}^3/\text{s}$，$V_2 = 46.9\text{m/s}$

3-8 $h = 1.86\text{m}$

3-9 $p_0 \geqslant \rho' gh \Big/ \left[\left(\frac{d_2}{d_1}\right)^4 - 1\right]$

3-10 $F = -\rho q_{V0} V_0 \sin\theta$，$a_1 = \frac{1 + \cos\theta}{2}\frac{q_V}{V_0}$，$a_2 = \frac{1 - \cos\theta}{2}\frac{q_V}{V_0}$

3-11 $F = 339\text{N}$，$P = 203\text{W}$

3-12 $q_V = 0.235\text{m}^3/\text{s}$

3-13 1）$q_V = 0.192\text{m}^3/\text{s}$；2）$p_v = 78.46\text{kPa}$；3）$a = 4.16\text{m}$

3-14 1）$q_V = 0.035\text{m}^3/\text{s}$，$V_1 = V_2 = 3.5\text{m/s}$，$V_3 = 7\text{m/s}$，$V_4 = 14\text{m/s}$；2）10m

3-15 $F = 220.8\text{N}$

3-16 $R_x = 0.568\text{kN}$，$R_y = 10.88\text{kN}$

3-17 连续

3-18 1）满足；2）有

3-19 （略）

3-20 $u_x = \frac{\rho g \sin\alpha}{2\mu}(2h - y)y$

3-21 $V_{\max} = 0.022\text{m/s}$

第 四 章

4-1 $h_w = 4.34\text{m}$，$\tau = 6.59\text{Pa}$，$v = 2.29\text{m/s}$

4-2 $q_{V\max} = 0.012\text{m}^3/\text{s}$，$h_f = 5.88\text{m}$

4-3 1）相等，阻抗相等；2）$q_{V1}/q_{V2}=\sqrt{32}:1$

4-4 q_{V1}大，$h_{w1}=h_{w2}$

4-5 $H=9.511\text{m}$

4-6 $d\geqslant 0.519\text{m}$

4-7 $\lambda=0.019$

4-8 $h_f=5.22\text{m}$

4-9 $h_f=4.65\text{m}$

4-10 $q_{V1}=45\text{L/s}$，$q_{V2}=35\text{L/s}$，$h_w=6.3\text{m}$

4-11 $\lambda=0.03$，$\zeta=0.628$

4-12 1）$q_{V3}=4.47\text{L/s}$，$p=264.6\text{kPa}$；2）$q_{V3}=9.47\text{L/s}$，$p=844.18\text{kPa}$

4-13 $\zeta=17$

4-14 $q_{V1}=0.007\text{m}^3/\text{s}$，$q_{V2}=0.0025\text{m}^3/\text{s}$

4-15（略）

4-16（略）

常 用 名 词

（按汉语拼音字母顺序）

B

不可压缩流体 uncompressible fluid

表面力 surface force

表面张力 surface tension

并联管路 pipe in parallel

伯努利方程 Bernoulli equation

C

测压管 piezometer

测压管水头 Piezometric head

层流 laminar flow

串联管路 pipe in series

粗糙度 roughness

D

大气压 atmospheric pressure

当地大气压 local atmospheric pressure

当量直径 equivalent diameter

等压面 equi - pressure surface

动量 momentum

动能 kinetic energy

定常流 steady flow

F

非定常流 unsteady flow

非均匀流 non-uniform flow

G

工程大气压 engineering atmospheric pressure

管流 pipe flow

管网 pipe network

过渡层 buffer region

过流断面 cross section

H

虹吸管 siphon pipe

环状管网 looping pipes

J

机械能 mechanical energy

迹线 path line

急变流 rapidly varied flow

加速度 acceleration

剪切力 shear force

剪切应力 shear stress

渐变流 gradually varied flow

静压强 static pressure

局部水头损失 local head loss

绝对压强 absolute pressure

均匀流 uniform flow

均质流体 homogeneous fluid

K

可压缩流体 compressible fluid

孔板流量计 orifice meter

孔口出流 orifice flow

控制体 control volume

L

拉格朗日方法 Lagrangian method

雷诺数 Reynolds number

雷诺应力 Reynolds stress

理想流体 ideal fluid

连续介质 continuum

连续性方程 continuity equation

临界雷诺数 critical Reynolds number

流场 flow field

流管 stream tube

流线 streamline

流量 discharge

流体质点 fluid particle

流网 flow net

M

脉动 fluctuation

毛细现象 capillary phenomena

密度 density

摩擦阻力 frictional drag

N

纳维-斯托克斯方程 Navier-Stokes equation

粘度 viscosity
粘性 viscous
牛顿流体 Newtonian fluid
牛顿内摩擦定律 Newton's law of viscosity

O

欧拉法 Eulerian method

S

湿周 wetted perimeter
上临界雷诺数 upper critical Reynolds number
时均值 time – average value
水击 water – hammer
水力半径 hydraulic radius
水力光滑管区 hydraulically smooth region
水头 head
水头损失 head loss

T

湍流 turbulent flow

U

U 形管 U-tube

W

位置水头 elevation head
文丘里流量计 Venturi meter
紊流 turbulent flow

X

下临界雷诺数 lower critical Reynolds number
系统 system
相对粗糙度 relative roughness
相对压强 relative pressure

Y

压力体 pressure prism
压力水头 pressure head
扬程 pump head
淹没出流 submerged discharge
沿程水头损失 frictional head loss
沿程水头损失系数 frictional loss factor
运动粘性系数 kinematic viscosity

Z

枝状管网 branching pipes
质量 mass
质量力 mass force
驻点 stagnation point
转捩 transition
自模化区 self similar zone
自由表面 free surface
自由出流 free discharge
总流 total flow
总水头 total head
总扬程 total delivery head
阻力平方区 region of square resistance law
阻力系数 drag coefficient
作用力 acting force

参考文献

[1] 黄卫星，陈文梅．工程流体力学［M］．北京：化学工业出版社，2001.
[2] 丁祖荣．流体力学：上册、中册［M］．北京：高等教育出版社，2003.
[3] 孔珑．流体力学（Ⅰ）［M］．北京：高等教育出版社，2003.
[4] 侯国祥，孙江龙，王先洲，等．工程流体力学［M］．北京：机械工业出版社，2006.
[5] 李文科．工程流体力学［M］．合肥：中国科学技术大学出版社，2007.
[6] 刘向军．工程流体力学［M］．北京：中国电力出版社，2007.
[7] 伍悦滨．工程流体力学（水力学）［M］．北京：中国建筑工业出版社，2006.
[8] 高殿荣，吴晓明．工程流体力学［M］．北京：机械工业出版社，1999.
[9] 杨树人，汪志明，何光渝，等．工程流体力学［M］．北京：石油工业出版社，2006.
[10] 禹华谦．工程流体力学［M］．北京：高等教育出版社，2004.
[11] 靳智平．流体力学泵与风机［M］．北京：中国电力出版社，2008.
[12] 许玉望．流体力学泵与风机［M］．北京：中国建筑工业出版社，2004.
[13] 付祥钊．流体输配管网［M］．北京：中国建筑工业出版社，2005.
[14] 龙天渝，蔡增基．流体力学［M］．北京：中国建筑工业出版社，2004.
[15] 毛海根．应用流体力学［M］．北京：高等教育出版社，2006.
[16] 白桦．流体力学泵与风机［M］．北京：中国建筑工业出版社，2006.
[17] 周云龙，洪文鹏．工程流体力学［M］．北京，中国电力出版社，2006.
[18] 孔珑．工程流体力学［M］．北京：中国电力出版社，1990.
[19] 龚光彩．流体输配管网［M］．北京：机械工业出版社，2008.
[20] 孙丽君．工程流体力学［M］．北京：中国电力出版社，2007.
[21] 贺平，等．供热工程［M］．北京：中国建筑工业出版社，1996.
[22] 张燕侠，黄蔚雯．流体力学泵与风机［M］．北京：中国电力出版社，2007.
[23] 陈礼编．流体力学泵与风机［M］．北京：机械工业出版社，2008.
[24] Clayton T Crowe，Donald F Elger，John A Roberson. Engineering Fluid Mechanics［M］. 7th ed. New York：McGrawHill，2001.
[25] Victor L Streeter，Benjamin E Wylie，Keith W Bedford. Fluid Mechanics［M］. 9th ed. New York：Dover Publication，1998.

参考文献

[illegible]